电力电子新技术系列图书

单相电力电子变换器的
二次谐波电流抑制技术

阮新波　张力　黄新泽　刘飞　祝国平　阚世奇　著

机 械 工 业 出 版 社

两级式单相变换器，包括两级式单相 DC-AC 逆变器和两级式单相功率因数校正变换器，是交流电和直流电之间的电能变换接口，已广泛应用于各种交直流变换场合。在两级式单相变换器中，交流端口的瞬时功率以两倍交流电压频率脉动，导致中间直流母线端口产生两倍交流电压频率的脉动电流，此即二次谐波电流。本书阐明了两级式单相变换器中二次谐波电流的产生机理、传播特性及其危害，并针对不同工作模式和不同电路拓扑的 DC-DC 变换器，提出了二次谐波电流抑制方法。在此基础上，加入二次谐波电流补偿器来补偿二次谐波电流，以大幅减小中间母线电容容量，去除寿命较短的电解电容，从而延长系统寿命并提高可靠性。本书介绍了二次谐波电流补偿器的控制策略，揭示了加入二次谐波电流补偿器后两级式单相变换器的系统稳定性特点，并提出了稳定性改善方法。

本书是一本理论分析与工程设计相结合的专著，可作为高校电力电子技术专业及相关专业的硕士生、博士生和教师的参考书，也可供从事 LED 照明电源、电动汽车车载充电器、轨道交通辅助变流器、航空航天电源、可再生能源发电等方面研究开发的工程技术人员参考使用。

图书在版编目（CIP）数据

单相电力电子变换器的二次谐波电流抑制技术/阮新波等著 . —北京：机械工业出版社，2022.1（2023.4重印）
　　（电力电子新技术系列图书）
　　ISBN 978-7-111-55229-1

Ⅰ.①单…　Ⅱ.①阮…　Ⅲ.①变换器–谐波电流–研究　Ⅳ.①TN624

中国版本图书馆 CIP 数据核字（2022）第 017326 号

机械工业出版社（北京市百万庄大街22号　邮政编码100037）
策划编辑：罗　莉　　　　　　　责任编辑：罗　莉
责任校对：郑　婕　王　延　　　封面设计：马精明
责任印制：郜　敏
北京富资园科技发展有限公司印刷
2023 年 4 月第 1 版第 2 次印刷
169mm×239mm · 16.5 印张 · 320 千字
标准书号：ISBN 978-7-111-55229-1
定价：99.00 元

电话服务　　　　　　　　　　网络服务
客服电话：010-88361066　　　机 工 官 网：www.cmpbook.com
　　　　　010-88379833　　　机 工 官 博：weibo.com/cmp1952
　　　　　010-68326294　　　金　书　网：www.golden-book.com
封底无防伪标均为盗版　　机工教育服务网：www.cmpedu.com

电力电子新技术系列图书
序言

1974 年美国学者 W. Newell 提出了电力电子技术学科的定义，电力电子技术是由电气工程、电子科学与技术和控制理论三个学科交叉而形成的。电力电子技术是依靠电力半导体器件实现电能的高效率利用，以及对电机运动进行控制的一门学科。电力电子技术是现代社会的支撑科学技术，几乎应用于科技、生产、生活各个领域：电气化、汽车、飞机、自来水供水系统、电子技术、无线电与电视、农业机械化、计算机、电话、空调与制冷、高速公路、航天、互联网、成像技术、家电、保健科技、石化、激光与光纤、核能利用、新材料制造等。电力电子技术在推动科学技术和经济的发展中发挥着越来越重要的作用。进入 21 世纪，电力电子技术在节能减排方面发挥着重要的作用，它在新能源和智能电网、直流输电、电动汽车、高速铁路中发挥核心的作用。电力电子技术的应用从用电，已扩展至发电、输电、配电等领域。电力电子技术诞生近半个世纪以来，也给人们的生活带来了巨大的影响。

目前，电力电子技术仍以迅猛的速度发展着，电力半导体器件性能不断提高，并出现了碳化硅、氮化镓等宽禁带电力半导体器件，新的技术和应用不断涌现，其应用范围也在不断扩展。不论在全世界还是在我国，电力电子技术都已造就了一个很大的产业群。与之相应，从事电力电子技术领域的工程技术和科研人员的数量与日俱增。因此，组织出版有关电力电子新技术及其应用的系列图书，以供广大从事电力电子技术的工程师和高等学校教师和研究生在工程实践中使用和参考，促进电力电子技术及应用知识的普及。

在 20 世纪 80 年代，电力电子学会曾和机械工业出版社合作，出版过一套"电力电子技术丛书"，那套丛书对推动电力电子技术的发展起过积极的作用。最近，电力电子学会经过认真考虑，认为有必要以"电力电子新技术系列图书"的名义出版一系列著作。为此，成立了专门的编辑委员会，负责确定书目、组稿和审稿，向机械工业出版社推荐，仍由机械工业出版社出版。

本系列图书有如下特色：

本系列图书属专题论著性质，选题新颖，力求反映电力电子技术的新成就和新经验，以适应我国经济迅速发展的需要。

理论联系实际，以应用技术为主。

本系列图书组稿和评审过程严格，作者都是在电力电子技术第一线工作的专家，且有丰富的写作经验。内容力求深入浅出，条理清晰，语言通俗，文笔流畅，便于阅读学习。

本系列图书编委会中，既有一大批国内资深的电力电子专家，也有不少已崭露头角的青年学者，其组成人员在国内具有较强的代表性。

希望广大读者对本系列图书的编辑、出版和发行给予支持和帮助，并欢迎对其中的问题和错误给予批评指正。

电力电子新技术系列图书
编辑委员会

前　言

两级式单相变换器，包括两级式单相DC－AC逆变器和两级式单相功率因数校正（Power Factor Correction，PFC）变换器，是交流电和直流电之间的电能变换接口，已广泛应用于不间断交流电源、通信用整流器和逆变器、服务器电源、车载充电器、LED照明电源、可再生能源发电系统等各种交直流变换场合。在两级式单相变换器中，交流端口的瞬时功率以两倍交流电压频率脉动，导致中间直流母线端口产生两倍交流电压频率的脉动电流，此即二次谐波电流。二次谐波将会传播到DC－DC变换器中，并进一步传播到直流源或直流负载中。为了提高两级式单相变换器的变换效率，提高光伏电池和燃料电池等的能量转换效率，并延长其使用寿命，需要有效抑制二次谐波电流的传播。

2010年，我们在研制某型机载二次电源时，注意到两级式单相DC－AC逆变器中的二次谐波电流问题，并开始开展二次谐波电流抑制技术的研究。2015年，该研究得到国家杰出青年科学基金的资助，让我们得以从更宽的视角和更深的层面来开展研究工作，研究的对象也从两级式单相DC－AC逆变器拓展到两级式单相PFC变换器，从单一工作模式拓展到不同工作模式，从单纯的二次谐波电流抑制拓展到无电解电容二次谐波电流补偿器（Second Harmonic Current Compensator，SHCC）。我们团队通过十多年坚持不懈的研究，在单相电力电子变换器的二次谐波电流抑制技术方面已取得较为系统和深入的研究成果，在 *IEEE Transactions on Industrial Electronics*、*IEEE Transactions on Power Electronics* 等本领域国际权威期刊上发表了一系列论文，并且在多个领域得到成功应用。为了全面系统阐述所取得的研究成果，我们决定将它们整理成书。

本书共13章。第1章是绪论，阐述两级式单相变换器中二次谐波电流的产生机理和传播特性，介绍二次谐波电流对DC－DC变换器、直流源或直流负载带来的负面影响，并对已有二次谐波电流抑制方法进行回顾和总结。第2章作为全书的理论基础，系统阐述不同工作模式的两级式单相变换器中二次谐波电流抑制的基本思路。针对航空航天、电动汽车等工况恶劣的应用场合，采用无电解电容SHCC，不仅可以有效抑制二次谐波电流，而且去除了两级式单相变换器中的电解电容，提高了系统可靠性。第3~8章阐述两级式单相变换器中二次谐波电流抑制的控制策略。其中，第3~5章针对前级DC－DC变换器控制中间母线电压的两级式单相DC－AC逆变器，分别讨论前级DC－DC变换器为Buck类、Boost

类和基于 DCX - LLC 谐振变换器的 DC - DC 变换器的二次谐波电流抑制方法；第 6 章针对两级式单相光伏并网逆变器，讨论前级 DC - DC 变换器实现最大功率点跟踪时的二次谐波电流抑制方法；第 7 章针对两级式单相 PFC 变换器，讨论不同工作模式的二次谐波电流抑制方法；第 8 章讨论单相 AC - DC - AC 变换器系统中二次谐波电流的抑制方法。当两级式单相变换器中 DC - DC 变换器的二次谐波电流得到有效抑制后，二次谐波电流将主要由中间母线电容提供，其容量较大，一般采用电解电容。为了去除电解电容，需要大幅减小中间母线电容容量，为此可以采用无电解电容 SHCC 来补偿二次谐波电流。第 9～12 章讨论无电解电容 SHCC 的控制策略。其中，第 9 章介绍 SHCC 的电压电流双闭环控制策略，并引入电流基准前馈方法以提高 SHCC 端口电流的补偿能力；第 10 章阐述 SHCC 的单周期控制策略，实现了 SHCC 的稳定工作并准确补偿二次谐波电流；第 11 章阐述基于虚拟并联阻抗的控制方法，不仅有效补偿二次谐波电流，而且不需要二次谐波电流基准，由此去除了嵌入 DC - AC 逆变器或 PFC 变换器中的电流采样电路，实现了 SHCC 的完全模块化；第 12 章介绍 SHCC 的储能电容电压自适应控制，有效减小了 SHCC 的轻载损耗。加入 SHCC 后，两级式单相变换器成为一个多变换器系统，第 13 章揭示了该系统在不同工作模式的稳定性特点，并提出了稳定性解决方案。

本书是基于我们团队的研究成果整理而成的，其中张力博士、黄新泽博士、刘飞博士生、祝国平硕士和阚世奇博士生对本书内容作出了重要贡献，因此他（她）们都是本书的合作作者。已毕业的硕士生顾琳琳、王蓓蓓、王舒、杨洋和何婕秀对研究工作也有贡献，在此表示衷心的感谢。

本书研究工作得到了国家杰出青年科学基金项目（批准号 51525701）的资助，衷心感谢国家自然科学基金委员会给予的信任和支持！

本书的出版得到了机械工业出版社的大力支持，责任编辑罗莉女士为本书的出版做了大量工作，特此致谢！

阮新波

2021 年 10 月于南京航空航天大学

目　录

第1章

绪　　论

两级式单相变换器，包括两级式单相DC – AC逆变器和两级式单相功率因数校正（Power Factor Correction，PFC）变换器，是交流电和直流电之间的电能变换接口，已广泛应用于各种交直流变换场合。在两级式单相变换器中，交流端口的瞬时功率以两倍交流电压频率脉动，导致中间直流母线端口产生两倍交流电压频率的脉动电流，即二次谐波电流。本章将阐述两级式单相变换器中二次谐波电流的产生机理和传播途径，分析二次谐波电流对直流源、直流负载和DC – DC变换器带来的负面影响，并全面回顾目前抑制二次谐波电流的三类方法，它们分别基于无源元件、基于DC – DC变换器控制策略和基于功率解耦。

1.1　两级式单相变换器的应用

1.1.1　单相变换器的应用

随着电力电子技术的发展，电力电子变换器已广泛应用于各种电能变换场合。作为交流电和直流电之间的电能变换接口，DC – AC逆变器和AC – DC变换器在新能源（太阳能、风能等）发电、航空航天、轨道交通、车载电气系统和发光二极管（Lighting Emitter Diode，LED）照明等场合得到大量应用。下文以新能源发电系统、电动汽车电气系统、多电飞机电力系统和LED照明系统为例，介绍DC – AC逆变器和AC – DC变换器的重要作用。

1. 新能源发电系统

随着人类社会的快速发展，人们对能源的需求和依赖日益增长。传统化石能源（包括煤、石油和天然气等）储量有限，在开发和使用过程中带来了严重的环境污染问题。为了缓解能源紧缺和环境污染，光伏和风力发电等新能源发电正在快速发展[1]。

图1.1给出了一种典型的基于交流母线的新能源分布式发电系统结构图[2,3]。由于太阳能、风能等可再生能源受自然环境影响较大，具有较强的随机

性、波动性和间歇性，因此需要加入储能单元（如飞轮、蓄电池、超级电容等），以起到"削峰填谷"的作用，实现电能的稳定供给。电力电子变换器是整个供电系统的重要组成部分，其中，DC-AC逆变器用来将光伏电池产生的直流电能转化为交流电能并馈入交流母线；而AC-DC-AC变换器则用来将风机发出的交流电能转换为特定频率和电压等级的交流电能，以馈入交流母线；蓄电池、超级电容或飞轮储能单元经过DC-AC逆变器或AC-DC-AC变换器连接至交流母线，以实现能量的储存和释放。类似地，在基于直流母线的新能源发电系统中，也需要用到大量DC-AC逆变器和AC-DC变换器。从图1.1可以看出，DC-AC逆变器和AC-DC变换器是交/直流发电单元和交流电网间的重要接口，对新能源发电系统的安全、稳定和高质量运行具有十分重要的作用。

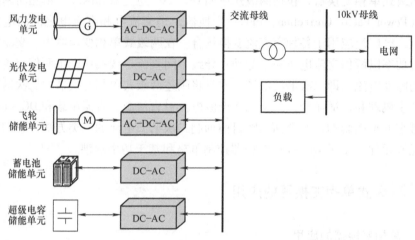

图1.1　基于交流母线的新能源分布式发电系统结构

2. 电动汽车电气系统

相比于传统内燃机汽车，电动汽车成为了高燃料效益和低排放的代名词，对缓解环境污染和能源危机具有深远的影响。电动汽车需要具有极高的经济性、安全性和可靠性，其技术的发展在许多方面面临挑战，这里包括了复杂的车载电气系统。

图1.2给出了电动汽车电气系统的示意图[4]。在电动汽车中，储能电池的电压变化范围较宽，为200~500V。而一般市电为110V或者220V交流电。为了给蓄电池充电，需要用到AC-DC变换器，以将交流电转化为直流电。为了驱动汽车牵引系统，需要用到DC-AC逆变器，用来将蓄电池的200~500V直流电变换为交流电。显然，DC-AC逆变器和AC-DC变换器是电动汽车电气系统的核心部件，对电动汽车的正常工作起着关键作用。

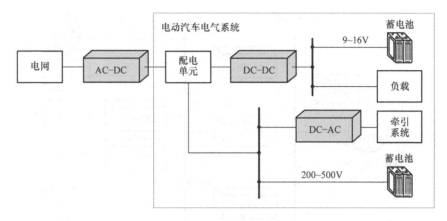

图 1.2　电动汽车电气系统的示意图

3. 多电飞机电力系统

传统飞机中的二次能源包括电能、液压能和气压能等。与液压能和气压能相比，电能具有更高效、更易于传输和调控等优点。将液压能和气压能逐步用电能替代，可减小飞机的体积和重量，提高飞机的可靠性和燃油利用率。这样，电能将在二次能源中占据主要地位，这就形成了多电飞机的概念。

图 1.3 给出了简化的多电飞机变频交流电力系统示意图[5,6]。其中，发电部分为变频交流三级式发电机，发电机控制单元用来调节交流输出端口电压，使其幅值恒定，但是交流电压频率是变化的。多电飞机电力系统中亦用到大量的 DC－AC 逆变器和 AC－DC 变换器。DC－AC 逆变器用来将直流电转换为交流电，驱动各类电机类负载，如泵类、作动机构等；而 AC－DC 变换器用来将交流电变换为直流电，同时实现功率因数校正。现阶段，AC－DC 变换器多采用变压整流器（Transformer Rectifier Unit，TRU）和自耦变压整流器（Auto Transformer Rectifier Unit，ATRU），但是其体积和重量较大。随着电力电子技术的发展，采用电力电子化的 AC－DC 变换器是大势所趋。

4. LED 照明系统

照明是电能消耗的一个重要方面。据国际能源署统计，全球消耗的电能中大约有 20% 用于照明[7]。相比于白炽灯和荧光灯，LED 具有绿色环保、寿命长、发光效率高、响应速度快等优点，已被广泛应用在各种领域，如汽车车灯、景观照明、室内装饰灯、普通照明等，成为 21 世纪最具发展前景的绿色光源。

LED 的核心为一个半导体 PN 结，可以采用恒定直流驱动，故其两端电压为恒定的直流电压。对于大功率 LED 灯的驱动，如景观照明及家庭照明等场合，一般是由市电供电，此时需要一个 AC－DC LED 驱动电源，用来将交流电转换为直流电，如图 1.4 所示[8]。AC－DC LED 驱动电源的性能直接影响 LED 照明

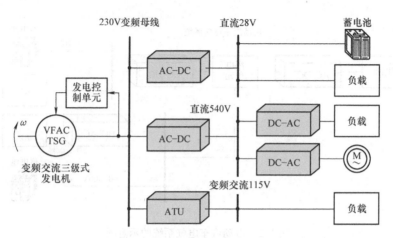

图 1.3　简化的多电飞机变频交流电力系统示意图

的性能，因此为发挥 LED 照明的优势，
保证 LED 照明的发光品质和整体性能，
设计高品质高效率的 AC – DC LED 驱动电
源至关重要。在中小功率场合，一般采用
单相 AC – DC 变换器。

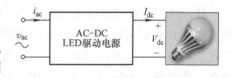

图 1.4　LED 照明驱动电源

1.1.2　单相变换器的结构

单相 DC – AC 逆变器可以分为单级式和两级式结构，如图 1.5 所示。单级式
DC – AC 逆变器结构简单、成本较低，一般应用于小功率场合。两级式 DC – AC
变换器由前级 DC – DC 变换器和后级 DC – AC 逆变器构成，其中，前级 DC – DC
变换器将直流输入电压变换为与交流输出电压相匹配的中间直流母线电压，并根
据需要实现电气隔离；后级 DC – AC 逆变器将中间直流母线电压变换为交流电，
为交流负载供电或馈入交流电网。与单级式结构相比，两级式结构可以分别对前
级 DC – DC 变换器和后级 DC – AC 逆变器进行优化设计，从而获得较高的变换效
率，特别适合光伏电池和燃料电池等输出电压较低且变化范围较宽的应用场合。

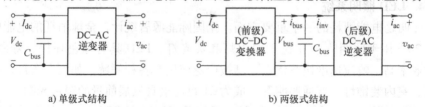

a) 单级式结构　　　　　　　　　　　b) 两级式结构

图 1.5　单相 DC – AC 逆变器的结构图

由于 AC – DC 变换器大多具有功率因数校正功能，本书称之为 PFC 变换器。
单相 PFC 变换器也可分为单级式结构和两级式结构，如图 1.6 所示。单级式 PFC

变换器一般采用反激变换器，在手机充电器、LED 照明驱动电源等小功率场合应用广泛。两级式单相 PFC 变换器由前级 PFC 变换器和后级 DC – DC 变换器构成，其中，前级 PFC 变换器用来实现功率因数校正，并得到稳定的中间直流母线电压；后级 DC – DC 变换器将中间直流母线电压变换为所需的直流输出电压，为直流负载供电或并入直流电网。为了适应全球交流电网输入（即 AC 110V 和 AC 220V 电压等级）或风力发电的宽范围输出交流电压，PFC 变换器通常采用两级式结构，这样可以分别对前级 PFC 变换器和后级 DC – DC 变换器进行优化设计，从而获得较高的变换效率。

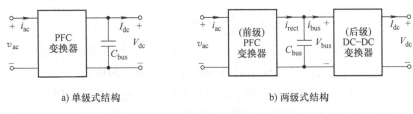

a) 单级式结构   b) 两级式结构

图 1.6   单相 PFC 变换器的结构图

1.2   二次谐波电流的产生和传播

为了阐述方便，本书将单相 DC – AC 逆变器和单相 PFC 变换器统称为单相变换器。在单相变换器中，其交流端口电压 v_{ac} 和电流 i_{ac} 可分别表示为：

$$v_{ac} = \sqrt{2}V_{ac}\sin\omega_{ac}t \qquad (1.1)$$

$$i_{ac} = \sqrt{2}I_{ac}\sin(\omega_{ac}t - \theta) \qquad (1.2)$$

式中，V_{ac} 和 I_{ac} 分别是交流端口电压和电流的有效值；$\omega_{ac} = 2\pi f_{ac}$ 是交流电压角频率，f_{ac} 是交流电压频率；θ 是 v_{ac} 和 i_{ac} 之间的相位差。对于单相 PFC 变换器来说，其交流端口的电压和电流同相位，此时 $\theta = 0$。图 1.7 给出了两级式单相变换器的主要波形。

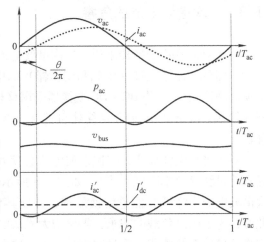

图 1.7   两级式单相变换器的主要波形

根据式（1.1）和式（1.2），可得交流端口的瞬时功率为：

$$p_{ac} = v_{ac}i_{ac} = V_{ac}I_{ac}[\cos\theta - \cos(2\omega_{ac}t - \theta)] \qquad (1.3)$$

为了优化 DC – DC 变换器的工作条件，中间直流母线电压的脉动量一般设计得很小，可近似为一个恒定的电压，其大小为 V_{bus}。假设单相变换器的效率为 100%，那么 DC – AC 逆变器的输入电流 i_{inv} 或 PFC 变换器的输出电流 i_{rec}（这里将二者统称为 i'_{ac}）为：

$$i'_{\text{ac}} = \frac{p_{\text{ac}}}{V_{\text{bus}}} = \frac{V_{\text{ac}}I_{\text{ac}}}{V_{\text{bus}}}\cos\theta - \frac{V_{\text{ac}}I_{\text{ac}}}{V_{\text{bus}}}\cos(2\omega_{\text{ac}}t - \theta) \triangleq I'_{\text{ac\_dc}} + i_{\text{SHC}} \qquad (1.4)$$

式中，

$$I'_{\text{ac\_dc}} = \frac{V_{\text{ac}}I_{\text{ac}}}{V_{\text{bus}}}\cos\theta \qquad (1.5)$$

$$i_{\text{SHC}} = -\frac{V_{\text{ac}}I_{\text{ac}}}{V_{\text{bus}}}\cos(2\omega_{\text{ac}}t - \theta) \qquad (1.6)$$

从式（1.4）可以看出，i'_{ac} 中含有直流电流 $I'_{\text{ac\_dc}}$ 和频率为 $2f_{\text{ac}}$ 的电流 i_{SHC}。这里称 i_{SHC} 为二次谐波电流（Second Harmonic Current，SHC）。

在两级式单相 DC – AC 逆变器中，二次谐波电流 i_{SHC} 由前级 DC – DC 变换器和中间母线电容 C_{bus} 共同提供，如图 1.5b 所示。二次谐波电流流入前级 DC – DC 变换器后，会进一步传播到光伏电池或燃料电池等直流输入源中。在两级式单相 PFC 变换器中，i_{SHC} 由后级 DC – DC 变换器和中间母线电容 C_{bus} 共同吸收，如图 1.6b 所示。二次谐波流入后级 DC – DC 变换器后，并进一步传播到直流负载、蓄电池或直流电网中。

1.3　二次谐波电流的危害

对于 DC – DC 变换器来说，二次谐波电流会增大其功率器件的电流应力，增大功率器件和磁性元件（电感和变压器）的电流有效值，导致其导通损耗增大，变换效率降低[9]。若 DC – DC 变换器采用移相控制全桥变换器等软开关变换器，开关管在二次谐波电流的波谷处可能无法实现软开关，导致变换效率进一步降低。

对于光伏电池而言，二次谐波电流会使其输出功率在最大功率点附近脉动，导致能量转换效率降低[10,11]，如图 1.8 所示。对于蓄电池和燃料电池而言，二次谐波电流会降低其能量转换效率，并使其使用寿命缩短[12]，如图 1.9 所示。此时，为了满足负载的需求，需要增大光伏电池、蓄电池或燃料电池等输入源的容量，导致系统体积、重量和成本增大，这在对体积和重量要求较为严苛的应用场合是难以接受的。

综上所述，为了提高两级式单相变换器的变换效率，提高可再生能源发电单元的能量转换效率，提高供电系统的可靠性和稳定性，并延长发电单元的使用寿命，必须对二次谐波电流进行抑制。

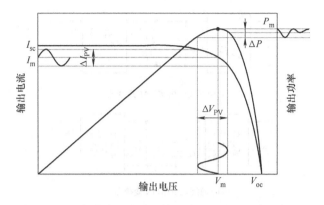

图 1.8 二次谐波电流对光伏电池最大输出功率的影响

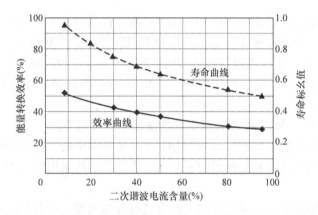

图 1.9 二次谐波电流对蓄电池和燃料电池效率和寿命的影响

1.4 二次谐波电流抑制方法

事实上，抑制 DC – DC 变换器中的二次谐波电流，就可以抑制流入直流输入源或直流负载中的二次谐波电流。因此，本文后面重点讨论如何抑制 DC – DC 变换器中的二次谐波电流。为了抑制 DC – DC 变换器中的二次谐波电流，国内外学者提出了许多方法，它们可以分为三类，分别是基于无源元件、基于 DC – DC 变换器控制策略和基于功率解耦，下面分别予以介绍。

1.4.1 基于无源元件的二次谐波电流抑制方法

为了抑制二次谐波电流流入 DC – DC 变换器，最直观的方法就是增大中间母线电容 C_{bus} 的容量，以减小其在 $2f_{ac}$ 处的容抗[13]，如图 1.10 所示。由于 C_{bus} 的容量较大，通常采用储能密度较高的电解电容。

从并联分流的角度，在中间直流母线上专门为二次谐波电流提供一条旁路支

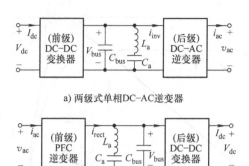

a) 两级式单相DC-AC逆变器

b) 两级式单相PFC变换器

图1.10　基于无源元件的二次谐波电流抑制方法

路，可直接阻断二次谐波电流向 DC – DC 变换器传播的途径。为此，可在中间直流母线上并联一个谐振频率为 $2f_{ac}$ 的 L_a 和 C_a 组成的 LC 串联谐振支路[14,15]，如图1.10所示，为二次谐波电流提供零阻抗通路。然而，LC 串联谐振支路的谐振频率（$2f_{ac}$）很低，L_a 和 C_a 的体积较大。此外，LC 串联谐振支路存在损耗，会降低两级式单相变换器的变换效率。

1.4.2　基于 DC – DC 变换器控制的二次谐波电流抑制方法

采用合适的控制方法也可以抑制 DC – DC 变换器中的二次谐波电流。在不同的应用场合，两级式单相变换器的工作模式不一样，所采用的二次谐波电流抑制方法也不一样。

两级式单相 DC – AC 逆变器的工作模式可分为两类。一类是前级 DC – DC 变换器控制中间直流母线电压 V_{bus}，而后级 DC – AC 逆变器控制输出交流电压 v_{ac}[16]。另一类是前级 DC – DC 变换器控制其输入电压或输入电流来实现光伏电池等发电单元的最大功率点跟踪（Maximum Power Point Tracking，MPPT），而后级 DC – AC 变换器控制中间直流母线电压 V_{bus} 并控制馈入交流电网的并网电流 i_{ac}[17]。

1. DC – DC 变换器控制中间直流母线电压

当前级 DC – DC 变换器控制中间直流母线电压时，为减小流入 DC – DC 变换器中的二次谐波电流，需要 DC – DC 变换器不响应后级 DC – AC 逆变器输入中的二次谐波电流，这就需要降低 DC – DC 变换器电压环的截止频率。

针对 Buck 类 DC – DC 变换器，参考文献［18］提出了电压电流双闭环控制策略，如图1.11所示。由于电压调节器的输出是电感电流内环的基准，为了使电感电流平直，必须保证电压调节器的输出平直。注意到，中间直流母线电压中存在二次谐波分量，这使得电压误差 v_{err} 中也包含二次谐波电压。因此，为了使电压调节器的输出平直，必须大幅降低电压调节器在两倍交流频率（$2f_{ac}$）处的增益，使电压调节器不响应 v_{err} 中的二次谐波电压，这就使得电压环的截止频率低于 $2f_{ac}$。虽然电压电流双环控制策略可以有效抑制 DC – DC 变换器中的二次谐波电流，但是过低的截止频率造成 DC – DC 变换器的动态性能较差。

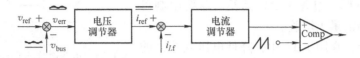

图 1.11　基于电压电流双闭环控制的二次谐波电流抑制方法

从直流母线端口上看，如果使中间母线电容中的二次谐波电流等于后级 DC – AC 逆变器输入中的二次谐波电流，那么就没有二次谐波电流流入前级 DC – DC 变换器，此时中间直流母线电压中就会出现对应的二次谐波分量。基于此，参考文献 [19] 提出了一种前馈控制方法，其控制框图如图 1.12 所示。它根据 DC – AC 逆变器的输出功率计算出一个补偿电压，将其加入到前级 DC – DC 变换器电压调节器的输出中，这样就可以调节占空比，使中间直流母线电压的波形与二次谐波电流完全流过中间母线电容时的电压波形一致，即其提供调制电压中的交流分量。请注意，DC – DC 变换器电压调节器的输出仅提供调制电压中的直流分量，DC – DC 变换器电压环的截止频率依然需要设计得很低。这同样会导致 DC – DC 变换器的动态性能较差。

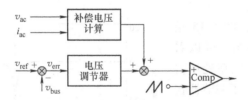

图 1.12　直接控制中间直流母线电压波形的方法

如果前级 DC – DC 变换器电压环的截止频率过低，那么在负载发生突变时，中间直流母线电压就会产生明显的过冲和跌落。若中间直流母线电压过冲较大，则会增加中间母线电容和后级 DC – AC 逆变器开关管的电压应力，还可能触发过电压保护，影响 DC – AC 逆变器的正常工作；若中间直流母线电压跌落较大，则会导致 DC – AC 逆变器的输出电压出现削顶畸变。

为了改善前级 DC – DC 变换器的动态性能，在图 1.11 所示的电压电流双闭环控制的基础上，参考文献 [20] 提出在电压调节器中加入一个可变增益环节，其增益特性如图 1.13 所示。图 1.13 中，K 是可变增益环节的增益，v_{err} 是中间直流母线电压的给定值与反馈量之间的误差，δ 和 $-\delta$ 分别是 v_{err} 的上门限电压和下门限电压。稳态工作时，$K=1$。当负载发生突变时，若 v_{err} 高于 δ 或低于 $-\delta$，则

K 迅速增大，以提高前级 DC - DC 变换器电压环的截止频率，从而提高变换器的动态响应速度。需要注意的是，为了保证前级 DC - DC 变换器在动态调节过程中稳定运行，需要限制可变增益环节的最大增益。

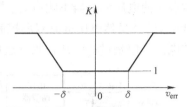

图 1.13 可变增益环节的增益特性

事实上，在图 1.11 中，降低电压调节器的增益只是为了使其不响应电压误差量 v_{err} 中的二次谐波电压，进而使电感电流的基准平直。为避免电压调节器的增益过分降低，可在电压调节器中加入一个中心频率为 $2f_{ac}$ 的带阻滤波器 $G_N(s)$ 以专门滤除二次谐波电压[21-23]，如图 1.14 所示。这样，电压环的截止频率就可以提高，能改善前级 DC - DC 变换器的动态性能。

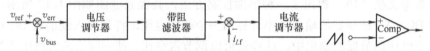

图 1.14 电压调节器级联带阻滤波器的二次谐波电流抑制方法

带阻滤波器 $G_N(s)$ 的传递函数为：

$$G_N(s) = \frac{(s/\omega_N)^2 + 1}{(s/\omega_N)^2 + s/(Q \cdot \omega_N) + 1} \tag{1.7}$$

式中，$\omega_N = 2\pi \cdot 2f_{ac}$。

根据式（1.7），图 1.15 给出了 $G_N(s)$ 的伯德图。可以看出，$G_N(s)$ 在其中心频率处增益很低，可大幅衰减电压调节器在 $2f_{ac}$ 处的增益。然而，其相位却在中心频率处发生 $-90° \sim 90°$ 的突变，且在低于其中心频率处会在环路增益中引入负相移，这使得电压环截止频率的提高有限。

在图 1.11 中，电压误差量 v_{err} 中的二次谐波分量来源于电压反馈量中的二次谐波分量。如果电压反馈量平直，那么电压误差量 v_{err} 中就没有二次谐波分量。为此，参考文献［24］加入一个

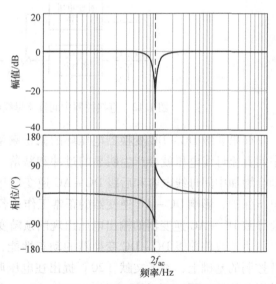

图 1.15 带阻滤波器的伯德图

带通滤波器来提取中间直流母线电压 v_{bus} 中的二次谐波分量，从 v_{bus} 中减去该二

次谐波分量后再作为电压反馈量 v_{fb}，如图 1.16 所示。

带通滤波器 $G_{\text{BPF}}(s)$ 的传递函数为：

$$G_{\text{BPF}}(s) = \frac{s/(Q \cdot \omega_{\text{BPF}})}{(s/\omega_{\text{BPF}})^2 + s/(Q \cdot \omega_{\text{BPF}}) + 1} \tag{1.8}$$

式中，$\omega_{\text{BPF}} = 2\pi \cdot 2f_{\text{ac}}$。

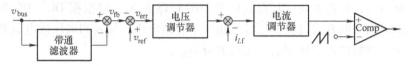

图 1.16　加入带通滤波器的中间直流母线电压反馈的二次谐波电流抑制方法

显然，电压反馈量 v_{fb} 中不含有二次谐波分量，是基本平直的。这样，v_{err} 中也不包含二次谐波分量，是基本平直的，这样可适当提升电压环的截止频率，以改善动态响应速度。

对比式（1.7）和式（1.8）可以发现，当中心频率相同时，$G_{\text{N}}(s) = 1 - G_{\text{BPF}}(s)$。因此，参考文献［24］提出的方法实质上是在中间直流母线电压采样中加入带阻滤波器 $G_{\text{N}}(s)$。本书第 3 章将指出，在中间直流母线电压反馈中加入 $G_{\text{N}}(s)$ 与在电压调节器中加入 $G_{\text{N}}(s)$ 是等价的。因此，图 1.16 和图 1.15 所示的控制框图是等效的，因而参考文献［24］提出的二次谐波电流抑制方法也存在电压环截止频率提高有限的问题。

由上述分析可以发现，当前级 DC - DC 变换器控制中间直流母线电压时，已提出的二次谐波电流抑制方法难以同时兼顾二次谐波电流抑制和动态性能改善。

2. DC - DC 变换器实现 MPPT

图 1.17 给出了前级 DC - DC 变换器工作在 MPPT 模式时的控制框图，它通过电压环或电流环来控制光伏电池的输出电压或电流（亦即前级 DC - DC 变换器的输入电压或输入电流），以实现其 MPPT。请注意，这里的电压或电流基准由 MPPT 算法得到。如果使其输入电压环或输入电流环在 $2f_{\text{ac}}$ 处的环路增益足够高，则可实现输入恒压控制或输入恒流控制，从而消除光伏电池中的二次谐波电流。当电压调节器或电流调节器采用 PI 调节器时，由于 PI 调节器在 $2f_{\text{ac}}$ 处的增益有限，光伏电池中仍然存在二次谐波电流。为此，参考文献［25］采用比例谐振调节器作为电压调节器或电流调节器，以专门提高电压环或电流环在 $2f_{\text{ac}}$ 处的环路增益。

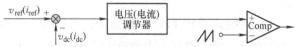

图 1.17　电压或电流调节器中加入谐振调节器

若光伏电池中不含有二次谐波电流，那么二次谐波电流将由中间母线电容提供，故中间直流母线电压中存在二次谐波电压。根据 DC – DC 变换器的输入输出关系，当输入电压或电流恒定时，其占空比中一定含有二次谐波分量。那么，如果在 DC – DC 变换器的占空比中加入该二次谐波分量，即使中间直流母线电压中存在二次谐波电压，也可控制输入电压或电流恒定。对此，参考文献〔26〕提出了一种占空比补偿方法，其控制框图如图 1.18 所示。它根据 DC – DC 变换器的输入电压和中间直流母线电压计算出一个补偿电压，加入到电压或电流调节器的输出中，以提供占空比中的二次谐波分量。

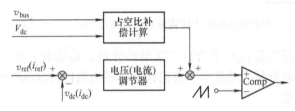

图 1.18　占空比补偿控制

　　本质上讲，光伏电池中的二次谐波电流是中间直流母线电压中的二次谐波分量对输入电压环或输入电流环产生的扰动导致的。为了消除这个扰动，参考文献〔27〕提出了中间直流母线电压前馈控制方法，如图 1.19 所示，这样可以使光伏电池始终工作于最大功率点。实际上，参考文献〔26〕提出的占空比补偿方法也是中间直流母线电压前馈控制。

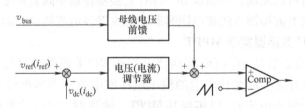

图 1.19　中间直流母线电压前馈控制

　　类似地，两级式单相 PFC 变换器也有两类工作模式。一类是前级 PFC 变换器控制中间直流母线电压 V_{bus} 并实现功率因数校正，而后级 DC – DC 变换器控制输出直流电压 V_o 或输出直流电流 I_o[28,29]。另一类是前级 PFC 变换器实现 MPPT，而后级 DC – DC 变换器控制中间直流母线电压 V_{bus}。两级式单相风力发电变换器即为这种工作模式[30]。

　　根据对偶原理，在两级式单相 PFC 变换器中，当后级 DC – DC 变换器控制其输出电压或输出电流时，为了抑制二次谐波电流流入 DC – DC 变换器，也可采用比例谐振调节器[31]或中间直流母线电压前馈[32,33]，以实现后级 DC – DC 变换器的输出恒压或输出恒流控制。而当后级 DC – DC 变换器控制中间直流母线电压时，亦可以采用电压电流双闭环控制方法，在引入电感电流反馈的同时降低电压环的截止频率，以抑制后级 DC – DC 变换器中的二次谐波电流，但同样会导致后级 DC – DC 变换器的动态性能很差。

针对上述问题，本书第 2 章揭示了二次谐波电流抑制的基本思路。基于该基本抑制思路，本书第 3 ~ 6 章将研究两级式单相 DC – AC 逆变器中 DC – DC 变换器中的二次谐波电流抑制方法，第 7 章将研究两级式单相 PFC 变换器中 DC – DC 变换器中的二次谐波电流抑制方法。进一步，本书第 8 章中将二次谐波电流抑制方法扩展到单相 AC – DC – AC 变换器中，以抑制其中 DC – DC 变换器中的二次谐波电流。

1.4.3 基于功率解耦的二次谐波电流抑制方法

采用二次谐波电流抑制方法后，DC – AC 逆变器或者 PFC 变换器产生的二次谐波电流将主要由中间母线电容提供。为了优化设计 DC – DC 变换器，应使中间直流母线电压脉动较小，这就要求中间母线电容容量很大，需要采用电解电容。然而，电解电容的典型寿命为 5000h 左右，而且温度每升高 10℃，其使用寿命降低一半[34]。尽管已有公司推出了长寿命系列电解电容，但是使用寿命仍不够长。可见，电解电容是制约单相变换器使用寿命和可靠性的关键元件。特别地，在航空航天等特殊应用场合，对变换器的可靠性要求极高，不允许使用电解电容。为此，需要去除单相变换器中的电解电容，实现单相变换器的无电解电容化。

为了去除电解电容，可以采用有源功率解耦电路。为了吸收二次谐波电流，有源功率解耦电路仍需要一个储能电容。幸运的是，该储能电容并不直接并联在中间直流母线上，其电压脉动不受中间直流母线电压脉动限制，因而可以通过大幅增大储能电容电压脉动来减小储能电容容量，这样就可以采用寿命较长的薄膜电容作为储能电容。

有源功率解耦电路可分为非独立型和独立型两类。非独立型有源功率解耦电路是指将有源功率解耦电路嵌入原单相变换器中，与原单相变换器复用部分或全部功率器件[35-41]。图 1.20 给出了两种将有源功率解耦电路嵌入到单相 PFC 变换器中的电路拓扑[38,39]。由于 PFC 变换器和 DC – AC 逆变器是对称的，该拓扑也可用在 DC – AC 逆变器中。图 1.21 给出了一种将有源电路嵌入到 DC – DC 中的拓扑结构[40,41]。可见，它们均在原有电路的基础上引入了额外开关管和储能元件，这会改变原单相变换器的工作模式，且原单相变换器的控制与有源功率解耦电路的控制耦合，使得主电路和闭环参数设计均变得复杂。

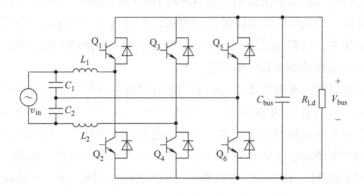

a) 参考文献[38]提出的电路拓扑

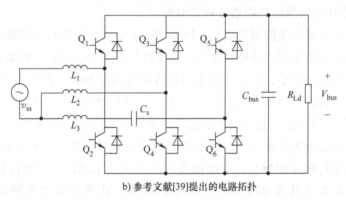

b) 参考文献[39]提出的电路拓扑

图 1.20　在 PFC 变换器中嵌入有源功率解耦电路

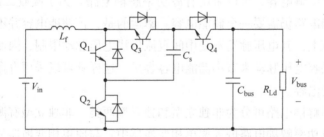

图 1.21　在 DC – DC 变换器中嵌入有源功率解耦电路

　　独立型有源功率解耦电路是指有源功率解耦电路为一个独立的双向变换器[42-47]，它并联在中间直流母线上，如图 1.22 所示。该双向变换器实质上是用来补偿二次谐波电流的，且无需采用电解电容，因此本书称其为无电解电容二次谐波电流补偿器（Second Harmonic Current Compensator，SHCC），其工作原理将在第 2 章中讨论。

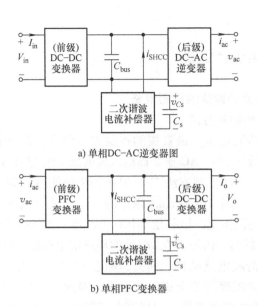

a) 单相DC-AC逆变器图

b) 单相PFC变换器

图 1.22 基于二次谐波电流补偿器的二次谐波电流抑制方法

由于不需要电气隔离，SHCC 可以采用最基本的非隔离型双向变换器，如 Buck、Boost 和 Buck – Boost 型双向变换器，分别如图 1.23a、b 和 c 所示。参考文献 [46] 和 [47] 提出采用半桥型双向变换器，如图 1.23d 所示，它实际上与 Buck 型双向变换器是等效的，其工作原理相同。参考文献 [48] 提出采用双有源桥双向变换器，如图 1.23e 所示，它可以实现开关管的零电压开关，降低损耗。SHCC 也可采用其他类型的双向变换器，如四管 Buck – Boost 变换器等。

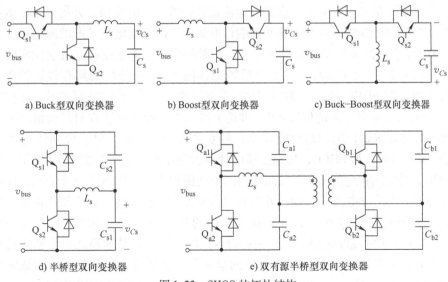

a) Buck型双向变换器　　　　b) Boost型双向变换器　　　　c) Buck–Boost型双向变换器

d) 半桥型双向变换器　　　e) 双有源半桥型双向变换器

图 1.23 SHCC 的拓扑结构

1.5 二次谐波电流补偿器

1.5.1 二次谐波电流补偿器的控制策略

1. 端口电流直接控制方法

为了补偿二次谐波电流，最直接的控制方式就是控制 SHCC 的母线端口电流，使其准确跟踪后级 DC – AC 逆变器输入或前级 PFC 输出中的二次谐波电流，本书称之为端口电流直接控制方法[49]，其控制框图如图 1.24 所示。其中，电流环用来控制 SHCC 母线端口电流 i_{SHCC} 以跟踪二次谐波电流基准，电压环用来控制储能电容电压平均值恒定，以补偿 SHCC 内部功率器件的损耗。然而，当电流调节器采用 PI 调节器时，由于其在 $2f_{ac}$ 处的环路增益有限，SHCC 端口电流 i_{SHCC} 难以完全跟踪二次谐波电流基准。而且，随着 SHCC 中储能电容电压脉动的增大，二次谐波电流的跟踪误差会进一步变大。对此，参考文献［50］提出采用比例谐振调节器作为电流调节器，以提高电流环在 $2f_{ac}$ 处的环路增益，从而提高 SHCC 的端口电流对二次谐波电流的补偿能力。然而，比例谐振调节器在 $2f_{ac}$ 处的增益也不可能无穷大。因此，仍存在补偿误差。

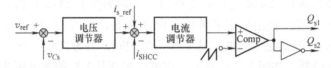

图 1.24 SHCC 端口电流控制框图

本书第 9 章将深入分析二次谐波电流跟踪误差产生的原因，并提出基于电流基准前馈的控制方法，以改善 SHCC 端口电流对二次谐波电流基准的跟踪精度。

SHCC 也可以采用非线性控制方法，如滞环控制、重复控制、占空比实时计算等。图 1.25 给出了滞环控制方法的控制框图[51]。滞环控制具有很好的动态跟踪性能，但 SHCC 的开关频率变化范围较宽，不利于其电感的优化设计。图 1.26 给出了重复控制的框图[52]。理论上讲，重复控制可实现对二次谐波电流基准的零静差跟踪，但动态性能较差。参考文献［53］和［54］分别针对 Buck 型和 Buck – Boost 型 SHCC，提出了实时计算占空比的方法，如图 1.27 所示，以使 SHCC 的端口电流在每个开关周期内的平均值均等于二次谐波电流基准，从而准确补偿二次谐波电流。然而，开关管的占空比与电感量的二次方根成正比，电感的感量偏差会导致计算误差，使 SHCC 的端口电流产生跟踪误差。此外，SHCC 需工作于电流断续模式，开关管的电流峰值较大，导通损耗和关断损耗较大。为此，本书第 10 章将研究 SHCC 的单周期控制策略，以消除器件参数偏差（如储能电容容量或电感量的容差和偏差）对二次谐波电流补偿精度的影响。

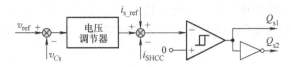

图 1.25 滞环控制方法的控制框图

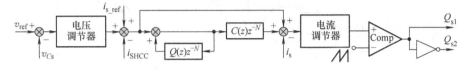

图 1.26 重复控制的控制框图

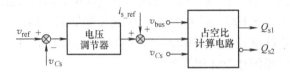

图 1.27 占空比实时计算方法的控制框图

2. 端口电流间接控制方法

在端口电流直接控制方法中，为了获得二次谐波电流基准，需将电流互感器或电流霍尔传感器等电流检测电路嵌入 DC – AC 逆变器的输入端口或 PFC 变换器的输出端口，这不利于 SHCC 的模块化设计。实际上，通过控制系统中的其他变量，如 SHCC 储能电容电压、中间直流母线电压脉动等，可实现二次谐波电流的间接补偿。

在参考文献［55］中，通过采样 SHCC 的端口电压和电流来直接计算 SHCC 中的储能电容电压基准，使储能电容电压跟踪该电压基准，其控制框图如图 1.28 所示。由于 SHCC 储能电容电压中包含了 $2f_{ac}$ 及其倍数次频率谐波电压分量，因此电压环在 $2f_{ac}$ 及其倍数次频率处的环路增益越高，二次谐波电流补偿效果越好。为此，电压调节器可以采用谐振调节器[47]。但是，储能电容电压的基准与储能电容容量的二次方根成反比，电容的容差会导致电压基准计算不准确，SHCC 的端口电流将存在跟踪误差。

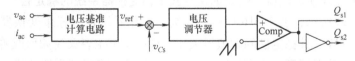

图 1.28 SHCC 储能电容电压控制的控制框图

参考文献［56 – 58］提出了基于虚拟电容的控制方法，如图 1.29 所示。该方法使 SHCC 母线端口电压中脉动电压的相位相比母线端口电流的相位滞后 90°，从而使得 SHCC 的母线端口呈现为电容特性。注意到，为了获得 SHCC 母线端口电流基准，需要对 SHCC 的母线端口电压进行微分，这会放大高频噪声，导致系统的抗干扰性较差。

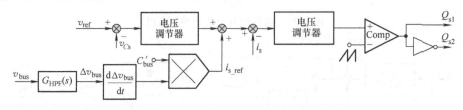

图 1.29　虚拟电容控制方法的控制框图

参考文献 [59] 直接控制 SHCC 母线端口电压中的脉动分量为 0，以迫使二次谐波电流全部流入 SHCC，图 1.30 给出了其控制框图。然而，SHCC 与原单相变换器共用中间母线电容，使 SHCC 母线端口脉动电压环的设计与原单相变换器的中间直流母线电压闭环设计相耦合。

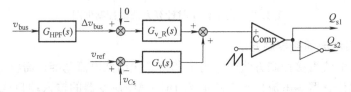

图 1.30　端口脉动电压控制方法的控制框图

引入 SHCC 的目的是用来替代中间直流母线上的电解电容。因此，最好将 SHCC 设计为一个独立模块，实现"即插即用"。采用现有的控制方法时，SHCC 并不是一个严格意义上的独立模块。为使 SHCC 严格独立，本书第 11 章将从母线端口阻抗的角度出发，针对 SHCC 提出了一种基于虚拟并联阻抗的控制方法，不仅实现二次谐波电流补偿，同时实现 SHCC 的模块化。

本质上，SHCC 处理的是无功功率，它存在一定的损耗，会使整个系统变换效率降低。为此，本书第 12 章将研究 SHCC 的储能电容电压控制方法，以减小其轻载损耗。

1.5.2　加入二次谐波电流补偿器的两级式单相变换器系统的稳定性

如图 1.22 所示，引入 SHCC 后，两级式单相系统包含三个变换器，成为一个多变换器系统，其稳定性问题值得关注。现有文献主要关注如何改善 SHCC 的二次谐波电流补偿精度，没有研究加入 SHCC 后单相变换器系统的稳定性。

两级式单相变换器是一类典型的级联系统结构。针对级联系统的稳定性，已有文献已经进行了深入研究。图 1.31 给出了级联系统的基本结构，以中间直流母线为界，前级变换器称为源变换器，后级变换器称为负载变换器。在级联系统中，即使源变换器和负载变换器单独工作都是稳定的，但其构成的系统也可能不稳定。为了分析级联系统的稳定性，Middlebrook 提出了判断级联系统稳定性的判据[60]，即如果源变换器和负载变换器单独工作均是稳定的，则系统的稳定性由源变换器的闭环输出阻抗 $Z_{o\_S}(s)$ 与负载变换器的闭环输入阻抗 $Z_{in\_L}(s)$ 之比，即系统环路增益，是否满足奈奎斯特判据决定。这就是 Middlebrook 判据，适用于源变换器为电压源的级联系统。针对源变换器为电流源的级联系统，Sun Jian 教授指出，此时系统的等效环路增益为负载变换器的闭环输入阻抗与源变换器的闭环输出阻抗之比[61]，已在图 1.32 所示的电流型并网逆变器并入弱电网的应用场合中得到广泛应用。

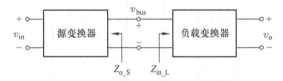

图 1.31 级联系统的基本结构

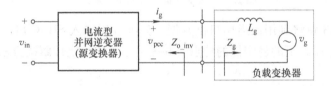

图 1.32 电流型并网逆变器和弱电网组成的电流源型系统

加入 SHCC 后，SHCC 不能简单地归为源变换器或者负载变换器，故该多变换器系统不再是一个简单的电压源型或电流源型系统，不能直接采用 Middlebrook 判据或 Sun Jian 教授提出的稳定性判据来判定系统的稳定性。参考文献[62] 不再以源变换器和负载变换器来对多变换器系统中的变换器进行分类，而是将各变换器归类为控制母线端口电压的变换器（Bus Voltage Controlled Converter, BVCC）和控制母线端口电流的变换器（Bus Current Controlled Converter, BCCC）两类，如图 1.33 所示。在此基础上，提出了一种通用阻抗判据，即：若所有的 BVCC 和所有的 BCCC 均单独工作稳定，则多变换器系统的稳定性由该系统的等效环路增益是否满足奈奎斯特稳定判据确定。这里系统的等效环路增益表示为：

$$T_m = \frac{Z_{v\_bus}}{Z_{c\_bus}} = \frac{\left(\sum_{j=1}^{m} \frac{1}{Z_{v\_bus j}}\right)^{-1}}{\left(\sum_{k=1}^{n} \frac{1}{Z_{c\_bus k}}\right)^{-1}} \tag{1.9}$$

式中，$Z_{\text{v\_bus}} = \left(\sum\limits_{j=1}^{m} \dfrac{1}{Z_{\text{v\_bus}j}} \right)^{-1}$ 为所有 BVCC 母线端口阻抗的并联阻抗，$Z_{\text{c\_bus}} = \left(\sum\limits_{k=1}^{n} \dfrac{1}{Z_{\text{c\_bus}k}} \right)^{-1}$ 为所有 BCCC 母线端口阻抗的并联阻抗。

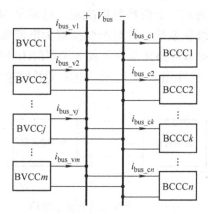

图 1.33　多变换器系统的统一形式

本书第 13 章将利用该通用阻抗判据，详细分析加入 SHCC 后单相变换器系统在不同工作模式下的稳定性的特点，并提出相应的稳定性解决方法。

1.6　本章小结

作为交流电和直流电之间的电能变换接口，两级式单相变换器（包括单相 DC‐AC 逆变器和单相 PFC 变换器）已在各种交直流变换场合中应用广泛。两级式单相变换器的交流端口瞬时功率以两倍交流电压频率脉动，在中间直流母线端口产生二次谐波电流。为了提高两级式单相变换器的变换效率、提高可再生能源发电单元的能量转换效率、并延长发电单元的使用寿命，需要研究如何有效抑制二次谐波电流。本章阐述了二次谐波电流的产生机理及其危害，介绍了三类二次谐波电流抑制方法，并介绍了 SHCC 的研究现状。

参 考 文 献

[1] 英国石油公司. BP 世界能源统计年鉴 [R]. 英国：《BP 世界能源统计年鉴》编辑部, 2020.

[2] CARRASCO J, FRANQUELO L, BIALASIEWICZ J, et al. Power‐electronic systems for the grid integration of renewable energy sources: a survey [J]. IEEE Transactions on Industrial Electronics, 2006, 53 (4): 1002‐1016.

[3] GUERRERO J, VASQUEZ J, MATAS J, et al. Hierarchical control of droop‐controlled ac

and dc microgrids — a general approach toward standardization [J]. IEEE Transactions on Industrial Electronics, 2011, 58 (1): 158 – 172.

[4] EMADI A , EHSANI M , MILLER J. Vehicular electric power systems: land, sea, air, and space vehicles [M]. New York: Marcel Dekker, 2003.

[5] BUTICCHI G, BOZHKO S, LISERRE M, et al. On – board microgrids for the more electric aircraft—technology review [J]. IEEE Transactions on Industrial Electronics, 2019, 66 (7): 5588 – 5599.

[6] CHEN J, WANG, C, CHEN J. Investigation on the selection of electric power system architecture for future more electric aircraft [J]. IEEE Transactions on Transportation Electrification, 2018, 4 (2): 563 – 576.

[7] UNEP (United Nations Environment Programme). Report of the programme on energy efficient technologies for climate change [R]. 2010.

[8] WANG B, RUAN X, XU M, et al. A method of reducing the peak – to – average ratio of LED current for electrolytic capacitor – less ac/dc drivers [J]. IEEE Transactions on Power Electronics, 2010, 25 (3): 592 – 601.

[9] ZHU G, RUAN X, ZHANG L, et al. On the reduction of second harmonic current and improvement of dynamic response for two – stage single – phase inverter [J]. IEEE Transactions on Power Electronics, 2015, 30 (2): 1028 – 1041.

[10] SULLIVAN C, AWERBUCH J, LATHAM A. Decrease in photovoltaic power output from ripple: Simple general calculation and the effect of partial shading [J]. IEEE Transactions on Power Electronics, 2013, 28 (2): 740 – 747.

[11] FEMIA N, PETRONE G, SPAGNUOLO G, et al. A technique for improving P&O MPPT performances of double – stage grid – connected photovoltaic systems [J]. IEEE Transactions on Industrial Electronics, 2009, 56 (11): 4473 – 4482.

[12] FONTES G, TURPIN C, ASTIER S, et al. Interactions between fuel cells and power converters: influence of current harmonics on a fuel cell stack [J]. IEEE Transactions on Power Electronics, 2007, 22 (2): 670 – 678.

[13] DAHLER P, KNAPP G, NOLD A. New generation of compact low voltage IGBT converter for traction applications [C]. Proc. IEEE European Conference on Power Electronics and Applications, 2005: 9 – 18.

[14] VASILADIOTIS M, RUFER A. Dynamic analysis and state feedback voltage control of single – phase active rectifiers with dc – link resonant filters [J]. IEEE Transactions on Power Electronics, 2014, 29 (10): 5620 – 5633.

[15] NONAKA S, NEBA Y. Single – phase PWM current source converter with double – frequency parallel resonance circuit for dc smoothing [C]. Proc. Annual Meeting of the IEEE Industry Applications Society, 1993: 1144 – 1151.

[16] YEH C, MANJREKAR M. A reconfigurable uninterruptible power supply system for multiple power quality applications [J]. IEEE Transactions on Power Electronics, 2007, 22 (4):

1361 – 1372.

[17] ALLUHAYBI K, BATARSEH I, HU H. Comprehensive review and comparison of single – phase grid – tied photovoltaic microinverters [J]. IEEE Journal of Emerging and Selected Topics in Power Electronics, 2020, 8 (2): 1310 – 1329.

[18] LIU C, LAI J. Low frequency current ripple reduction technique with active control in a fuel cell power system with inverter load [J]. IEEE Transactions on Power Electronics, 2007, 22 (4): 1429 – 1436.

[19] KIM J, CHOI K, KIM R. A low frequency input current reduction scheme of a two – stage single – phase inverter with dc – dc boost converter [C]. Proc. IEEE Applied Power Electronics Conference and Exposition (APEC), 2014: 2351 – 2358.

[20] AHMAD A, ABRISHAMIFAR A, SAMADI S. Low – frequency current ripple reduction in front – end boost converter with single – phase inverter load [J]. IET Power Electronics, 2012, 5 (9): 1676 – 1683.

[21] PRODIC A, CHEN J, ERICKSON R W, et al. Self – tuning digitally controlled low harmonic rectifier having fast dynamic response [J]. IEEE Transactions on Power Electronics, 2003, 18 (1): 420 – 428.

[22] WEI Z, DENG X, GONG C, et al. A novel technique of low frequency input current ripple reduction in two – stage dc – ac inverter [C]. Proc. IEEE Industrial Electronics Conference (IECON), 2012: 139 – 143.

[23] WANG J, JI B, LU X, et al. Steady – state and dynamic input current low – frequency ripple evaluation and reduction in two – stage single – phase inverters with back current gain model [J]. IEEE Transactions on Power Electronics, 2014, 29 (8): 4247 – 4260.

[24] BOJOI R, PICA C, ROIU D, et al. New dc – dc converter with reduced low – frequency current ripple for fuel cell in single – phase distributed generation [C]. Proc. IEEE International Conference on Industrial Technology (ICIT), 2010: 1213 – 1218.

[25] ZENG J, ZHUO M, CHENG H, et al. Power pulsation decoupling for a two – stage single – phase photovoltaic inverter with film capacitor [C]. Proc. IEEE Energy Conversion Congress and Exposition (ECCE), 2017: 468 – 474.

[26] LYU J, HU W, YAO K, et al. Research on input current ripple reduction of two – stage single – phase PV grid inverter [C]. Proc. European Conference on Power Electronics and Applications, 2014: 1 – 8.

[27] GU B, DOMINIC J, ZHANG J, et al. Control of electrolyte – free micro inverter with improved MPPT performance and grid current quality [C]. Proc. IEEE Applied Power Electronics Conference and Exposition (APEC), 2014: 1788 – 1792.

[28] BAEK J, KIM J, LEE J, et al. A new standby structure integrated with boost PFC converter for server power supply [J]. IEEE Transactions on Power Electronics, 2019, 34 (6): 5283 – 5293.

[29] LI B, LI Q, LEE F C, et al. A high – efficiency high – density wide – bandgap device – based

bidirectional on – board charger [J]. IEEE Journal of Emerging and Selected Topics in Power Electronics, 2018, 6 (3): 1627 – 1636.

[30] TAN Y, PANDA S. Optimized wind energy harvesting system using resistance emulator and active rectifier for wireless sensor nodes [J]. IEEE Transactions on Power Electronics, 2011, 26 (1): 38 – 50.

[31] DONG D, CVETKOVIC I, BOROYEVICH D, et al. Grid – interface bidirectional converter for residential dc distribution systems — Part I: high – density two – stage topology [J]. IEEE Transactions on Power Electronics, 2013, 28 (4): 1655 – 1666.

[32] MENG L, SHU Z, LEI Y, et al. Optimal input and output power quality control of single – phase ac – dc – dc converter with significant dc – link voltage ripple [J]. IEEE Transactions on Power Electronics, 2020, 67 (12): 10366 – 10376.

[33] BAI H, ZIE Z, MI C. Experimental comparison of traditional phase – shift, dual – phase – shift, and model – based control of isolated bidirectional dc – dc converters [J]. IEEE Transactions on Power Electronics, 2010, 25 (6): 1444 – 1449.

[34] B43255 Datasheet [Z/OL]. https: //product. tdk. com. cn/system/files/dam/doc/product/ capacitor/aluminum – electrolytic/snap – in/data _ sheet/20/30/ds/b43255 _ cn. pdf.

[35] QI W, LI S, TAN S, et al. A single – phase three – level flying – capacitor PFC rectifier without electrolytic capacitors [J]. IEEE Transactions on Power Electronics, 2019, 34 (7): 6411 – 6424.

[36] WU H, WONG S. TSE C, et al. Control and modulation of bidirectional single – phase ac – dc three – phase – leg SPWM converters with active power decoupling and minimal storage capacitance [J]. IEEE Transactions on Power Electronics, 2016, 31 (6): 4226 – 4240.

[37] OHNUMA Y, ITOH J. A novel single – phase buck PFC ac – dc converter with power decoupling capability using an active buffer [J]. IEEE Transactions on Industry Applications, 2014, 50 (3): 1905 – 1914.

[38] OHNUMA Y, ORIKAWA K, ITOH J. A single – phase current – source PV inverter with power decoupling capability using an active buffer [J]. IEEE Transactions on Industry Applications, 2015, 51 (1): 531 – 538.

[39] WANG H, WANG H, ZHU G, et al. An overview of capacitive dc links – topology derivation and scalability analysis [J]. IEEE Transactions on Power Electronics, 2020, 35 (2): 1805 – 1829.

[40] WATANABE H, SAKURABA T, FURUKAWA K, et al. Development of dc to single – phase ac voltage source inverter with active power decoupling based on flying capacitor dc/dc converter [J]. IEEE Transactions on Power Electronics, 2018, 33 (6): 4992 – 5004.

[41] KAN S, RUAN X, HUANG X, et al. Harmonic current reduction for flying capacitor clamped boost three – level converter in photovoltaic grid – connected inverter [J]. IEEE Transactions on Power Electronics, 2021, 36 (2): 1669 – 1679.

[42] NOVAES Y, BARBI I. Low frequency ripple current elimination in fuel cell systems [C].

Proc. Fuel Cell Seminar Special Session on Power Conditioning and International Future Energy Challenge, 2003: 21 – 26.

[43] PINI S, BARBI I. The single – phase high – power – factor rectifier, based on a two – quadrant shunt active filter [J]. IEEE Transactions on Power Electronics, 2011, 26 (11): 3131 – 3143.

[44] SUN Y, LIU Y, SU M, et al. Review of active power decoupling topologies in single – phase systems [J]. IEEE Transactions on Power Electronics, 2016, 31 (7): 4778 – 4794.

[45] HE J, RUAN X, ZHANG L. Adaptive voltage control for bidirectional converter in flicker – free electrolytic capacitor – less ac – dc LED driver [J]. IEEE Transactions on Industrial Electronics, 2017, 64 (1): 320 – 324.

[46] YAO W, LOH P, TANG Y, et al. A robust dc – split – capacitor power decoupling scheme for single – phase converter [J]. IEEE Transactions on Power Electronics, 2017, 32 (11): 8419 – 8433.

[47] TANG Y, BLAABJERG F, LOH P, et al. Decoupling of fluctuating power in single – phase systems through a symmetrical half – bridge circuit [J]. IEEE Transactions on Power Electronics, 2015, 30 (4): 1855 – 1865.

[48] IRFAN M, AHMED A, PARK J, et al. Current – sensorless power – decoupling phase – shift dual – half – bridge converter for dc – ac power conversion systems without electrolytic capacitor [J]. IEEE Transactions on Power Electronics, 2017, 32 (5): 3610 – 3622.

[49] WANG S, RUAN X, YAO K, et al. A flicker – free electrolytic capacitor – less ac – dc LED driver [J]. IEEE Transactions on Power Electronics, 2012, 27 (11): 4540 – 4548.

[50] QIN Z, TANG Y, LOH P, et al. Benchmark of ac and dc active power decoupling circuits for second – order harmonic mitigation in kilowatt – scale single – phase inverters [J]. IEEE Journal of Emerging and Selected Topics in Power Electronics, 2015, 4, (1): 15 – 25.

[51] KYRITSIS A, PAPANIKOLAOU N, TATAKIS E. A novel parallel active filter for current pulsation smoothing on single stage grid – connected AC – PV modules [C]. Proc. European Conference on Power Electronics and Applications, 2007: 1 – 10.

[52] KONG Z, HUANG X, WANG Z, et al. Active power decoupling for submodules of modular multilevel converter [J]. IEEE Transactions on Power Electronics, 2018, 33 (1): 125 – 136.

[53] WANG R, WANG F, BOROYEVICH D, et al. A high power density single – phase PWM rectifier with active ripple energy storage [J]. IEEE Transactions on Power Electronics, 2011, 26 (5): 1430 – 1443.

[54] CAO X, ZHONG Q, MING W. Ripple eliminator to smooth dc – bus voltage and reduce the total capacitance required [J]. IEEE Transactions on Industrial Electronics, 2015, 62 (4): 2224 – 2235.

[55] LI H, ZHANG K, ZHAO H. DC – link active power filter for high – power single – phase PWM converters [J]. Journal of Power Electronics, 2012, 12 (3): 458 – 467.

[56] LI S, QI W, TAN S – C, et al. A general approach to programmable and reconfigurable emulation of power impedances [J]. IEEE Transactions on Power Electronics, 2018, 33 (1): 259 – 271.

[57] WANG H, WANG H. A two – terminal active capacitor [J]. IEEE Transactions on Power Electronics, 2017, 32 (8): 5893 – 5896.

[58] CHEN R, LIU Y, PENG F. A solid state variable capacitor with minimum capacitor [J]. IEEE Transactions on Power Electronics, 2017, 32 (7): 5035 – 5044.

[59] LI S, LEE A, TAN S – C et al. Plug – and – play voltage ripple mitigator for dc links in hybrid ac – dc power grids with local bus – voltage control [J]. IEEE Transactions on Industrial Electronics, 2018, 65 (1): 687 – 698.

[60] MIDDLEBROOK R D. Input filter considerations in design and application of switching regulators [C]. Proc. Annual Meeting of IEEE Industry Applications Society (IAS), 1979: 366 – 382.

[61] SUN J. Impedance – based stability criterion for grid – connected inverters [J]. IEEE Transactions on Power Electronics, 2011, 26 (11): 3075 – 3078.

[62] ZHANG X, RUAN X, TSE C K. Impedance – based local stability criterion for dc distributed power systems [J]. IEEE Transactions on Circuits and Systems I: Regular Papers, 2015, 62 (3): 916 – 925.

第2章

两级式单相变换器中二次谐波电流抑制的基本思路

两级式单相变换器，包括两级式单相 DC – AC 逆变器和两级式单相 PFC 变换器，其交流端口的瞬时功率以两倍交流电压频率脉动，在直流母线端口产生二次谐波电流。该二次谐波电流由 DC – DC 变换器和中间母线电容共同提供或吸收，并进一步传播到直流源或直流负载中。为了降低 DC – DC 变换器的开关管电流应力，提高其变换效率，需要抑制流入其中的二次谐波电流；为了提高直流源或直流负载的工作性能，并延长其工作寿命，同样需要抑制流入其中的二次谐波电流。实际上，减小流入到 DC – DC 变换器中的二次谐波电流即可相应减小直流源或直流负载中的二次谐波电流。因此，本章讨论 DC – DC 变换器中的二次谐波电流抑制方法。

直观上看，为了减小流入 DC – DC 变换器中的二次谐波电流，需要增大 DC – DC 变换器的母线端口阻抗在两倍交流电压频率处的大小，使其远大于该频率处中间母线电容的容抗。由于 DC – DC 变换器的母线端口阻抗特性与其工作模式密切相关，因此本章根据单相变换器中 DC – DC 变换器的工作模式，将其划分为控制母线端口电压的变换器（Bus Voltage Controlled Converter，BVCC）和控制母线端口电流的变换器（Bus Current Controlled Converter，BCCC）[1]。然后，利用状态空间平均法分别建立 BVCC 和 BCCC 的小信号模型，并推导其母线端口阻抗的表达式。基于母线端口阻抗特性，本章将分别讨论抑制 BVCC 和 BCCC 中二次谐波电流的基本方法。针对航空航天等不允许使用电解电容的应用场合，进一步采用无电解电容二次谐波电流补偿器代替电解电容作为中间母线电容[2]，以实现单相变换器的无电解电容化，从而提高其可靠性，并延长其工作寿命。

2.1 两级式单相变换器中 DC – DC 变换器的分类

根据应用场合不同，两级式单相 DC – AC 逆变器可分为两类。一类是前级 DC – DC 变换器控制中间直流母线电压，而后级 DC – AC 逆变器控制交流电压，如图 2.1a 所示[3,4]。此时，前级 DC‒DC 变换器是一个 BVCC。另一类是前级 DC‒DC 变换器实现光伏电池等发电单元的最大功率点跟踪（Maximum Power Point Tracking，MPPT），后级 DC‒AC 变换器控制中间直流母线电压，并同时控制交流并网电流，如图 2.1b 所示[5]。此时，前级 DC‒DC 变换器控制光伏电池的最大输出功率，实际上间接控制了母线端口电流，因此它是一个 BCCC。

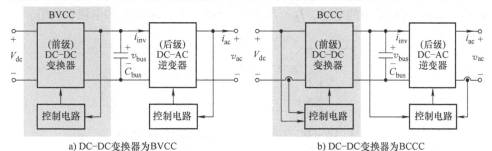

a) DC‒DC变换器为BVCC　　　　　　b) DC‒DC变换器为BCCC

图 2.1　两级式单相 DC‒AC 逆变器的分类

类似地，根据应用场合不同，两级式单相 PFC 变换器也可分为两类。一类是前级 PFC 变换器实现功率因数校正，并同时控制中间直流母线电压，而后级 DC‒DC 变换器控制直流电压，如图 2.2a 所示[6]。此时，后级 DC‒DC 变换器在控制直流电压时间接控制了母线端口电流，是一个 BCCC。另一类是前级 PFC 变换器实现 MPPT，后级 DC‒DC 变换器控制中间直流母线电压，如图 2.2b 所示[7]。此时，后级 DC‒DC 变换器是一个 BVCC。

由此可见，无论是两级式单相 DC‒AC 逆变器，还是两级式单相 PFC 变换器，其 DC‒DC 变换器均可划分为 BVCC 和 BCCC 两大类。

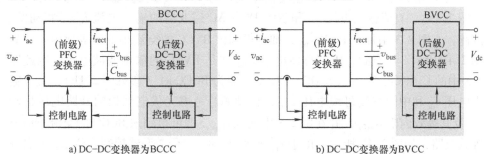

a) DC‒DC变换器为BCCC　　　　　　b) DC‒DC变换器为BVCC

图 2.2　两级式单相 PFC 变换器的分类

2.2　两级式单相变换器中 DC‒DC 变换器的交流小信号模型

根据状态空间平均法，可得到 DC‒DC 变换器的统一交流小信号等效电路，如图 2.3 所示[8]。其中，$\hat{v}_{in}$、$\hat{v}_o$ 和 $\hat{d}_y$ 分别是直流输入电压 v_{in}、直流输出电压 v_o 和占空比 d_y 中的扰动分量，$M(D)$ 是变压器电压比，$e(s)$ 和 $j(s)$ 分别是受控电压源和受控电流源的系数，L_e 和 C_f 分别是等效电感和输出滤波电容。表 2.1 给出了不同电路拓扑中 $M(D)$、$e(s)$、$j(s)$ 和 L_e 的取值。其中，V_{in} 和 D_y 分别是输入电压 v_{in} 和占空比 d_y 中的稳态分量，$D_y' = 1 - D_y$，L_f、L_b 和 L_c 分别是 Buck、Boost 和 Buck – Boost 变换器中的电感，I_{Lf}、I_{Lb} 和 I_{Lc} 分别是 L_f、L_b 和 L_c 的电流平均值。

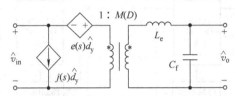

图 2.3　DC – DC 变换器的统一交流小信号等效电路

表 2.1　统一交流小信号电路的参数

	$M(D)$	$e(s)$	$j(s)$	L_e
Buck	D_y	$\dfrac{V_{bus}}{D_y^2}$	I_{Lf}	L_f
Boost	$\dfrac{1}{D_y'}$	$V_{bus} - \dfrac{1}{D_y'}I_{Lb}sL_b$	$\dfrac{I_{Lb}}{D_y'}$	$\dfrac{L_b}{D_y'^2}$
Buck – Boost	$-\dfrac{D_y}{D_y'}$	$-\dfrac{1}{D_y^2}V_{bus} + \dfrac{1}{D_yD_y'}I_{Lc}sL_c$	$-\dfrac{I_{Lc}}{D_y'}$	$\dfrac{L_c}{D_y'^2}$

对于两级式单相 DC – AC 逆变器来说，当 DC – DC 变换器为 BVCC 时（参见图 2.1a），直流输入电压 v_{dc} 和后级 DC – AC 逆变器的输入电流 i_{inv} 是扰动源。因此，在图 2.3 中加入 $\hat{v}_{dc}$ 和 $\hat{i}_{inv}$，即可得到该 BVCC 的交流小信号等效电路，如图 2.4a 所示。注意到，中间母线电容 C_{bus} 亦是 BVCC 的输出滤波电容，因此图 2.3 中的 C_f 由 C_{bus} 代替。当 DC – DC 变换器为 BCCC 时（参见图 2.1b），直流输入电压 v_{dc} 和中间直流母线电压 v_{bus} 是扰动源。考虑光伏电池板的开路电压扰动 $\hat{v}_{PV}$ 及其等效内阻 R_{MPP}，并在图 2.3 中加入 $\hat{v}_{bus}$，即可得到该 BCCC 的交流小信号等效电路，如图 2.4b 所示。由于 v_{bus} 被后级 DC – AC 逆变器控制，C_{bus} 不再出现在交流小信号等效电路中。为了便于后文叙述，定义两级式单相 DC – AC 逆变器中 DC – DC 变换器的母线端口阻抗 Z_{bus} 为不包括 C_{bus} 的输出阻抗。

对于两级式单相 PFC 变换器来说，当 DC – DC 变换器为 BCCC 时（参见图 2.2a），中间直流母线电压 v_{bus} 和直流负载电流 i_{dc} 是扰动源。因此，在图 2.3 中加入 $\hat{v}_{bus}$ 和 $\hat{i}_{dc}$，即可得到该 BCCC 的交流小信号等效电路，如图 2.5a 所示。当 DC – DC 变换器为 BVCC 时（参见图 2.2b），前级 PFC 变换器的输出电流 i_{rect}

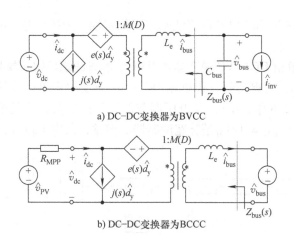

a) DC–DC变换器为BVCC

b) DC–DC变换器为BCCC

图2.4 两级式单相DC–AC逆变器中DC–DC变换器的交流小信号等效电路

和直流输出电压 v_{dc} 是扰动源。因此，在图2.3中加入 $\hat{i}_{rect}$ 和 $\hat{v}_{dc}$，即可得到该 BVCC 的交流小信号等效电路，如图2.5b 所示。值得注意的是，BVCC 控制中间直流母线电压，故还需在图2.5b 的输入端加入中间母线电容 C_{bus}。为后文叙述方便，定义两级式 PFC 变换器中 DC–DC 变换器的母线端口阻抗 Z_{bus} 为不包括 C_{bus} 的输入阻抗。

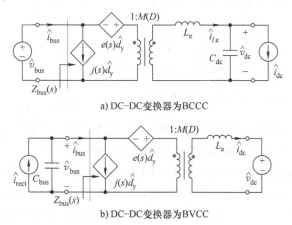

a) DC–DC变换器为BCCC

b) DC–DC变换器为BVCC

图2.5 两级式 PFC 变换器中 DC–DC 变换器的交流小信号等效电路

2.3 两级式单相变换器中 DC–DC 变换器的母线端口阻抗特性

根据2.2节所建立的交流小信号模型，本节将分别推导两级式单相 DC–AC 逆变器和两级式单相 PFC 变换器中 BVCC 和 BCCC 的母线端口阻抗表达式。在此基础上，讨论 BVCC 和 BCCC 的母线端口阻抗特性，为提出基本的二次谐波电流抑制方法奠定基础。

2.3.1 两级式单相 DC – AC 逆变器中 BVCC 的母线端口阻抗推导

根据图 2.4a，可得到两级式单相 DC – AC 逆变器中 BVCC 的控制框图，如图 2.6 所示。图 2.6 中，$G_v(s)$ 是电压调节器的传递函数，H_v 是中间直流母线电压的采样系数，$K_{PWM} = 1/V_M$ 是脉宽调制器的增益，其中 V_M 是锯齿载波的幅值。

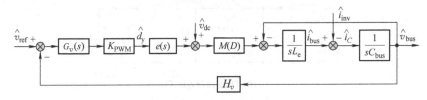

图 2.6 两级式单相逆变器中 BVCC 的控制框图

由图 2.4a 可得：

$$(\hat{v}_{dc} + e(s)\hat{d}_y)M(D) - \hat{v}_{bus} = sL_e\hat{i}_{bus} \tag{2.1}$$

令 $\hat{v}_{ref} = 0$，那么根据图 2.6 可得 $\hat{d}_y$ 的表达式为：

$$\hat{d}_y = -H_v K_{PWM} G_v(s) \cdot \hat{v}_{bus} \tag{2.2}$$

将式（2.2）代入式（2.1），并令 $\hat{v}_{dc} = 0$，可得到 $Z_{bus}(s)$ 的表达式为：

$$Z_{bus}(s) = \frac{\hat{v}_{bus}}{\hat{i}_{bus}} = \frac{sL_e}{1 + (s^2 L_e C_{bus} + 1)T_v(s)} \tag{2.3}$$

式中，$T_v(s)$ 为电压环的环路增益，其表达式为：

$$T_v(s) = H_v K_{PWM} G_v(s) M(D) e(s) \cdot \frac{1}{s^2 L_e C_{bus} + 1} \tag{2.4}$$

由式（2.3）可知，两级式单相 DC – AC 逆变器中 BVCC 的母线端口阻抗和电压环环路增益有关，且随环路增益的提高而减小。

2.3.2 两级式单相 DC – AC 逆变器中 BCCC 的母线端口阻抗推导

为了实现光伏电池等发电单元的 MPPT，既可控制 BCCC 的输入电压，使之跟踪 MPPT 控制器输出的电压基准，亦可控制 BCCC 的输入电流，使之跟踪 MPPT 控制器输出的电流基准。这里，以控制 BCCC 的输入电流为例，来推导 BCCC 的母线端口阻抗。根据图 2.4b，可得到两级式单相 DC – AC 逆变器中 BC-CC 的控制框图，如图 2.7 所示，图中，$G_i(s)$ 是电流调节器的传递函数，H_i 是电流采样系数。

由图 2.4b 可得：

$$\{e(s)\hat{d}_y - R_{MPP}[j(s)\hat{d}_y + M(D)\hat{i}_{bus}] + \hat{v}_{pv}\}M(D) - \hat{v}_{bus} = sL_e\hat{i}_{bus} \tag{2.5}$$

令 $\hat{i}_{ref} = 0$，那么根据图 2.7 可得 $\hat{d}_y$ 的表达式为：

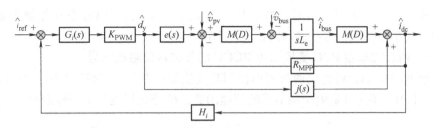

图 2.7　两级式单相逆变器中 BCCC 的控制框图

$$\hat{d}_y = -H_i K_{\mathrm{PWM}} G_i(s)\left(j(s)\hat{d}_y + M(D)\hat{i}_{\mathrm{bus}}\right) \tag{2.6}$$

将式 (2.6) 代入式 (2.5)，并令 $\hat{v}_{\mathrm{pv}} = 0$，可得到 $Z_{\mathrm{bus}}(s)$ 的表达式为：

$$Z_{\mathrm{bus}}(s) = \frac{\hat{v}_{\mathrm{bus}}}{\hat{i}_{\mathrm{bus}}}$$

$$= -\left[\frac{1}{sL_e + M^2(D)R_{\mathrm{MPP}}} \cdot \frac{1}{1 + T_i(s)} + \frac{j(s)}{sL_e j(s) + M^2(D)e(s)} \cdot \frac{T_i(s)}{1 + T_i(s)}\right]^{-1} \tag{2.7}$$

式中，$T_i(s)$ 为电流环的环路增益，其表达式为：

$$T_i(s) = H_i K_{\mathrm{PWM}} G_i(s) \cdot \frac{sL_e j(s) + M^2(D)e(s)}{sL_e + M^2(D)R_{\mathrm{MPP}}} \tag{2.8}$$

根据图 2.7，可推导出中间直流母线电压 $\hat{v}_{\mathrm{bus}}$ 到输入电流 $\hat{i}_{\mathrm{dc}}$ 的传递函数为：

$$\frac{\hat{i}_{\mathrm{dc}}}{\hat{v}_{\mathrm{bus}}} = -\frac{M(D)}{sL_e + M^2(D)R_{\mathrm{MPP}}} \cdot \frac{1}{1 + T_i(s)} \tag{2.9}$$

由式 (2.9) 可知，中间直流母线电压 v_{bus} 中的二次谐波分量会导致输入电流 (即光伏电池的输出电流) i_{dc} 中存在二次谐波分量。为抑制 i_{dc} 中的二次谐波分量，需要提高电流环在两倍输出频率 ($2f_o$) 处的环路增益。一般来讲，电流环在其截止频率 f_{ci} 内的环路增益远大于 1，即 $|T_i(s)| \gg 1$，故式 (2.7) 可近似为：

$$Z_{\mathrm{bus}}(s) \approx -\left[sL_e + M^2(D)e(s)/j(s)\right], \quad f < f_{\mathrm{ci}} \tag{2.10}$$

将表 2.1 中的相关参数代入式 (2.10)，可得：

$$Z_{\mathrm{bus}}(s) \approx -\frac{V_{\mathrm{bus}}^2}{P_{\mathrm{MPP}}}, \quad f < f_{\mathrm{ci}} \tag{2.11}$$

式中，P_{MPP} 是光伏电池的最大输出功率，其表达式为：

$$P_{\mathrm{MPP}} = \begin{cases} V_{\mathrm{bus}} I_{Lf} & \text{Buck} \\ V_{\mathrm{bus}} I_{Lb} D_y' & \text{Boost} \\ V_{\mathrm{bus}} I_{Lc} D_y' & \text{Buck} - \text{Boost} \end{cases} \tag{2.12}$$

式（2.11）表明，两级式单相 DC – AC 逆变器中的 BCCC 在其控制带宽内呈现恒功率源特性，母线端口阻抗是一个负阻。

2.3.3 两级式单相 PFC 变换器中 BCCC 的母线端口阻抗推导

根据图 2.5a，可得到两级式单相 PFC 变换器中 BCCC 的控制框图，如图 2.8 所示，图中，$G_v(s)$ 是电压调节器的传递函数，H_v 是输出电压的采样系数。

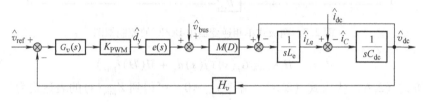

图 2.8　两级式 PFC 变换器中 BCCC 的控制框图

由图 2.5a 可得：

$$Z_{\text{bus}}(s) = \frac{\hat{v}_{\text{bus}}}{\hat{i}_{\text{bus}}} = \frac{\hat{v}_{\text{bus}}}{j(s)\hat{d}_y + M(D)\hat{i}_{Le}} \tag{2.13}$$

$$\left[\hat{v}_{\text{bus}} + e(s)\hat{d}_y\right]M(D) = sL_e\hat{i}_{Le} + \frac{1}{sC_{\text{dc}}}(\hat{i}_{Le} - \hat{i}_{\text{dc}}) \tag{2.14}$$

令 $\hat{v}_{\text{ref}} = 0$，根据图 2.8，可得 $\hat{d}_y$ 的表达式为：

$$\hat{d}_y = -H_v K_{\text{PWM}} G_v(s) \cdot \hat{v}_{\text{dc}} = -H_v K_{\text{PWM}} G_v(s) \cdot \frac{1}{sC_{\text{dc}}}(\hat{i}_{Le} - \hat{i}_{\text{dc}}) \tag{2.15}$$

令 $\hat{i}_{\text{dc}} = 0$，联立式（2.13）~式（2.15），可得到 $Z_{\text{bus}}(s)$ 的表达式为：

$$Z_{\text{bus}}(s) = \left[-\frac{j(s)}{e(s)} \frac{T_v(s)}{1 + T_v(s)} + \frac{M^2(D) \cdot sC_{\text{dc}}}{s^2 L_e C_{\text{dc}} + 1} \frac{1}{1 + T_v(s)} \right]^{-1} \tag{2.16}$$

式中，$T_v(s)$ 为电压环的环路增益，其表达式为：

$$T_v(s) = H_v K_{\text{PWM}} G_v(s) M(D) e(s) \frac{1}{s^2 L_e C_{\text{dc}} + 1} \tag{2.17}$$

根据图 2.8，可推导出中间直流母线电压 $\hat{v}_{\text{bus}}(s)$ 到输出电压 $\hat{v}_{\text{dc}}(s)$ 的传递函数为：

$$\frac{\hat{v}_{\text{dc}}}{\hat{v}_{\text{bus}}} = \frac{M(D)}{s^2 L_e C_{\text{dc}} + 1} \cdot \frac{1}{1 + T_v(s)} \tag{2.18}$$

由式（2.18）可知，v_{bus} 中的二次谐波分量会导致 v_{dc} 中存在二次谐波分量，进而在直流负载中产生二次谐波电流。为抑制 BCCC 的输出电压中的二次谐波分量，需要提高电压环在两倍输入频率（$2f_{\text{in}}$）处的环路增益。一般而言，电压环在其截止频率 f_{cv} 内的环路增益远大于 1，即 $|T_v(s)| \gg 1$，则式（2.16）可近似为：

$$Z_{\text{bus}}(s) = -e(s)/j(s), \quad f < f_{\text{cv}} \tag{2.19}$$

将表2.1中的相关参数代入式（2.18），可得：

$$Z_{\text{bus}}(s) \approx -\frac{V_{\text{bus}}^2}{P_o}, \quad f < f_{cv} \tag{2.20}$$

式中，P_o是输出功率，其表达式为：

$$P_o = \begin{cases} V_{dc}I_{Lf} & \text{Buck} \\ V_{\text{bus}}I_{Lb} & \text{Boost} \\ V_{\text{bus}}D_yI_{Lc} & \text{Buck} - \text{Boost} \end{cases} \tag{2.21}$$

由式（2.20）可知，两级式PFC变换器中的BCCC在其控制带宽内呈现恒功率负载特性，母线端口阻抗是一个负阻。

2.3.4 两级式单相PFC变换器中BVCC的母线端口阻抗推导

根据图2.5b，可得到两级式单相PFC变换器中BVCC的控制框图，如图2.9所示，图中，$G_v(s)$是电压调节器的传递函数，H_v是中间直流母线电压的采样系数。需要注意的是，$\hat{i}_{dc}$和$\hat{d}_y$均是反相叠加到$\hat{i}_{rect}$中的。为保证电压环为负反馈，需要对电压调节器的输出取负号。

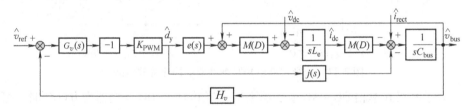

图2.9 两级式PFC变换器中BVCC的控制框图

由图2.5b可得：

$$\hat{i}_{\text{bus}} = j(s)\hat{d}_y + M(D)\hat{i}_{dc} \tag{2.22}$$

$$\left[\hat{v}_{\text{bus}} + e(s)\hat{d}_y\right]M(D) = sL_e\hat{i}_{dc} + \hat{v}_{dc} \tag{2.23}$$

令$\hat{v}_{\text{ref}} = 0$，根据图2.9，可得$\hat{d}_y$的表达式为：

$$\hat{d}_y = H_vK_{\text{PWM}}G_v(s) \cdot \hat{v}_{\text{bus}} \tag{2.24}$$

联立式（2.22）~式（2.24），并令$\hat{v}_{dc} = 0$，可得到$Z_{\text{bus}}(s)$的表达式为：

$$Z_{\text{bus}}(s) = \frac{\hat{v}_{\text{bus}}}{\hat{i}_{\text{bus}}} = \frac{sL_e/M^2(D)}{1 + \left[1 + s^2L_eC_{\text{bus}}/M^2(D)\right]T_v(s)} \tag{2.25}$$

式中，$T_v(s)$为电压环的环路增益，其表达式为：

$$T_v(s) = H_vK_{\text{PWM}}G_v(s)\frac{j(s)sL_e + e(s)M^2(D)}{s^2L_eC_{\text{bus}} + M^2(D)} \tag{2.26}$$

由式（2.25）可知，两级式单相PFC变换器中BVCC的母线端口阻抗也和电压环的环路增益相关，且随环路增益的提高而减小。

2.3.5 BVCC 和 BCCC 的母线端口阻抗特性讨论

无论是两级式单相 DC – AC 逆变器中的后级 DC – AC 逆变器，还是两级式单相 PFC 变换器中的前级 PFC 变换器，其母线侧端口电流中均包含直流电流 I_{dc} 和二次谐波电流 i_{SHC}。为了便于分析，可将它们等效为一个直流电流源 I_{dc} 和一个二次谐波电流源 i_{SHC} 相并联的形式，如图 2.10 和图 2.11 所示。

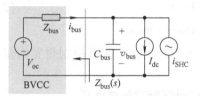
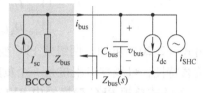

a) DC–DC变换器为BVCC　　　　　　b) DC–DC变换器为BCCC

图 2.10　两级式单相 DC – AC 逆变器的简化等效电路

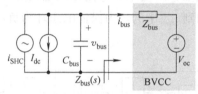
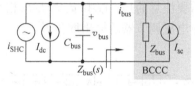

a) DC–DC变换器为BVCC　　　　　　b) DC–DC变换器为BCCC

图 2.11　两级式单相 PFC 变换器的简化等效电路

对于两级式单相 DC – AC 逆变器来讲，当其 DC – DC 变换器为 BVCC 时，可根据戴维南定理将其等效为一个电压源 V_{oc} 与其母线端口阻抗 Z_{bus} 相串联的形式；当 DC – DC 变换器为 BCCC 时，可根据诺顿定理将其等效为一个电流源 I_{sc} 与其母线端口阻抗 Z_{bus} 相并联的形式。这样，可得到两级式单相 DC – AC 逆变器的简化等效电路，分别如图 2.10a 和 b 所示。类似地，可得到两级式单相 PFC 变换器的简化等效电路，分别如图 2.11a 和 b 所示。

由图 2.10a 和图 2.11a 可知，为减小流入 BVCC 中的二次谐波电流，需提高其在两倍交流频率（$2f_{ac}$，f_{ac} 为 f_{in} 或 f_{o}）处的母线端口阻抗。根据式（2.3）和式（2.25）可知，BVCC 的母线端口阻抗 Z_{bus} 随电压环环路增益的提高而减小。因此，为了提高 Z_{bus} 在 $2f_{ac}$ 处的幅值，需降低电压环在 $2f_{ac}$ 处的增益。当 $T_{v}(j2\pi \cdot 2f_{ac}) = 0$ 时，$|Z_{bus}(j2\pi \cdot 2f_{ac})|$ 有最大值，其表达式为：

$$\begin{cases} |Z_{bus}(j2\pi \cdot 2f_{o})|_{max} = 2\pi \cdot 2f_{o} \cdot L_{e}, & f_{ac} = f_{o} \\ |Z_{bus}(j2\pi \cdot 2f_{in})|_{max} = \dfrac{2\pi \cdot 2f_{in} \cdot L_{e}}{M^{2}(D)}, & f_{ac} = f_{in} \end{cases} \quad (2.27)$$

由于 DC – DC 变换器中的电感 L_{e} 一般按照开关电流纹波要求进行设计，它在 $2f_{ac}$

处的电抗幅值较小。因此，即使 $T_v(j2\pi \cdot 2f_{ac}) = 0$，$|Z_{bus}(j2\pi \cdot 2f_{ac})|_{max}$ 也较小。这意味着，仅仅降低电压环在 $2f_{ac}$ 处的增益不足以完全抑制 BVCC 中的二次谐波电流。

根据式（2.11）和式（2.20），BCCC 在其控制带宽内呈现为恒功率源或恒功率负载特性，其母线端口阻抗为负阻。根据图 2.10b 和图 2.11b，可得流入 BCCC 中的二次谐波电流 I_{bus_2nd} 为：

$$I_{bus\_2nd} = \left| \frac{1/(j2\pi \cdot 2f_{ac} \cdot C_{bus})}{Z_{bus} + 1/(j2\pi \cdot 2f_{ac} \cdot C_{bus})} \right| I_{SHC}$$

$$= \begin{cases} \dfrac{I_{SHC}}{\sqrt{1 + (2\pi \cdot 2f_{ac}C_{bus})^2(V_{bus}^2/P_{MPP})^2}} & , Z_{bus} = -V_{bus}^2/P_{MPP} \\ \dfrac{I_{SHC}}{\sqrt{1 + (2\pi \cdot 2f_{ac}C_{bus})^2(V_{bus}^2/P_o)^2}} & , Z_{bus} = -V_{bus}^2/P_o \end{cases}$$

$$(2.28)$$

式中，$I_{SHC} = V_{ac}I_{ac}/V_{bus}$ 是 DC-AC 逆变器输入电流或 PFC 变换器输出电流中二次谐波电流的幅值。由此可知，为抑制流入 BCCC 中的二次谐波电流，需要增大 C_{bus}。

2.4 二次谐波电流抑制的基本方法

根据第 2.3 节推导得到的母线端口阻抗特性，本节分别给出抑制 BVCC 和 BCCC 中二次谐波电流的基本方法，具体阐述如下。

2.4.1 BVCC 的二次谐波电流抑制方法

当 DC-DC 变换器为 BVCC 时，可通过降低电压调节器的增益来减小其在 $2f_{ac}$ 处的环路增益，以提高其在 $2f_{ac}$ 处的母线端口阻抗。该方法简单易行，只需改变闭环参数，无需增加额外的硬件电路。然而，根据式（2.27），BVCC 的母线端口阻抗在 $2f_{ac}$ 处的最大值是有限的。因此，单纯通过闭环参数的优化设计可以减小但无法完全抑制 BVCC 中的二次谐波电流。

为增大母线端口阻抗，可引入一个虚拟阻抗 $Z_s(s)$ 与 BVCC 的原始母线端口阻抗 Z_{bus_ori} 串联，如图 2.12 所示。需要强调的是，为减小 BVCC 中的二次谐波电流，而不影响 BVCC 的动态性能，只需提高 BVCC 在 $2f_{ac}$ 处的母线端口阻抗，因此 $Z_s(s)$ 只需在 $2f_{ac}$ 处阻抗较高，而在非 $2f_{ac}$ 处的阻抗很小，如图 2.13a 所示。与此同时，为减小中间母线电压在负载或输入功率突变时的波动，需尽可能减小 BVCC 的母线端口阻抗，为此可再引入一个和 C_{bus} 相并联的虚拟阻抗 $Z_p(s)$，其在非 $2f_{ac}$ 处的阻抗很小，而在 $2f_{ac}$ 处呈现开路特性，如图 2.13b 所示，以避免降

低在 $2f_{ac}$ 处 BVCC 的母线端口阻抗幅值。这就是基于虚拟串并联阻抗的二次谐波电流抑制方法，该方法既能有效抑制 BVCC 中的二次谐波电流，又能改善变换器的动态性能。$Z_s(s)$ 和 $Z_p(s)$ 的选取和 BVCC 的电路拓扑密切相关，这将在第 3～5 章和第 7 章具体阐述。注意到，根据图 2.4a 和图 2.5b，即使流入 BVCC 的电流 i_{bus} 是平直的，若 BVCC 的占空比 d_y 中有较大的二次谐波分量，直流电压源或直流负载中仍可能有较大的二次谐波电流。

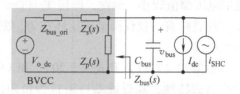

a) 前级为 BVCC 的两级式单相逆变器

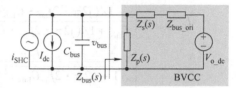

b) 后级为 BVCC 的两级式单相 PFC 变换器

图 2.12　在 BVCC 中加入虚拟串并联阻抗

为减小占空比的脉动，需要减小中间直流母线电压的脉动，因而仍需要较大的中间母线电容。

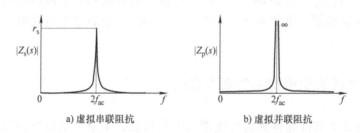

a) 虚拟串联阻抗　　　　　　b) 虚拟并联阻抗

图 2.13　虚拟串联阻抗和并联阻抗的幅频特性要求

2.4.2　BCCC 的二次谐波电流抑制方法

根据第 2.3.2 节和第 2.3.3 节的推导结果，提高 BCCC 在 $2f_{ac}$ 处的环路增益可抑制中间母线电压的扰动，从而消除直流电压源或直流负载中的二次谐波电流。因此，在控制环路稳定的前提下，应尽可能提高调节器在 $2f_{ac}$ 处的增益，这将在第 6 章中具体阐述。

根据式（2.11）和式（2.20），当 BCCC 的控制带宽足够高时，其母线端口阻抗在控制带宽内呈现负阻特性，第 2.4.1 节中提到的基于虚拟串并联阻抗的二次谐波电流抑制方法不适用于 BCCC。进一步，由式（2.28）可知，为了减小流入 BCCC 中的二次谐波电流，需要增大中间母线电容。

2.4.3　基于二次谐波电流补偿器的二次谐波电流抑制方法

根据第 2.4.1 节和第 2.4.2 节的阐述，无论 DC - DC 变换器是 BVCC 还是 BCCC，为了抑制 DC - DC 变换器和直流电压源（或直流负载）中的二次谐波电流，中间母线电容都较大，需要采用电解电容。然而，电解电容的使用寿命较短，是制约单相变换器使用寿命和可靠性的关键元件[9]。因此，在航空航天等工作环境恶劣的应用场合，需要去除电解电容，以提高单相变换器的可靠性，并延长其工作寿命。

为采用寿命较长的薄膜电容[10]来代替电解电容作为中间母线电容，需要大幅减小中间母线电容的容量。为此，可加入一个二次谐波电流补偿器（Second Harmonic Current Compensator，SHCC），以代替中间母线电容来提供或吸收 DC - AC 逆变器输入端或 PFC 变换器输出端的二次谐波电流，如图 2.14 所示。注意到，为处理脉动功率，SHCC 中也有一个储能电容 C_s。为进一步实现 SHCC 的无电解电容化，同样需要减小 C_s 的容量，下面进行阐述。

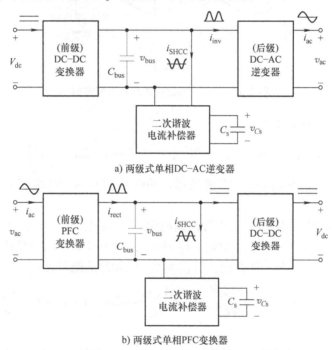

a) 两级式单相DC-AC逆变器

b) 两级式单相PFC变换器

图 2.14　加入 SHCC 的两级式单相变换器

图 2.15 给出了 SHCC 的结构图和主要波形，图中，i_{SHCC} 是 SHCC 的母线端口电流，v_{Cs} 是储能电容 C_s 两端的电压。注意到，SHCC 的母线端口电压即中间直流母线电压，其脉动较小，故记为中间直流母线电压的平均值 V_{bus}。

由图 2.14a 可知，为补偿 i_{inv} 中的二次谐波电流 i_{SHC}，i_{SHCC} 需等于 $-i_{SHC}$。由图 2.14b 可知，为补偿 i_{rect} 中的二次谐波电流 i_{SHC}，SHCC 的母线端口电流 i_{SHCC} 需等于 i_{SHC}。i_{SHC} 的表达式已在第 1 章给出，为：

$$i_{SHC} = -\frac{V_{ac}I_{ac}}{V_{bus}}\cos(2\omega_{ac}t - \theta) \tag{2.29}$$

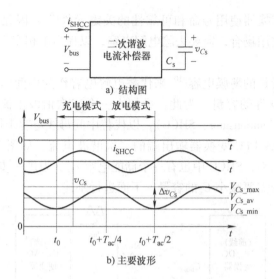

a) 结构图

充电模式　放电模式

b) 主要波形

图 2.15　SHCC 的结构图及其主要波形

因此，i_{SHCC} 可表示为：

$$i_{SHCC} = \text{Mod} \cdot i_{SHC} = \text{Mod}\left[-\frac{V_{ac}I_{ac}}{V_{bus}}\cos\left(2\omega_{ac}t - \theta\right) \right] \qquad (2.30)$$

其中，对于两级式单相 DC – AC 逆变器，Mod = – 1；对于两级式单相 PFC 变换器，Mod = 1。

根据图 2.15b，当 $i_{SHCC} > 0$ 时，储能电容 C_s 充电，v_{Cs} 升高，SHCC 工作于充电模式；当 $i_{SHCC} < 0$ 时，C_s 放电，v_{Cs} 降低，SHCC 工作于放电模式。

在 $[t_0, t_0 + T_{ac}/4]$ 时段内，$i_{SHCC} > 0$，C_s 储能的能量为：

$$\Delta E_{Cs} = \int_{t_0}^{t_0+\frac{T_{ac}}{4}} V_{bus} i_{SHCC} \mathrm{d}t = \int_{t_0}^{t_0+\frac{T_{ac}}{4}} V_{bus} \cdot \frac{V_{ac}I_{ac}}{V_{bus}}\sin 2\omega_{ac}(t - t_0)\mathrm{d}t = \frac{V_{ac}I_{ac}}{\omega_{ac}} = \frac{S}{\omega_{ac}}$$

$$(2.31)$$

式中，$T_{ac} = 1/f_{ac}$，为交流电压周期；$S = V_{ac}I_{ac}$，是 DC – AC 逆变器或 PFC 变换器的视在功率。

ΔE_{Cs} 还可表示为：

$$\Delta E_{Cs} = \frac{1}{2}C_s V_{Cs\_max}^2 - \frac{1}{2}C_s V_{Cs\_min}^2$$

$$= C_s \cdot \frac{V_{Cs\_max} + V_{Cs\_min}}{2} \cdot \left(V_{Cs\_max} - V_{Cs\_min}\right)$$

$$= C_s V_{Cs\_av} \Delta V_{Cs} \qquad (2.32)$$

式中，V_{Cs_max} 和 V_{Cs_min} 分别为储能电容电压的最大值和最小值，$V_{Cs\_av} \approx (V_{Cs\_max} + V_{Cs\_min})/2$ 是储能电容电压的平均值，$\Delta V_{Cs} = V_{Cs\_max} - V_{Cs\_min}$ 是储能电容电压脉

动量。

根据式（2.31）和式（2.32）可得：

$$C_{\mathrm{s}} = \frac{S}{\omega_{\mathrm{ac}}} \cdot \frac{1}{V_{C_{S}\_\mathrm{av}} \Delta V_{C_S}} \qquad (2.33)$$

由式（2.33）可知，通过大幅增加储能电容电压的脉动量 ΔV_{C_S} 可减小储能电容 C_{s} 的容量。这样，储能电容可选用薄膜电容，从而提高 SHCC 的使用寿命。因此，该 SHCC 可称为无电解电容的 SHCC。

由于没有电气隔离要求，从中间直流母线侧看，SHCC 可选用 Buck 型、Boost 型和 Buck‑Boost 型双向变换器等。对于 SHCC 来说，需要控制其端口电流，使其准确跟踪 DC‑AC 逆变器输入端或 PFC 变换器输出端的二次谐波电流。由于无电解电容 SHCC 中的储能电容容量较小，储能电容电压脉动很大，为准确补偿二次谐波电流，SHCC 的控制策略至关重要，这将在第 9~11 章中具体阐述。注意到，SHCC 存在损耗，故需控制储能电容电压以维持其电压稳定。然而，储能电容电压的控制策略直接影响 SHCC 的损耗，第 12 章将阐述储能电容电压的自适应控制方法。加入 SHCC 后，单相 DC‑AC 逆变器和单相 PFC 变换器变成了一个多变换器系统，需协调各变换器的母线端口阻抗，以保证系统稳定工作，这将在第 13 章具体阐述。

2.5 本章小结

本章系统阐述了两级式单相变换器中二次谐波电流抑制的基本思路。根据两级式单相变换器的工作模式，其 DC‑DC 变换器被划分为 BVCC 和 BCCC 两大类。分别推导了 BVCC 和 BCCC 的母线端口阻抗的表达式，指出 BVCC 的母线端口阻抗随控制环路的增益而减小，而 BCCC 的母线端口阻抗则在其控制带宽内为恒定的负阻。根据母线端口阻抗特性，本章分别讨论了抑制 BVCC 和 BCCC 中二次谐波电流的基本方法。针对航空航天、电动汽车等工况恶劣的应用场合，本章进一步采用无电解电容的 SHCC 代替电解电容作为中间母线电容，去除了单相变换器中的电解电容，提高了其可靠性，并延长了其工作寿命。本章是全书的理论基础，后续章节将分别围绕 BVCC、BCCC 和 SHCC 的控制策略展开叙述。

参 考 文 献

[1] ZHANG L, RUAN X. Control schemes for reducing second harmonic current in two‑stage single‑phase converter: An overview from dc‑bus port‑impedance characteristics [J]. IEEE Transactions on Power Electronics, 2019, 34 (10): 10341‑10358.

[2] ZHANG L, RUAN X, REN X. One‑cycle control for electrolytic capacitor‑less second har‑

monic current compensator [J]. IEEE Transactions on Power Electronics, 2018, 33 (2): 1724 – 1739.

[3] ZHANG L, RUAN X, REN X. Second harmonic current reduction and dynamic performance improvement in the two – stage inverters: An output impedance perspective [J]. IEEE Transactions on Industrial Electronics, 2015, 62 (1): 394 – 404.

[4] ZHANG L, RUAN X, REN X. Second – harmonic current reduction for two – stage inverter with boost – derived front – end converter: control schemes and design considerations [J]. IEEE Transactions on Power Electronics, 2018, 33 (7): 6361 – 6378.

[5] FEMIA N, PETRONE G, SPAGNUOLO G, et al. A technique for improving P&O MPPT performance of double – stage grid – connected photovoltaic system [J]. IEEE Transactions on Industrial Electronics, 2009, 56 (11): 4473 – 4482.

[6] HANKANIEMI M, SUNTIO T, SIPPOLA M. Characterization of regulated converters to ensure stability and performance in distributed power supply system [C]. Proc. IEEE Power Electronics Specialists Conference (PESC), 2005: 533 – 538.

[7] TAN Y, PANDA S K. Optimized wind energy harvesting system using resistance emulator and active rectifier for wireless sensor nodes [J]. IEEE Transactions on Power Electronics, 2011, 26 (1): 38 – 50.

[8] ERICKSON R, MAKSIMOVIC D. Fundamentals of Power Electronics [M]. 3rd ed. Switzerland Cham: Springer International Publishing, 2020.

[9] Aluminum Electrolytic Capacitor Application Guide [Z/OL]. http://www.cde.com/catalogs/AEappGUIDE. pdf, 2011.

[10] EACO Catalogue [Z/OL]. http://www.eaco.com/uploads/soft/160629/ DC – Link.pdf, 2018.

两级式单相DC-AC逆变器中前级为Buck类BVCC的二次谐波电流抑制方法

当直流输入电压较高而交流输出电压较低时，两级式单相 DC - AC 逆变器一般采用 Buck 类 DC - DC 变换器作为前级。第 2 章已指出，当前级 DC - DC 变换器控制中间直流母线电压时，它是一个控制母线端口电压的变换器（Bus Voltage Controlled Converter，BVCC）。本章针对前级为 Buck 类 BVCC 的两级式单相DC - AC 逆变器，揭示二次谐波电流的传播机理，并利用第 2 章给出的抑制 BVCC 中二次谐波电流的基本方法[1]来讨论如何抑制 Buck 类 BVCC 中的二次谐波电流。基于虚拟串并联阻抗方法和电压环设计方法，本章推导出一族二次谐波电流抑制控制策略，并揭示各控制策略之间的内在关系[2-4]。最后，在实验室完成一台 1kVA 前级为 Buck 类 BVCC 的两级式单相 DC - AC 逆变器，对不同二次谐波电流抑制控制策略进行实验验证。

3.1　二次谐波电流的传播机理

图 3.1a 给出了两级式单相 DC - AC 逆变器的结构图，其中前级为 Buck 类 DC - DC 变换器，可为 Buck、正激、推挽、半桥以及全桥变换器等。为简单起见，这里以 Buck 变换器为例，分析两级式单相逆变器中二次谐波电流的传播机理。第 2.3.5 节已指出，后级 DC - AC 逆变器可等效为直流电流源 I_{dc} 和二次谐波电流源 i_{SHC} 并联，那么图 3.1a 所示的结构图可简化为图 3.1b，图中，Q_{bk} 为

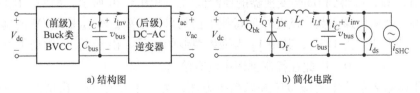

a) 结构图　　　　　　　　　　　　　　　　　b) 简化电路

图 3.1　前级为 Buck 类 DC - DC 变换器的两级式单相 DC - AC 逆变器

Buck 变换器的开关管，D_f 为续流二极管，L_f 是滤波电感，C_{bus} 是滤波电容，也可看作中间母线电容。

根据图 3.1b，可得开关管电流 i_Q 和续流二极管电流 i_{Df} 在一个开关周期 T_s 内的平均值，分别为：

$$\langle i_Q \rangle_{Ts} = d_y \langle i_{Lf} \rangle_{Ts} \qquad (3.1)$$

$$\langle i_{Df} \rangle_{Ts} = (1 - d_y) \langle i_{Lf} \rangle_{Ts} \qquad (3.2)$$

式中，$\langle i_{Lf} \rangle_{Ts}$ 为 i_{Lf} 在一个开关周期 T_s 内的平均值；d_y 为 Q_{bk} 的占空比，其表达式为

$$d_y = v_{bus}/V_{dc} \qquad (3.3)$$

由图 3.1b 可知，后级 DC–AC 逆变器输入电流中的二次谐波电流由前级 Buck 变换器和中间母线电容 C_{bus} 共同提供。因此，滤波电感电流 i_{Lf} 中存在二次谐波电流，中间母线电压 v_{bus} 中存在二次谐波电压。由式（3.3）可知，如果 v_{bus} 中存在二次谐波电压，则 d_y 中将含有二次谐波分量。为了优化设计后级 DC–AC 逆变器，一般使 v_{bus} 的脉动很小，因此 d_y 中的二次谐波分量也很小，可以忽略。那么，根据式（3.1）和式（3.2），只要将 i_{Lf} 控制为平直的电流，则可减小 i_Q 和 i_{Df} 中的二次谐波电流。而 Buck 变换器的输入电流等于开关管电流 i_Q，如果 i_Q 中的二次谐波电流很小，则直流输入源中的二次谐波电流也很小。因此，在保证 v_{bus} 的脉动很小的情况下，减小 i_{Lf} 中的二次谐波分量即可抑制 Buck 变换器和直流输入源中的二次谐波电流。

3.2　Buck 类 BVCC 的二次谐波电流抑制方法

3.2.1　虚拟串联阻抗和虚拟并联阻抗的引入

利用状态空间平均建模法，可以得到 Buck 变换器的小信号等效电路[5]，如图 3.2a 所示。图 3.2a 中，I_{Lf} 为滤波电感电流平均值，D_y 为 Q_{bk} 的稳态占空比，$Z_{o\_bk}(s)$ 是 Buck 变换器的输出阻抗，$Z_{bus\_bk}(s)$ 是 Buck 变换器的母线端口阻抗，也就是不包含 C_{bus} 的 Buck 变换器的输出阻抗。

在本章中，前级 DC–DC 变换器控制中间直流母线电压，它是一个 BVCC。根据图 3.2a，可得到 Buck 变换器的控制框图，如图 3.2b 所示。图中，$G_v(s)$ 是电压调节器的传递函数；H_v 是中间母线电压的采样系数；K_{PWM} 是 PWM 调制器的增益，其表达式为 $1/V_M$，其中 V_M 为锯齿载波的幅值。由于 V_{dc} 一般是平直的直流电压，即 $\hat{v}_{dc} \approx 0$，因此在控制框图中没有给出。

根据第 2 章给出的虚拟串并联阻抗方法，为减小 i_{Lf} 中的二次谐波，可在电感支路中引入一个虚拟串联阻抗 $Z_s(s)$，其阻抗幅值在 $2f_o$ 处较高，而在非 $2f_o$ 处较小，其幅频特性如图 2.13a 所示；与此同时，可再在中间直流母线上引入一个

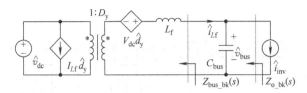

a) 交流小信号等效电路

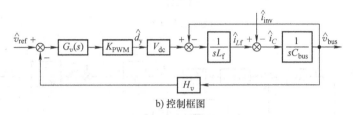

b) 控制框图

图 3.2 Buck 变换器的交流小信号等效电路及其控制框图

虚拟并联阻抗 $Z_\mathrm{p}(s)$，其在非 $2f_\mathrm{o}$ 处的阻抗很小，而在 $2f_\mathrm{o}$ 处开路，以减小中间母线电压在负载突变时的波动，其幅频特性如图 2.13b 所示。加入虚拟串联阻抗和虚拟并联阻抗后，Buck 变换器的小信号等效电路如图 3.3 所示。

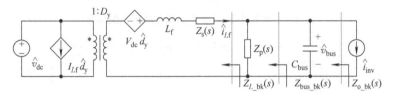

图 3.3 在 Buck 变换器中引入串联阻抗和并联阻抗

根据图 3.3，可得引入虚拟串联阻抗和虚拟并联阻抗后 Buck 变换器的控制框图，如图 3.4a 所示。分别将电感电流的反馈点和中间母线电压的反馈点前移至电压调节器 $G_v(s)$ 的输出端，并相应调整其反馈传递函数，可得等效变换后的控制框图，如图 3.4b 所示。从图 3.4b 可以看出，通过电感电流反馈和中间母线电压反馈可分别虚拟得到串联阻抗 $Z_\mathrm{s}(s)$ 和并联阻抗 $Z_\mathrm{p}(s)$。

3.2.2 Buck 变换器中虚拟串联阻抗和虚拟并联阻抗的选取

根据图 2.13a 给出的幅频特性要求，虚拟串联阻抗可表示为 $Z_\mathrm{s}(s) = r_\mathrm{s} G_\mathrm{BPF}(s)$。其中，$r_\mathrm{s}$ 为 $Z_\mathrm{s}(s)$ 在两倍交流输出电压频率（$2f_\mathrm{o}$）处的阻抗幅值，$G_\mathrm{BPF}(s)$ 为中心频率为 $2f_\mathrm{o}$ 的带通滤波器，其表达式为：

$$G_\mathrm{BPF}(s) = \frac{s/(Q \cdot \omega_\mathrm{BPF})}{(s/\omega_\mathrm{BPF})^2 + s/(Q \cdot \omega_\mathrm{BPF}) + 1} \tag{3.4}$$

式中，Q 为带通滤波器的品质因数；$\omega_\mathrm{BPF} = 2\pi \cdot 2f_\mathrm{o}$ 是带通滤波器的中心角频率。

图 3.5 给出了 $Z_\mathrm{s}(s)$ 的伯德图。可以看出，$Z_\mathrm{s}(s)$ 在 $2f_\mathrm{o}$ 处表现为一个幅值很

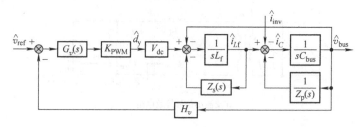

a) 初始控制框图

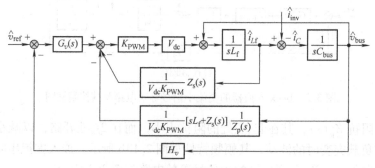

b) 等效变换后的控制框图

图 3.4　虚拟串联阻抗和虚拟并联阻抗的实现

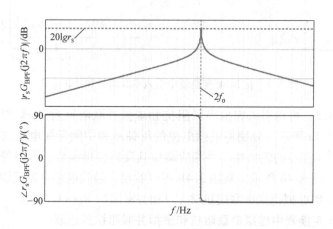

图 3.5　$Z_s(s)$ 的伯德图

高的电阻，而在其他频率处幅值较小；带通滤波器 $G_{BPF}(s)$ 在非 $2f_o$ 处的相位不为 $0°$，低于 $2f_o$ 的频率处相位为 $90°$，高于 $2f_o$ 的频率处相位为 $-90°$。

令 $\hat{v}_{dc}(s) = 0$，$\hat{d}_y(s) = 0$，那么根据图 3.3 可得电感支路阻抗 $Z_{L\_bk}(s)$ 的表达式为：

$$Z_{L\_bk}(s) = sL_f + Z_s(s) = sL_f + r_s G_{BPF}(s) \triangleq Z_{L\_bk\_ori}(s) + r_s G_{BPF}(s) \quad (3.5)$$

式中，$Z_{L\_bk\_ori}(s)$ 是电感支路的原始阻抗，其表达式为：

$$Z_{L\_bk\_ori}(s) = sL_f \tag{3.6}$$

根据式（3.5）和式（3.6），可画出 $Z_{L\_bk}(s)$ 和 $Z_{L\_bk\_ori}(s)$ 的伯德图，分别如图3.6中实线和虚线所示。图3.6中还给出了中间母线电容容抗 $Z_C(s)$ [其表达式为 $1/(sC_{bus})$] 的伯德图，如点划线所示。从图3.6可以看出，在电感支路中引入串联阻抗 $r_s G_{BPF}(s)$ 后，$Z_{L\_bk}(s)$ 在 $2f_o$ 处的阻抗幅值大幅提高，远大于中间母线电容在 $2f_o$ 处的容抗，从而可以有效阻止二次谐波分量传播到前级 Buck 变换器中。前面已提到，在高于 $2f_o$ 的频率处 $G_{BPF}(s)$ 的相位为 $-90°$，因此 $r_s G_{BPF}(s)$ 呈容性，它会与 L_f 发生串联谐振，使得 $Z_{L\_bk}(s)$ 的幅频特性曲线在高于 $2f_o$ 处出现一个向下的谐振尖峰。

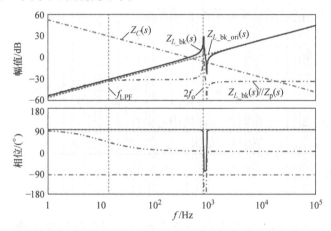

图 3.6　$Z_{L\_bk\_ori}(s)$，$Z_{L\_bk}(s)$ 和 $Z_{L\_bk}(s) /\!/ Z_p(s)$ 的伯德图

第 2.4.2 节已经提到，为减小中间母线电压在负载突变时的波动，需尽可能减小 DC-DC 变换器在非 $2f_o$ 处的闭环输出阻抗。Buck 变换器的闭环输出阻抗 $Z_{o\_bk}(s)$ 为[3]：

$$Z_{o\_bk}(s) = \frac{Z_{o\_bk\_OL}(s)}{1 + T_{v\_bk}(s)} \tag{3.7}$$

式中，$Z_{o\_bk\_OL}(s)$ 为 Buck 变换器的开环输出阻抗；$T_{v\_bk}(s)$ 为 Buck 变换器的电压环环路增益。

显然，减小 Buck 变换器的开环输出阻抗可以减小其闭环输出阻抗。

令图 3.3 中的 $\hat{v}_{dc}(s) = 0$，$\hat{d}_y(s) = 0$，可得到 Buck 变换器的开环输出阻抗为：

$$Z_{o\_bk\_OL}(s) = Z_{L\_bk}(s) /\!/ Z_p(s) /\!/ Z_C(s) \tag{3.8}$$

从图 3.6 中 $Z_{L\_bk}(s)$ 的相频特性曲线可知，$Z_{L\_bk}(s)$ 在非 $2f_o$ 处表现为一个电感。根据图 2.13b 可知，为了尽可能减小 Buck 变换器在非 $2f_o$ 处的输出阻抗，希

望 $Z_p(s)$ 在非 $2f_o$ 频率处表现为一个阻值很小的电阻。参考文献 [6] 指出，任意一个电感和电阻的并联网络可表示为电感和一个低通滤波器相级联的形式，因此式（3.8）可表示为：

$$Z_{o\_bk\_OL}(s) = [Z_{L\_bk}(s)G_{LPF}(s)] /\!/ Z_C(s) \tag{3.9}$$

式中，$G_{LPF}(s)$ 为低通滤波器。为尽可能减小 $Z_{o\_bk\_OL}(s)$，$G_{LPF}(s)$ 的转折频率应远低于 $2f_o$。同时，为了不改变 Buck 变换器在 $2f_o$ 处的输出阻抗，$G_{LPF}(s)$ 中还应包含一个中心频率为 $2f_o$ 的带阻滤波器 $G_N(s)$。这样，$G_{LPF}(s)$ 可表示为：

$$G_{LPF}(s) = \frac{1}{1 + (s/\omega_{LPF})G_N(s)} \tag{3.10}$$

式中，ω_{LPF} 为 $G_{LPF}(s)$ 的转折角频率，满足：

$$\omega_{LPF} \ll 2\pi \cdot 2f_o \tag{3.11}$$

$G_N(s)$ 的表达式为：

$$G_N(s) = \frac{(s/\omega_N)^2 + 1}{(s/\omega_N)^2 + s/(Q\omega_N) + 1} \tag{3.12}$$

式中，$\omega_N = 2\pi \cdot 2f_o$，是带阻滤波器的中心角频率。

在 $2f_o$ 处，$Z_{L\_bk}(s)$ 的阻抗幅值远大于 C_{bus} 的容抗，即：

$$|Z_{L\_bk}(j2\pi \cdot 2f_o)| = |j2\pi \cdot 2f_o L_f + r_s| \gg |Z_C(j2\pi \cdot 2f_o)| = \frac{1}{2\pi \cdot 2f_o \cdot C_{bus}} \tag{3.13}$$

注意到，滤波电感 L_f 是按照减小开关频率电流纹波的要求进行设计的，其感抗在 $2f_o$ 处很小。因此，根据式（3.13），有：

$$|j2\pi \cdot 2f_o L_f + r_s| \approx r_s \gg \frac{1}{2\pi \cdot 2f_o C_{bus}} \tag{3.14}$$

根据式（3.14），可得：

$$\frac{1}{r_s C_{bus}} \ll 2\pi \cdot 2f_o \tag{3.15}$$

由式（3.11）和式（3.15）可知，ω_{LPF} 可取 $1/(r_s C_{bus})$。这样，根据式（3.8）~式（3.10），可解得：

$$Z_p(s) = \frac{sL_f + r_s G_{BPF}(s)}{s \cdot r_s C_{bus} \cdot G_N(s)} \tag{3.16}$$

根据式（3.16），可画出 $Z_p(s)$ 的伯德图，如图 3.7 所示。从图中可见，$Z_p(s)$ 在 $2f_o$ 处呈开路特性，而在其他频率处表现为阻值很小的电阻，满足图 2.13b 所要求的幅频特性。图 3.6 中以双点划线给出了 $Z_{L\_bk}(s) /\!/ Z_p(s)$ 的伯德图，可以看出，由于 $Z_p(s)$ 在 $2f_o$ 处的阻抗无穷大，$Z_{L\_bk}(s) /\!/ Z_p(s)$ 和 $Z_{L\_bk}(s)$ 在 $2f_o$ 处的阻抗幅值相同；与此同时，$Z_p(s)$ 在非 $2f_o$ 处为阻值很小的电阻，使得

$Z_{L\_bk}(s)\,/\!/\,Z_p(s)$ 在非 $2f_o$ 处的阻抗幅值很小，这有利于减小 Buck 变换器在非 $2f_o$ 处的输出阻抗，从而减小负载突变时中间直流母线电压波动。

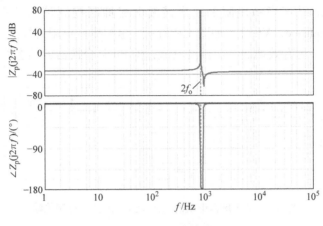

图 3.7　$Z_p(s)$ 的伯德图

3.3　Buck 类 BVCC 的二次谐波电流抑制控制策略推导

本节将基于图 3.4b 所示的控制框图，根据第 3.2.2 节得到的 $Z_s(s)$ 和 $Z_p(s)$ 的表达式，推导抑制 Buck 类 BVCC 中二次谐波电流抑制的控制策略。

3.3.1　加带通滤波器电感电流反馈的二次谐波电流抑制控制策略

当仅在电感支路中引入虚拟串联阻抗 $Z_s(s) = r_s G_{BPF}(s)$ 时，图 3.4b 所示的控制框图可简化为如图 3.8 所示，这就是参考文献［2］提出的加带通滤波器电感电流反馈的二次谐波电流抑制控制策略（Band – Pass – Filter Incorporated Inductor Current Feedback Scheme，BPF – ICFS）。由于 $r_s G_{BPF}(s)$ 只增大电感支路在 $2f_o$ 处的阻抗幅值，因而该方法可以兼顾二次谐波电流抑制和变换器的动态性能改善。

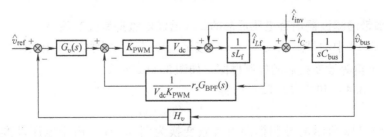

图 3.8　加带通滤波器电感电流反馈的二次谐波电流抑制控制策略

3.3.2 基于虚拟电阻的二次谐波电流抑制控制策略

若直接在电感支路中引入虚拟串联电阻 r_s，则由图 3.4b 可简化得到参考文献 [7] 提出的基于虚拟电阻的二次谐波电流抑制控制策略（Virtual Resistor based Control Scheme，VRS），如图 3.9 所示。虚拟串联电阻 r_s 提高了电感支路在全频段的阻抗，可有效抑制二次谐波电流，但 Buck 变换器的动态性能将会变差。

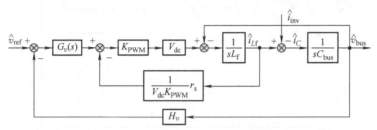

图 3.9　基于虚拟电阻的二次谐波电流抑制控制策略

3.3.3 带阻滤波器级联电压调节器的二次谐波电流抑制控制策略

降低电压环在 $2f_o$ 处的增益可提高电感支路在 $2f_o$ 处的闭环阻抗，从而进一步减小 i_{Lf} 中的二次谐波电流。基于此，给图 3.9 中的电压调节器 $G_v(s)$ 级联一个中心频率为 $2f_o$ 的带阻滤波器 $G_N(s)$，可得到如图 3.10 所示的控制框图，此即参考文献 [8] 提出的带阻滤波器级联电压调节器的二次谐波电流抑制控制策略（Notch – Filter cascading Voltage Regulator Scheme，NF – VRS）。

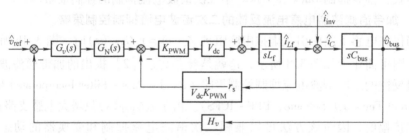

图 3.10　电压调节器级联带阻滤波器的二次谐波电流抑制控制策略

3.3.4 加带通滤波器电容电压反馈的二次谐波电流抑制控制策略

将图 3.10 中的带阻滤波器 $G_N(s)$ 移至电压基准和中间母线电容电压的反馈回路中，可得等效变换后的控制框图，如图 3.11a 所示。

由式（3.4）和式（3.12）可得：

$$G_N(s) = 1 - G_{BPF}(s) \tag{3.17}$$

这样，图 3.11a 所示的控制框图可等效变换为图 3.11b。由于电压基准是直流量，$G_N(s)$ 对其没有影响，故这里将其省去了。此即为加带通滤波器电容电压反馈的二次谐波电流抑制控制策略（Band – Pass – Filter incorporated Capacitor Voltage Feedback Scheme，BPF - CVFS）[9]。

根据以上推导可知，NF - VRS 和 BPF - CVFS 本质上是等效的。

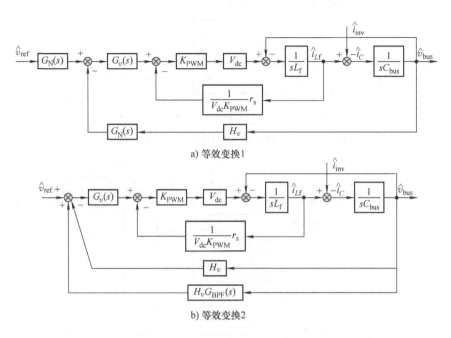

a) 等效变换1

b) 等效变换2

图 3.11　加带通滤波器电容电压反馈的二次谐波电流抑制控制策略

3.3.5　加带阻滤波器负载电流前馈的二次谐波电流抑制控制策略

将 $Z_s(s) = r_s G_{BPF}(s)$ 和 $Z_p(s) = \dfrac{sL_f + r_s G_{BPF}(s)}{s \cdot r_s C_{bus} \cdot G_N(s)}$ 同时代入图 3.4b，再将中间母线电容电压反馈调整为中间母线电容电流反馈，并相应调整其反馈传递函数，可得到如图 3.12a 所示的控制框图。根据式（3.17），可将图 3.12a 中电感电流反馈传递函数拆分为两项，得到如图 3.12b 所示的控制框图。观察图 3.12b 可知，电感电流和电容电流的反馈传递函数相同，且有 $i_{Lf} - i_c = i_{inv}$，因此图 3.12b 可进一步简化为如图 3.12c 所示的控制框图。此即参考文献［4］提出的加带阻滤波器负载电流前馈的二次谐波电流抑制控制策略（Notch - Filter incorporated Load Current Feed - Forward Scheme，NF - LCFFS）。该方法在 Buck 变换器中同时引入了虚拟串联阻抗和虚拟并联阻抗，因此既可有效抑制二次谐波电流，又可改善 Buck 变换器的动态性能。

3.3.6　加入负载电流前馈并复用带阻滤波器的二次谐波电流抑制控制策略

第 3.3.3 节中已提到，给电压调节器 $G_v(s)$ 级联一个中心频率为 $2f_o$ 的带阻滤波器 $G_N(s)$ 可提高二次谐波电流抑制能力。为此，在图 3.12c 中的 $G_v(s)$ 中级

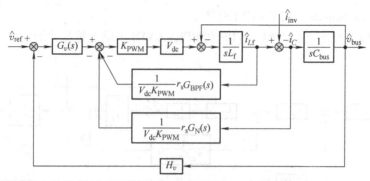

a) 代入$Z_s(s)$和$Z_p(s)$并将电容电流反馈调整为电容电压反馈

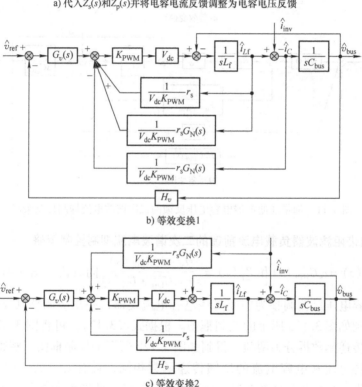

b) 等效变换1

c) 等效变换2

图 3.12　加带阻滤波器负载电流前馈的二次谐波电流抑制控制策略

联一个带阻滤波器，可得到如图 3.13a 所示的控制框图。注意到，负载电流的前馈通路中也有一个带阻滤波器，将图 3.13a 中的两个带阻滤波器合并，可得到如图 3.13b 所示的控制框图。此即参考文献［4］所提出的加入负载电流前馈并复用带阻滤波器的二次谐波电流抑制控制策略（Notch - Filter inserted into Voltage Loop plus Load Current Feed - Forward Scheme， NF - VL + LCFFS），它实质上是 NF - VRS 和 NF - LCFFS 的复合方法。

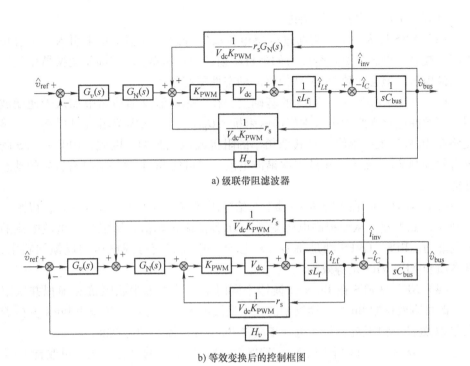

a) 级联带阻滤波器

b) 等效变换后的控制框图

图3.13 加入负载电流前馈并复用带阻滤波器的二次谐波电流抑制控制策略

3.3.7 不同二次谐波电流抑制控制策略的比较

根据第3.3.1节~第3.3.6节的推导结果,表3.1从虚拟串联阻抗、虚拟并联阻抗、$G_v(s)$ 是否级联 $G_N(s)$、二次谐波电流(SHC)抑制效果、动态性能以及控制策略复杂度等方面对不同的控制策略进行对比。

表3.1 不同二次谐波电流抑制控制策略的对比

	虚拟串联阻抗 $Z_s(s)$	虚拟并联阻抗 $Z_p(s)$	$G_v(s)$ 级联 $G_N(s)$	SHC 抑制	动态 性能	复杂度
BPF – ICFS	$r_s G_{BPF}(s)$	/	/	好	好	简单
VRS	r_s	/	/	好	差	简单
NF – VRS	r_s	/	是	很好	差	简单
BPF – CVFS	r_s	/	是	很好	差	简单
NF – LCFFS	$r_s G_{BPF}(s)$	式(3.16)	/	好	很好	适中
NF – VL + LCFFS	$r_s G_{BPF}(s)$	式(3.16)	是	很好	很好	适中

从表 3.1 可以得到如下结论：

（1）VRS 最为简洁，它通过电感电流反馈等效在电感支路中引入一个虚拟电阻，提高了电感支路在全频段的阻抗幅值，可以有效抑制 Buck 变换器中的二次谐波电流，但会导致 Buck 变换器的动态性能变差。

（2）BPF－ICFS 是在 VRS 的基础上，在电感电流反馈通路中加入带通滤波器，等效在电感支路中引入虚拟串联阻抗 $r_s G_{\mathrm{BPF}}(s)$，该虚拟阻抗只提高了电感支路在 $2f_o$ 处的阻抗幅值，对其他频率的阻抗幅值无影响。因此，BPF－ICFS 既可有效抑制 Buck 变换器中的二次谐波电流，又可使 Buck 变换器具有较好的动态性能。

（3）NF－VRS 在 VRS 的基础上，给电压调节器 $G_v(s)$ 级联 $G_N(s)$，以减小 $2f_o$ 处的环路增益，从而提高电感支路在 $2f_o$ 处的阻抗幅值，增强二次谐波电流的抑制能力。BPF－CVFS 则是将 $G_N(s)$ 移至了中间直流母线电压的反馈回路中，其本质和 NF－VRS 是等效的。

（4）NF－LCFFS 在 Buck 变换器中同时引入了虚拟串联阻抗和虚拟并联阻抗，既可有效抑制 Buck 变换器中的二次谐波电流，又可进一步减小 Buck 变换器在非 $2f_o$ 处的输出阻抗，从而进一步改善 Buck 变换器的动态性能。

（5）NF－VL＋LCFFS 是 NF－VRS 和 NF－LCFFS 的复合方法，可改善 Buck 变换器的动态性能，并进一步减小 Buck 变换器中的二次谐波电流。

注意到，NF－VRS、BPF－CVFS 和 NF－VL＋LCFFS 本质上均是在电压环中加入 $G_N(s)$ 以提高二次谐波电流的抑制能力，为此本章以 NF－VL＋LCFFS 为例来说明 $G_N(s)$ 的作用，后文主要针对 VRS、BPF－ICFS、NF－LCFFS 和 NF－VL＋LCFFS 进行讨论。

3.4 兼顾二次谐波电流抑制和稳定裕度的闭环参数设计

从第 3.3 节可知，BPF－ICFS 是在 VRS 的电感电流反馈中加入了 $G_{\mathrm{BPF}}(s)$，NF－LCFFS 是在 VRS 中加入了含 $G_N(s)$ 的负载电流前馈，NF－VL＋LCFFS 则等效在 NF－LCFFS 的电压环中加入了 $G_N(s)$。注意到，在 VRS 中加入含 $G_N(s)$ 的负载电流前馈不改变电压环的环路增益，因而 VRS 和 NF－LCFFS 中电压调节器的设计方法是相同的。由于实际的 $G_{\mathrm{BPF}}(s)$ 和 $G_N(s)$ 特性均非理想，因此无论是在 VRS 的电感电流反馈中加入 $G_{\mathrm{BPF}}(s)$，还是在电压环中加入 $G_N(s)$，都会改变电压环的环路增益，可能导致 Buck 变换器不稳定。因此，本节先讨论采用 VRS 时的闭环参数设计方法。在此基础上，分析在 VRS 的电感电流反馈中加入 $G_{\mathrm{BPF}}(s)$ 和在 VRS 的电压环中加入 $G_N(s)$ 对环路增益的影响，并分别给出采用 BPF－ICFS 和 NF－VL＋LCFFS 时的闭环参数设计方法。表 3.2 给出了本节所设计的两级式单相 DC – AC 逆变器的性能指标。

表 3.2　前级为 Buck 类 BVCC 的两级式逆变器的性能指标

输入直流电压 V_{dc}	270（$1 \pm 10\%$）V
输出电压的有效值 V_o	115V
中间直流母线电压 V_{bus}	180V
输出频率 f_o	400Hz
输出功率 P_o	1kVA

3.4.1　采用 VRS 时的闭环参数设计

根据第 3.3 节的讨论可知，增大 r_s 并减小 $G_v(s)$ 在 $2f_o$ 处的增益可以增大电感支路的闭环阻抗，从而有效抑制 Buck 变换器中的二次谐波电流。然而，r_s 越大，电感支路在全频段的阻抗越高，会导致 Buck 变换器的动态性能变差。与此同时，r_s 越大，电压环的环路增益在低频段的负相移越大，可能无法满足相角裕度的要求[2]。为此，下面根据二次谐波电流抑制和 Buck 变换器稳定裕度的要求来设计 r_s 和 $G_v(s)$。

根据图 3.9，可推导出采用 VRS 时电压环环路增益 $T_{v\_bk\_VRS}(s)$ 和后级 DC – AC 逆变器输入电流到前级 DC – DC 变换器电感电流的传递函数 $G_{ii\_bk\_VRS}(s)$，分别为[2]：

$$T_{v\_bk\_VRS}(s) = \frac{H_v K_{PWM} V_{dc} G_v(s)}{s^2 L_f C_{bus} + s C_{bus} r_s + 1} \tag{3.18}$$

$$G_{ii\_bk\_VRS}(s) = \frac{\hat{i}_{Lf}}{\hat{i}_{inv}} = \frac{H_v K_{PWM} V_{dc} G_v(s) + 1}{s^2 L_f C_{bus} + s C_{bus} r_s + H_v K_{PWM} V_{dc} G_v(s) + 1} \tag{3.19}$$

这里，电压调节器 $G_v(s)$ 采用 PI 调节器，其表达式为：

$$G_v(s) = K_p + \frac{K_i}{s} \tag{3.20}$$

其转折频率 f_L 为：

$$f_L = \frac{K_i}{2\pi K_p} \tag{3.21}$$

在截止频率 f_c 处，$T_{v\_bk\_VRS}(s)$ 的增益为 1。那么，根据式（3.18）和式（3.20）可得：

$$T_{v\_bk\_VRS}(j2\pi f_c) = H_v K_{PWM} V_{dc} \cdot \frac{\sqrt{K_p^2 + (K_i/2\pi f_c)^2}}{\sqrt{(1 - 4\pi^2 f_c^2 L_f C_{bus})^2 + (2\pi f_c C_{bus} r_s)^2}} = 1 \tag{3.22}$$

定义 k 为 f_L 和 f_c 的比值，即：

$$f_L = k f_c \quad (k > 0) \tag{3.23}$$

根据式（3.21）和式（3.23）可得 $K_i = 2\pi K_p k f_c$，将其代入式（3.22），可得：

$$K_p = \frac{1}{\sqrt{1+k^2}} \frac{1}{H_v K_{PWM} V_{dc}} \sqrt{(1 - 4\pi^2 f_c^2 L_f C_{bus})^2 + (2\pi f_c C_{bus} r_s)^2} \tag{3.24}$$

定义 $|G_{ii\_bk\_VRS}(j2\pi \cdot 2f_o)|$ 为二次谐波电流抑制比，并限定其不大于 α_{SHC}，那么根据式（3.19）可得：

$$|G_{ii\_bk\_VRS}(j2\pi \cdot 2f_o)| =$$

$$\sqrt{\frac{(H_v K_{PWM} V_{dc} K_p + 1)^2 + [H_v K_{PWM} V_{dc} \cdot K_i / (4\pi f_o)]^2}{(H_v K_{PWM} V_{dc} K_p + 1 - 16\pi^2 f_o^2 L_f C_f)^2 + [4\pi f_o C_{bus} r_s - H_v K_{PWM} V_{dc} \cdot K_i / (4\pi f_o)]^2}} \leqslant \alpha_{SHC}$$

$$\tag{3.25}$$

将式（3.24）代入式（3.25），可得：

$$r_s \geqslant \frac{\sqrt{1+k^2}}{2\pi f_c C_{bus}} \cdot \frac{1 + \sqrt{1+A}}{A} \tag{3.26}$$

式中，

$$A = \alpha_{SHC}^2 (1+k^2) \left(\frac{2f_o}{f_c}\right)^2 - \left[k^2 \left(\frac{2f_o}{f_c}\right)^2 + \alpha_{SHC}^2 \cdot 2k \sqrt{1+k^2} + 1\right] \tag{3.27}$$

取 α_{SHC} 为 5%[10]，那么根据式（3.26），可画出不同 k 取值时，由二次谐波电流抑制要求所给出的约束曲线，如图 3.14 中实线所示。该曲线以上区域为 r_s 和 f_c 的可选区域。可以看出，随着 k 增大，r_s 和 f_c 的可选区域变大。其原因是，对任意一对 (r_s, f_c)，$k(=f_L/f_c)$ 越大，则 $G_v(s)$ 在 $2f_o$ 处的增益 $|G_v(j2\pi \cdot 2f_o)|$ 越低[2]，使电压环在 $2f_o$ 处的环路增益越小，由此增大电感支路在 $2f_o$ 处的阻抗幅值，提高了二次谐波电流抑制能力。这样，更多的 (r_s, f_c) 可满足二次谐波电流抑制要求，因此 r_s 和 f_c 的可选区域变大。

为满足相位裕度 PM 的要求，在 f_c 处需满足：

$$180° + \angle T_{v\_bk\_VRS}(j2\pi f_c) \geqslant PM \tag{3.28}$$

工程上，PM 一般取 45°。

根据式（3.18）、式（3.23）和式（3.28），可得：

$$r_s \leqslant \frac{1 - (2\pi f_c)^2 L_f C_{bus}}{2\pi f_c C_{bus}} \frac{k + \tan PM}{k \tan PM - 1} \tag{3.29}$$

根据式（3.29），可得 k 取不同值时，由相位裕度要求所给出的约束曲线，如图 3.14 中的虚线所示，该曲线以下区域为 r_s 和 f_c 的可选区域。可以看出，随着 k 增大，r_s 和 f_c 的可选区域变小。这是因为对于任意一对 (r_s, f_c)，$k(=f_L/f_c)$ 越大，PI 调节器在 f_c 处所引起的负相移越大[2]，也就越难满足相位

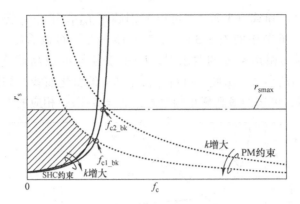

图 3.14 r_s 和 f_c 的可选区域

裕度的要求。

根据图 3.9，为使 Buck 变换器在低压满载条件下正常工作，开关管的最大占空比应满足：

$$D_{ymax} = K_{PWM}\left(V_{sat} - \frac{1}{V_{dc\_min} K_{PWM}} r_s I_{Lf} \right) \geqslant \frac{V_{bus}}{V_{dc\_min}} \tag{3.30}$$

式中，V_{sat} 为电压调节器的饱和输出电压；V_{dc_min} 是 Buck 变换器的最低输入电压。

由式（3.30）可得：

$$r_s \leqslant \frac{1}{I_{Lf}}(K_{PWM} V_{sat} V_{dc\_min} - V_{bus}) \triangleq r_{smax} \tag{3.31}$$

式（3.31）给出了 r_s 的最大取值，相应的约束曲线如图 3.14 中的点划线所示。

综上所述，给定 k 的取值，可以根据式（3.26）、式（3.29）和式（3.31）得到 r_s 和 f_c 的可选区域，如图 3.14 中的阴影部分所示。下面将给出 k 的选取依据。

记二次谐波电流抑制要求的约束曲线与相角裕度要求的约束曲线的交点对应的频率为 f_{c1_bk}，由式（3.26）和式（3.29）可得：

$$f_{c1\_bk} = \frac{\alpha_{SHC} \sqrt{1+k^2}}{1 + \dfrac{k\tan PM - 1}{k + \tan PM} \sqrt{1+k^2}} \cdot (2f_o) \tag{3.32}$$

记二次谐波电流抑制要求的约束曲线与 r_{smax} 的约束线的交点对应的频率为 f_{c2_bk}，由式（3.26）和式（3.31）可得：

$$f_{c2\_bk} = \frac{-1 + \alpha_{SHC}\sqrt{(4\pi f_o C_{bus} r_{smax})^2 (1 + \alpha_{SHC}^2 \cdot 2k\sqrt{1+k^2}) - 2k\sqrt{1+k^2}}}{2\pi C_{bus} r_{smax}\left(\dfrac{1}{\sqrt{1+k^2}} + \alpha_{SHC}^2 \cdot 2k \right)}$$

$$\tag{3.33}$$

由式（3.32）和式（3.33），可以分别画出 f_{c1_bk} 和 f_{c2_bk} 随 k 的变化曲线（相关参数见第3.6节中的表3.3），如图3.15所示。可以看出，当同时满足二次谐波电流抑制和相角裕度的要求时，Buck 变换器的最高截止频率 f_{cmax_bk} 为 f_{c1_bk} 和 f_{c2_bk} 中的较小值。由此，可得 f_{cmax_bk} 随 k 的变化曲线，如图3.15实线所示。从图中可得，可选的最高截止频率 $f_{cmax\_bk} = 54\text{Hz}$，相应的 $k = 1.2$。

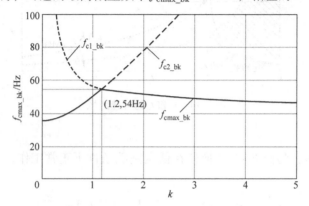

图 3.15 f_{cmax_bk} 随 k 变化的曲线

将 $k = 1.2$ 代入式（3.26）、式（3.29）和式（3.31），可得到 r_s 和 f_c 的可选区域，如图3.16中的阴影部分所示。从图中可得，当 $f_c = 54\text{Hz}$ 时，$r_s = 38\Omega$。由式（3.24）可得，$K_p = 3.9$。再由式（3.21）和式（3.23），可得 $K_i = 1500$。

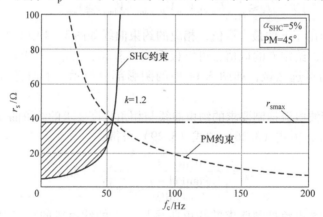

图 3.16 $k = k_{bk}$ 时 r_s 和 f_c 的可选区域

根据以上选定的参数，可根据式（3.18）得到补偿前后电压环环路增益的伯德图，如图3.17所示。从图中可见，补偿后的电压环的截止频率为54Hz，相角裕度为45°。将 $G_v(s) = 3.9 + 1500/s$，$r_s = 38\Omega$ 以及表3.3中的相关参数代入

式（3.25），可得 $\left| G_{ii\_bk\_VRS}(j2\pi \cdot 2f_o) \right| = 5\%$。由此可见，采用本章的设计方法，可直接根据二次谐波电流抑制要求和相角裕度要求，准确地获得所需的闭环参数，不需反复试凑。

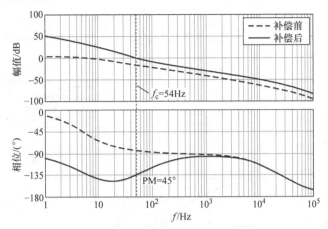

图 3.17　采用 VRS 时环路增益的伯德图

3.4.2　采用 BPF – ICFS 时的闭环参数设计

用 $r_s G_{BPF}(s)$ 代替式（3.18）中的 r_s，可得到采用 BPF – ICFS 时电压环的环路增益为：

$$T_{v\_bk\_BPF}(s) = \frac{H_v K_{PWM} V_{dc} G_v(s)}{s^2 L_f C_{bus} + s C_{bus} r_s G_{BPF}(s) + 1} \tag{3.34}$$

令式（3.34）中 $G_v(s) = 1$，可得到补偿前的环路增益的伯德图，如图3.18中的虚线所示。对比 VRS 的补偿前环路增益（如图3.18中的双点划线所示），可以看出，在 $2f_o$ 处 BPF – ICFS 和 VRS 的环路增益相同，在非 $2f_o$ 处 BPF – ICFS 的环路增益高于 VRS 的环路增益。其原因是：$r_s G_{BPF}(s)$ 只在 $2f_o$ 处等于 r_s，而在非 $2f_o$ 处远小于 r_s，不会降低非 $2f_o$ 处电压环的环路增益。同时还可以看出，由于 $G_{BPF}(s)$ 在非 $2f_o$ 处的相角不为 0，BPF – ICFS 的补偿前环路增益的幅频曲线上有 2 个向上的谐振尖峰，其相频曲线在对应的谐振频率处发生 $-180°$ 相位跳变，可能导致变换器不稳定。为提高稳定裕度，需要在 $r_s G_{BPF}(s)$ 中加入阻尼电阻 r_d，以阻尼这两个向上的谐振尖峰。由于 r_s 较大，取 $r_d = 0.1 r_s$ 即可。需要说明的是，隔离类 Buck 变换器一般存在占空比丢失，等效于在 L_f 中加入了电阻[11]。因此，可利用该电阻作为 r_d，不需引入额外的阻尼电阻。

用 $r_s G_{BPF}(s) + r_d$ 分别代替式（3.18）和式（3.19）中的 r_s，可得在 $r_s G_{BPF}(s)$ 中加入阻尼电阻 r_d 后，电压环的环路增益 $T_{v\_bk\_BPF\_D}(s)$ 和后级 DC – AC 逆变器输入电流到前级 DC – DC 变换器电感电流的传递函数 $G_{ii\_bk\_BPF\_D}(s)$，分

别为：

$$T_{v\_bk\_BPF\_D}(s) = \frac{H_v K_{PWM} V_{dc} G_v(s)}{s^2 L_f C_{bus} + s C_{bus}[r_s G_{BPF}(s) + r_d] + 1} \tag{3.35}$$

$$G_{ii\_bk\_BPF\_D}(s) = \frac{i_{Lf}(s)}{i_{inv}(s)} = \frac{H_v K_{PWM} V_{dc} G_v(s) + 1}{s^2 L_f C_{bus} + s C_{bus}[r_s G_{BPF}(s) + r_d] + H_v K_{PWM} V_{dc} G_v(s) + 1}$$

$$\tag{3.36}$$

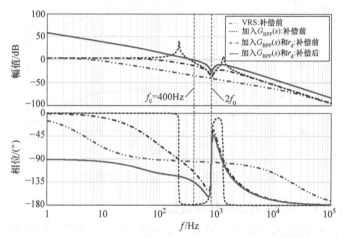

图 3.18　采用 BPF – ICFS 时环路增益的伯德图

令式（3.35）中 $G_v(s) = 1$，可得在 $r_s G_{BPF}(s)$ 中加入阻尼电阻 r_d 后补偿前环路增益的伯德图，如图 3.18 中的点划线所示。可以看出，加入 r_d 有效阻尼了 $2f_o$ 两侧的谐振尖峰。

由 $|G_{ii\_bk\_BPF\_D}(j2\pi \cdot 2f_o)| \leqslant \alpha_{SHC}$，可得：

$$K_p < \frac{1}{H_v K_{PWM} V_{dc}}[\alpha_{SHC}(2\pi \cdot 2f_o) C_{bus}(r_s + r_d) - 1] \tag{3.37}$$

将表 3.3 中的参数代入式（3.37），可得 $K_p < 4.35$。实际取 $K_p = 4$。由 $|T_{v\_bk\_BPF\_D}(j2\pi f_c)| = 1$，可得 $f_c = 400\text{Hz}$。根据图 3.18，在 $r_s G_{BPF}(s)$ 中加入阻尼电阻 r_d 后，补偿前环路增益的相角为 $-114°$。为使补偿后相角裕度为 $45°$，$\angle G_v(j2\pi f_c) = -21°$。由此可得 $K_i = 3500$。将 $G_v(s) = 4 + 3500/s$ 代入式（3.35），可得补偿后环路增益的伯德图，如图 3.18 中实线所示。从图中可知，补偿后电压环的截止频率为 400Hz，相角裕度为 $45°$，可保证 Buck 变换器稳定工作。对比 VRS 可以发现，在二次谐波电流抑制效果相同的条件下，BPF – ICFS 将电压环的截止频率由 54Hz 提高至 400Hz，可以改善 Buck 变换器的动态性能。

3.4.3　采用 NF – VL + LCFFS 时的闭环参数设计

在式（3.18）和式（3.19）的 $G_v(s)$ 中级联 $G_N(s)$，可得到采用 NF – VL +

LCFFS 时电压环的环路增益 $T_{v\_\mathrm{bk\_NF}}(s)$ 和后级 DC – AC 逆变器输入电流到前级 DC – DC 变换器电感电流的传递函数 $G_{ii\_\mathrm{bk\_NF}}(s)$，分别为：

$$T_{v\_\mathrm{bk\_NF}}(s) = \frac{H_v K_{\mathrm{PWM}} V_{\mathrm{dc}} G_v(s) G_{\mathrm{N}}(s)}{s^2 L_f C_{\mathrm{bus}} + s C_{\mathrm{bus}} r_{\mathrm{s}} + 1} \tag{3.38}$$

$$G_{ii\_\mathrm{bk\_NF}}(s) = \frac{H_v K_{\mathrm{PWM}} V_{\mathrm{dc}} G_v(s) G_{\mathrm{N}}(s) + 1}{s^2 L_f C_{\mathrm{bus}} + s C_{\mathrm{bus}} r_{\mathrm{s}} + H_v K_{\mathrm{PWM}} V_{\mathrm{dc}} G_v(s) G_{\mathrm{N}}(s) + 1} \tag{3.39}$$

令式（3.38）中 $G_v(s) = 1$，可得采用 NF – VL + LCFFS 时补偿前环路增益的伯德图，如图 3.19 中虚线所示。对比补偿前 VRS 的环路增益（如图 3.19 中的点划线所示），可以看出，在电压环中加入 $G_{\mathrm{N}}(s)$ 可以大幅减小 $2f_{\mathrm{o}}$ 处的环路增益。这可以增大电感支路在 $2f_{\mathrm{o}}$ 处的阻抗幅值，从而增强二次谐波电流的抑制能力。观察相频特性曲线，还可以发现，$G_{\mathrm{N}}(s)$ 在低于 $2f_{\mathrm{o}}$ 的频段内对环路增益引入了负相移，并导致相频特性曲线在 $2f_{\mathrm{o}}$ 处有 180° 相位突变。

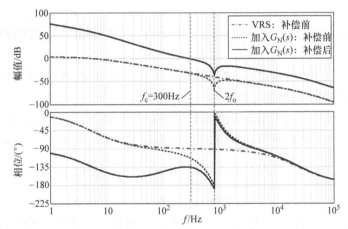

图 3.19 采用 NF – VL + LCFFS 时环路增益的伯德图

由 $\left| G_{ii\_\mathrm{bk\_NF}}(\mathrm{j}2\pi \cdot 2f_{\mathrm{o}}) \right| \leq \alpha_{\mathrm{SHC}}$ 可得：

$$K_{\mathrm{p}} < \frac{1}{H_v K_{\mathrm{PWM}} V_{\mathrm{dc}} K_{\mathrm{N}}} \left[\alpha_{\mathrm{SHC}}(2\pi \cdot 2f_{\mathrm{o}}) C_{\mathrm{bus}} r_{\mathrm{s}} - 1 \right] \tag{3.40}$$

前面已提到，NF – VL + LCFFS 可增强二次谐波电流的抑制能力。因此，这里以 $\alpha_{\mathrm{SHC}} = 3\%$ 为例，对电压调节器进行设计。将表 3.3 中的参数代入式（3.41），可得 $K_{\mathrm{p}} < 37$，实际取 $K_{\mathrm{p}} = 35$。由 $\left| T_{v\_\mathrm{bk\_NF}}(\mathrm{j}2\pi f_{\mathrm{c}}) \right| = 1$，可得 $f_{\mathrm{c}} = 300\mathrm{Hz}$。根据图 3.19，在电压环中加入 $G_{\mathrm{N}}(s)$ 后，补偿前环路增益的相角为 $-113°$。为使补偿后相角裕度为 45°，$\angle G_v(\mathrm{j}2\pi f_{\mathrm{c}}) = -22°$，由此可得 $K_i = 27000$。将 $G_v(s) = 35 + 27000/s$ 代入式（3.38），可得补偿后环路增益的伯德图，如图 3.19 中实线所示。从图中可知，补偿后电压环的截止频率为 300Hz，相角

裕度为 45°，可保证 Buck 变换器稳定工作。对比 VRS 可以看到，NF – VL + LCFFS 可将电压环的截止频率由 54Hz 提高至 300Hz。

根据上面的闭环参数设计结果，可以发现：

（1）采用 VRS 时电压环的截止频率很低（54Hz），约为 $2f_o$（800Hz）的 1/15，因此 Buck 变换器的动态性能较差；

（2）采用 BPF – ICFS 可将电压环的截止频率提高至 $2f_o$ 的 1/2，从而可改善 Buck 变换器的动态性能；

（3）NF – LCFFS 和 VRS 的电压环设计相同，虽然截止频率很低（54Hz），但是 NF – LCFFS 可利用加 $G_N(s)$ 的负载电流前馈大幅减小 Buck 变换器在非 $2f_o$ 的输出阻抗，从而减小负载突变时中间直流母线电压的波动；

（4）NF – VL + LCFFS 可增强二次谐波电流抑制能力，并同时提高电压环的截止频率，从而改善负载突变时中间直流母线电压的波动。

3.5　采用不同控制策略时 Buck 类 BVCC 母线端口阻抗的对比

由图 3.3 可知，不包含 C_{bus} 的输出阻抗 $Z_{bus\_bk}(s)$ 在 $2f_o$ 处的阻抗幅值越高，流入 Buck 变换器的二次谐波电流越小。为直观反映不同控制策略对二次谐波电流的抑制能力，本节将对比采用不同控制策略时 Buck 类 BVCC 的母线端口阻抗特性。

根据图 3.9，可推导得到采用 VRS 时 Buck 类 BVCC 的母线端口阻抗为[3]：

$$Z_{bus\_bk1}(s) = -\frac{\hat{v}_{bus}(s)}{\hat{i}_{Lf}(s)} = \frac{sL_f + r_s}{1 + H_v K_{PWM} V_{dc} G_v(s)} \qquad (3.41)$$

式中，$r_s = 38\Omega$，$G_v(s) = 3.9 + 1500/s$，已在第 3.4.1 节得到。

用 $r_s G_{BPF}(s) + r_d$ 代替式（3.41）中的 r_s，可得采用 BPF – ICFS 时母线端口阻抗为：

$$Z_{bus\_bk2}(s) = \frac{sL_f + r_s G_{BPF}(s) + r_d}{1 + H_v K_{PWM} V_{dc} G_v(s)} \qquad (3.42)$$

式中，$G_v(s) = 4 + 3500/s$，已在第 3.4.2 节得到。

第 3.3 节已提到，NF – LCFFS 在电感支路中引入虚拟串联阻抗 $r_s G_{BPF}(s)$，并同时在中间直流母线上引入虚拟并联阻抗 $Z_p(s)$，此时的母线端口阻抗为：

$$Z_{bus\_bk3}(s) = \frac{sL_f + r_s G_{BPF}(s)}{1 + H_v K_{PWM} V_{dc} G_v(s)} // Z_p(s) = \frac{sL_f + r_s G_{BPF}(s)}{1 + H_v K_{PWM} V_{dc} G_v(s) + sC_{bus} r_s G_N(s)}$$

$$(3.43)$$

NF – LCFFS 和 VRS 中电压调节器相同，因此式（3.43）中有 $G_v(s) = 3.9 + 1500/s$。

在式（3.43）的 $G_v(s)$ 中加入 $G_N(s)$，可得采用 NF – VL + LCFFS 时母线端

口阻抗为：

$$Z_{\text{bus\_bk4}}(s) = \frac{sL_f + r_s G_{\text{BPF}}(s)}{1 + H_v K_{\text{PWM}} V_{\text{dc}} G_v(s) G_N(s) + s C_{\text{bus}} r_s G_N(s)} \qquad (3.44)$$

式中，$G_v(s) = 35 + 27000/s$，已在第 3.4.3 节得到。

根据式（3.41）~式（3.44），可分别得到采用 VRS、BPF – ICFS、NF – LCFFS 和 NF – VL + LCFFS 时 Buck 类 BVCC 母线端口阻抗的幅频特性曲线，如图 3.20 所示。

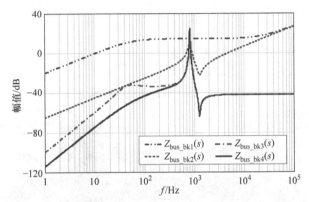

图 3.20　采用不同控制策略时 Buck 类 BVCC 母线端口阻抗的幅频特性

从图 3.20 可以看出：

（1）采用 NF – VL + LCFFS 时，$Z_{\text{bus\_bk4}}(s)$ 在 $2f_o$ 处最高，而采用 VRS、BPF – ICFS 和 NF – LCFFS 时，母线端口阻抗在 $2f_o$ 处相同。因此，VRS、BPF – ICFS 和 NF – LCFFS 的二次谐波电流抑制效果相同，NF – VL + LCFFS 的二次谐波电流抑制效果最好。

（2）VRS 在电感支路中引入虚拟电阻，提高了电感支路在全频段的阻抗幅值，导致 $Z_{\text{bus\_bk1}}(s)$ 在非 $2f_o$ 处幅值较高，会导致中间直流母线电压在负载突变时有较大波动。相比于 VRS，BPF – ICFS 只提高电感支路在 $2f_o$ 处的阻抗幅值，使 $Z_{\text{bus\_bk2}}(s)$ 在非 $2f_o$ 处的阻抗幅值较小，可使 Buck 变换器具有较好的动态性能。NF – LCFFS 在中间直流母线上引入了虚拟并联阻抗，使 $Z_{\text{bus\_bk3}}(s)$ 在非 $2f_o$ 处的阻抗幅值比 $Z_{\text{bus\_bk2}}(s)$ 更低，可进一步改善 Buck 变换器的动态性能。相比于 NF – LCFFS，NF – VL + LCFFS 提高了电压环的截止频率，使低频段的环路增益提高，因而 $Z_{\text{bus\_bk4}}(s)$ 在低频段的阻抗幅值可进一步减小。

3.6　实验验证

为验证并对比不同的二次谐波电流抑制控制策略，在实验室搭建了一台

1kVA 的两级式逆变器原理样机，其主电路拓扑如图 3.21 所示。其中，前级 DC－DC 变换器采用带箝位二极管的移相控制全桥变换器，它可实现开关管的零电压开关，并消除副边整流管上的电压振荡[12]，后级 DC－AC 逆变器采用全桥逆变器。图 3.22 给出了原理样机的照片。表 3.3 给出了原理样机的主要参数。

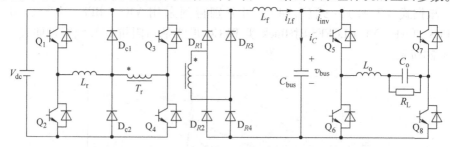

图 3.21　原理样机电路图

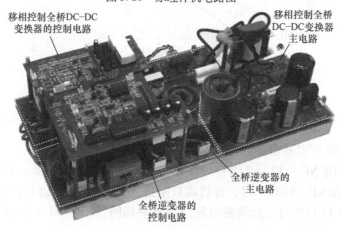

图 3.22　原理样机照片

表 3.3　原理样机的主要参数

	谐振电感 L_r	$8\mu H$
移相控制全桥 DC－DC 变换器	滤波电感 L_f	$260\mu H$
	中间母线电容 C_{bus}	$540\mu F$
	变压器匝比 K_{Tr}	$14:13$
	带阻和带通滤波器的中心频率	$800Hz$
	带阻和带通滤波器的 Q 值	2
全桥逆变器	滤波电感 L_o	$600\mu H$
	滤波电容 C_o	$4.7\mu F$

图 3.23 给出了移相控制全桥 DC－DC 变换器的控制电路图。它由控制芯片 UCC3895、减法器、带通滤波器、带阻滤波器、电压调节器、同相比例放大器 1

和2以及单刀双掷开关 S1~S3 组成。表3.4 给出了不同控制策略的接线方式。

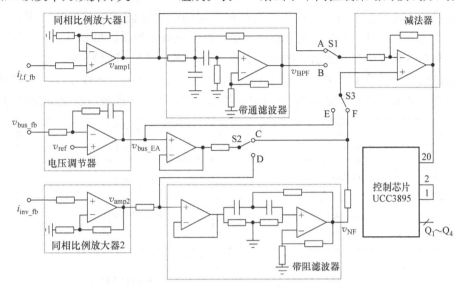

图3.23　移相控制全桥 DC – DC 变换器的控制电路图

表3.4　移相控制全桥 DC – DC 变换器控制电路的接线方式

控制策略	接线方式		
	S1	S2	S3
VRS	A	/	E
BPF – ICFS	B	/	E
NF – LCFFS	A	C	F
NF – VL + LCFFS	A	D	F

当 S1 和 S3 分别接 A 和 E 时，电感电流的采样信号 i_{Lb_fb} 先经过同相比例放大器 1 放大为 v_{amp1}，然后电压调节器的输出 v_{EA_bus} 与 v_{amp1} 相减，得到 VRS 的控制电路图；当 S1 和 S3 分别接 B 和 E 时，i_{Lb_fb} 先经过同相比例放大器 1 和带通滤波器，然后 v_{EA_bus} 与带通滤波器的输出相减，得到 BPF – ICFS 的控制电路图；当 S1~S3 分别接 A、C 和 F 时，负载电流的采样信号 i_{inv_fb} 先经过同相比例放大器 2 和带阻滤波器，然后和 v_{EA_bus} 相加，相加得到的信号再与 v_{amp1} 相减，得到 NF – LCFFS 的控制电路；当 S1~S3 分别接 A、D 和 F 时，i_{inv_fb} 先经过同相比例放大器 2 放大，然后和 v_{EA_bus} 相加，并将相加得到的信号送入带阻滤波器，带阻滤波器的输出再与 v_{amp1} 相减，得到 NF + VL – LCFFS 的控制电路。由此可看出，VRS 的控制电路最简单，BPF – ICFS 次之，NF – LCFFS 和 NF + VL – LCFFS 的控制电路略微复杂。

图 3.24 给出了四种控制策略的稳态工作波形。图中，$\Delta v_{C\,\mathrm{bus}}$ 是中间母线电压脉动，i_{Lf} 是电感电流，i_o 和 v_o 分别是逆变器的输出电流和输出电压。根据图 3.24，表 3.5 给出了不同控制策略的二次谐波电流抑制效果。可以看到，四种控制策略均可有效抑制二次谐波电流。其中，采用 NF – VL + LCFFS 时，i_{Lf} 中的二次谐波电流含量最小（3%）。这是因为该控制策略等效在电压环中加入了带阻滤波器，增大了电感支路在 $2f_o$ 处的闭环阻抗，提高了二次谐波电流的抑制能力。

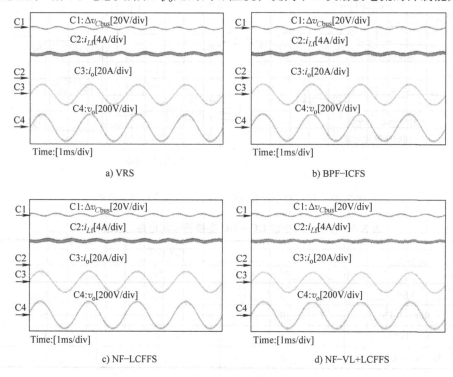

图 3.24   稳态工作波形

图 3.25 给出了四种控制策略的动态实验波形。根据图 3.25，采用不同控制策略的中间母线电压在负载突变时的过冲和跌落也在表 3.5 给出。可以发现，采用 VRS 时，中间母线电压在负载突变过程中波动最大，过冲和跌落分别为 18.5V 和 17.5V。采用 BPF – ICFS 时，中间母线电压的波动大幅减小，过冲和跌落分别为 6.5V 和 5.5V。这是因为 VRS 在电感支路中引入了虚拟电阻 r_s，提高了前级移相控制全桥 DC – DC 变换器在全频段的输出阻抗；而 BPF – ICFS 在电感支路中引入的虚拟串联阻抗为 $r_s G_{\mathrm{BPF}}(s)$，只提高了电感支路在 $2f_o$ 处的阻抗幅值。相比于 VRS，采用 BPF – ICFS 的移相全桥 DC – DC 变换器的输出阻抗较小，因此 BPF – ICFS 可有效改善其动态性能。NF – LCFFS 本质上是在 BPF – ICFS 的基础上，引入了虚拟并联阻抗，使移相全桥 DC – DC 变换器的输出阻抗进一步减

小，负载突变时中间母线电压的脉动可进一步减小，过冲和跌落均为 3.5V。NF－VL＋LCFFS 是 NF－LCFFS 和 NF－VRS 的复合方法，在负载突变时中间母线电压的过冲和跌落分别是 3.3V 和 3.4V，与 NF－LCFFS 相当。

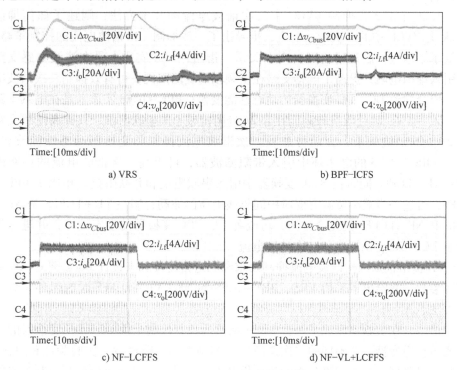

图 3.25 动态实验波形

表 3.5 抑制移相控制全桥 $DC－DC$ 变换器中二次谐波电流的不同控制策略对比

	二次谐波电流含量	电压过冲/V	电压跌落/V
VRS	5.0%	18.5	17.5
BPF－ICFS	5.0%	6.5	5.5
NF－LCFFS	5.0%	3.5	3.5
NF－VL＋LCFFS	3.0%	3.3	3.4

3.7 本章小结

本章系统阐述了两级式单相 $DC－AC$ 逆变器中前级为 Buck 类 BVCC 的二次谐波电流抑制方法。主要工作如下：

1. 揭示了二次谐波电流在前级 $DC－DC$ 变换器和直流输入源中的传播机理，

指出，为同时减小 DC – DC 变换器和直流输入源中的二次谐波电流，中间母线电压脉动必须很小。在此前提下，只要将滤波电感电流控制为平直的电流，即可有效抑制 DC – DC 变换器和直流输入源中的二次谐波电流。

2. 利用第 2 章抑制 BVCC 中二次谐波电流的基本方法，阐述了如何抑制 Buck 类 BVCC 中的二次谐波电流，推导出了一族抑制二次谐波电流的控制策略，并揭示了这些控制策略之间的内在关系，指出，VRS 实质上是在滤波电感支路中引入虚拟电阻，提高了电感支路在全频段的支路阻抗，可有效抑制二次谐波电流，但会导致 DC – DC 变换器的动态性能变差；BPF – ICFS 实质上是在电感支路中引入一个在 $2f_o$ 处阻抗较高而在非 $2f_o$ 处阻抗较小的串联阻抗，只提高电感支路在 $2f_o$ 处的阻抗幅值，因而可兼顾二次谐波电流抑制和变换器动态性能改善；NF – VRS 在 VRS 的电压环中引入带阻滤波器，可提高二次谐波电流的抑制能力；NF – LCFFS 同时在 Buck 变换器中引入串联阻抗和并联阻抗，相比于 BPF – ICFS，可进一步减小负载突变时中间母线电压的波动；NF – VL + LCFFS 是 NF – VRS 和 NF – LCFFS 的复合方法，可改善 DC – DC 变换器的动态性能，并进一步减小 DC – DC 变换器中的二次谐波电流。

3. 提出根据二次谐波电流抑制要求和稳定裕度要求来设计 Buck 类 BVCC 的闭环参数，并给出了采用 VRS、BPF – ICFS 和 NF – VL + LCFFS 时的闭环参数设计方法。

最后，在实验室完成了一台 1kVA 前级为移相控制全桥 DC – DC 变换器的两级式单相逆变器，对不同的二次谐波电流抑制控制策略进行了实验验证和对比，实验结果验证了本章理论分析的正确性和所提出的二次谐波电流抑制控制策略的有效性。

参 考 文 献

[1] ZHANG L, RUAN X. Control schemes for reducing second harmonic current in two – stage single – phase converter：An overview from dc – bus port – impedance characteristics ［J］. IEEE Transactions on Power Electronics, 2019, 34 (10)：10341 – 10358.

[2] ZHANG L, REN X, RUAN X. A bandpass filter incorporated into the inductor current feedback path for improving dynamic performance of the front – end dc – dc converter in two – stage inverter ［J］. IEEE Transactions on Industrial Electronics, 2014, 61 (5)：2316 – 2325.

[3] ZHANG L, RUAN X, REN X. Second harmonic current reduction and dynamic performance improvement in the two – stage inverters：An output impedance perspective ［J］. IEEE Transactions on Industrial Electronics, 2015, 62 (1)：394 – 404.

[4] ZHU G, RUAN X, ZHANG L, et al. On the reduction of second harmonic current and improvement of dynamic response for two – stage single – phase inverter ［J］. IEEE Transactions on Power Electronics, 2015, 30 (2)：1028 – 1041.

［5］ ERICKSON R, MAKSIMOVIC D. Fundamentals of Power Electronics ［M］. 3rd ed. Switzerland Cham: Springer International Publishing, 2020.

［6］ ZHANG L, RUAN X, REN X. Second – harmonic current reduction for two – stage inverter with boost – derived front – end converter: Control schemes and design considerations ［J］. IEEE Transactions on Power Electronics, 2018, 33 (7): 6361 – 6378.

［7］ LIU C, LAI J. Low frequency current ripple reduction technique with active control in a fuel cell power system with inverter load ［J］. IEEE Transactions on Power Electronics, 2007, 22 (4): 1429 – 1436.

［8］ WEI Z, DENG X, GONG C, et al. A novel technique of low frequency input current ripple reduction in two – stage dc – ac inverter ［C］. Proc. IEEE Industrial Electronics Conference (IECON), 2012: 139 – 143.

［9］ BOJOI R, PICA C, ROIU D, et al. New dc – dc converter with reduced low – frequency current ripple for fuel cell in single – phase distributed generation ［C］. Proc. IEEE International Conference on Industrial Technology (ICIT), 2010: 1213 – 1218.

［10］ FONTES G, TURPIN C, ASTIER S, et al. Interactions between fuel cells and power converters: influence of current harmonics on a fuel cell stack ［J］. IEEE Transactions on Power Electronics, 2007, 22 (2): 670 – 678.

［11］ VLATKOVIC V, SABATE J A, RIDLEY R, et al. Small – signal analysis of the phase – shifted PWM converter ［J］. IEEE Transactions on Power Electronics, 1992, 7 (1): 128 – 135.

［12］ RUAN X, LIU F. An improved ZVS PWM full – bridge converter with clamping diodes ［C］. Proc. IEEE Power Electronics Specialists Conference (PESC), 2004: 1475 – 1481.

第4章

Chapter 4

两级式单相DC-AC逆变器中前级为Boost类BVCC的二次谐波电流抑制方法

第 3 章讨论了前级为 Buck 类 BVCC 的两级式单相 DC – AC 逆变器中二次谐波电流的抑制方法。本章针对前级为 Boost 类 BVCC 的两级式单相 DC – AC 逆变器，揭示二次谐波电流的传播机理。利用第 2 章抑制 BVCC 中二次谐波电流的基本方法[1]，包括虚拟串并联阻抗方法和电压环设计方法，本章将推导兼顾二次谐波电流抑制和变换器动态性能改善的控制策略，并根据二次谐波电流抑制要求和稳定裕度要求设计电压环闭环参数[2]。最后，在实验室完成了一台 1kVA 前级为 Boost 类 BVCC 的两级式单相 DC – AC 逆变器原理样机，并对不同的抑制二次谐波电流的控制策略进行实验验证。

4.1 二次谐波电流在 Boost 类 BVCC 和直流输入源中的传播机理

图 4.1a 给出了前级为 Boost 类 BVCC 的两级式单相 DC – AC 逆变器的结构图。其中，Boost 类 BVCC 可为基本 Boost 变换器、Boost 类推挽变换器、Boost 类半桥变换器和 Boost 类全桥变换器等。本章以 Boost 变换器作为前级的两级式单相 DC – AC 逆变器为例，分析二次谐波电流的传播机理。若忽略开关次谐波分量，后级 DC – AC 逆变器可等效为并联的直流电流源 I_{dc} 和二次谐波电流源 i_{SHC}，那么图 4.1a 所示的结构图可简化为图 4.1b。图中，Q_{bst} 为 Boost 变换器的开关管，D_b 为升压二极管，L_b 是升压电感，C_{bus} 是输出滤波电容，也可看作两级式逆变器的中间母线电容。

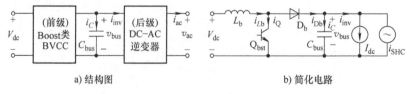

a) 结构图　　　　　　　　　　　　b) 简化电路

图 4.1　前级为 Boost 类 BVCC 的两级式单相 DC – AC 逆变器

由图 4.1b 可知，后级 DC - AC 逆变器输入侧的二次谐波电流由前级 Boost 变换器和中间母线电容共同提供。因此，二极管电流 i_{Db} 中存在二次谐波电流，中间直流母线电压 v_{bus} 中存在二次谐波电压。

根据图 4.1b，可得升压二极管电流 i_{Db} 和开关管电流 i_Q 在一个开关周期 T_s 内的平均值为：

$$\langle i_{Db} \rangle_{Ts} = (1 - d_y) \langle i_{Lb} \rangle_{Ts} \tag{4.1}$$

$$\langle i_Q \rangle_{Ts} = \langle i_{Lb} \rangle_{Ts} - \langle i_{Db} \rangle_{Ts} \tag{4.2}$$

式中，$\langle i_{Lb} \rangle_{Ts}$ 为升压电感电流 i_{Lb} 在一个开关周期内的平均值；d_y 为 Q_{bst} 的占空比，其表达式为：

$$d_y = 1 - \frac{V_{dc}}{v_{bus}} \tag{4.3}$$

从式（4.3）可知，如果 v_{bus} 中存在二次谐波电压，d_y 中也会有二次谐波分量。

为了避免后级 DC - AC 逆变器输入电流中的二次谐波分量传播到前级 Boost 变换器中，可以选择升压二极管电流 i_{Db} 作为控制对象，使其平均值为平直的电流。但由式（4.1）可知，即使 i_{Db} 中的二次谐波分量很小，如果 d_y 中的二次谐波分量较大，Boost 变换器的升压电感电流 i_{Lb} 中仍可能含有较大的二次谐波分量，这会导致蓄电池或燃料电池等直流输入源的能量转换效率降低，工作寿命缩短。进一步由式（4.2）可知，此时 i_Q 中也会含有较大的二次谐波电流，将导致 Q_{bst} 的开关损耗和导通损耗增加，降低 Boost 变换器的效率。

另一方面，从提高输入源的能量转换效率并延长其工作寿命的角度出发，可以选择升压电感电流 i_{Lb} 作为控制对象，使其为平直的电流。但由式（4.1）和式（4.2）可知，即便 i_{Lb} 中的二次谐波分量很小，如果 d_y 中的二次谐波分量较大，也会使得 i_{Db} 和 i_Q 中含有较大的二次谐波电流。这会增大 Q_{bst} 的开关损耗和 D_b 的反向恢复损耗，并同时增大 Q_{bst} 和 D_b 的导通损耗，从而降低 Boost 变换器的效率。

由以上讨论可知，无论控制对象为升压二极管电流 i_{Db} 还是升压电感电流 i_{Lb}，都需要减小 v_{bus} 的脉动，以减小 d_y 中的二次谐波分量。为了优化后级 DC - AC 逆变器，通常使 v_{bus} 的脉动较小，可近似认为恒定。这样，既可选取 i_{Db} 为控制对象，将其平均值控制为平直的电流，从而间接减小 i_{Lb} 和 i_Q 中的二次谐波分量；亦可选取 i_{Lb} 为控制对象，将其控制为平直的电流，从而间接减小 i_{Db} 和 i_Q 中的二次谐波分量。

4.2　Boost 类 BVCC 的二次谐波电流抑制方法

4.2.1　虚拟串联阻抗和虚拟并联阻抗的引入

利用状态空间平均建模法，可以得到图 4.1b 所示变换器的小信号等效电路[3]，如图 4.2a 所示。图中，I_{Lb} 为升压电感电流的平均值，V_{bus} 为中间母线电压的平均值，$Z_{o\_bst}(s)$ 是 Boost 变换器的输出阻抗，$Z_{bus\_bst}(s)$ 是 Boost 变换器的母线端口阻抗（不包含 C_{bus}），$D'_y = 1 - D_y$，其中，D_y 为 Q_{bst} 的稳态占空比。根据图 4.2a，可得 Boost 变换器为 BVCC 时的控制框图，如图 4.2b 所示。图中，$G_v(s)$ 是电压调节器的传递函数；H_v 是中间母线电压采样系数；K_{PWM} 是 PWM 调制器的增益，其表达式为 $1/V_M$，其中 V_M 为锯齿载波幅值。由于 V_{dc} 一般是平直的直流电压，即 $\hat{v}_{dc} \approx 0$，因此在控制框图中没有给出。

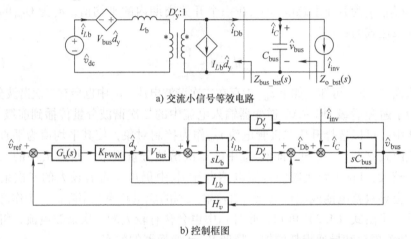

a) 交流小信号等效电路

b) 控制框图

图 4.2　Boost 变换器的交流小信号等效电路及其控制框图

　　根据图 4.2a，为减小 i_{Db} 中的二次谐波分量，可在升压二极管支路中引入串联阻抗 $Z_s(s)$，如图 4.3 中的 1#位置所示；而为减小 i_{Lb} 中的二次谐波分量，则可在升压电感支路中引入串联阻抗 $Z_s(s)$，如图 4.3 中的 2#位置所示。图中，$Z_{D\_bst}(s)$ 为升压二极管支路阻抗，$Z_{L\_bst}(s)$ 为升压电感支路阻抗。为了抑制二次谐波电流，$Z_s(s)$ 只需在两倍交流输出电压频率（$2f_o$）处阻抗较高，而在非 $2f_o$ 处阻抗较小，其幅频特性曲线如图 2.13a 所示。与此同时，为了减小中间直流母线电压在负载突变时的波动，需尽可能减小 Boost 变换器的闭环输出阻抗。基于此，可在图 4.3 中的中间直流母线上引入一个并联阻抗 $Z_p(s)$。该阻抗在非 $2f_o$ 处的阻抗很小，而在 $2f_o$ 处呈现开路特性，以避免降低在 $2f_o$ 处 Boost 变换器的输出阻抗幅值，其幅频特性如图 2.13b 所示。

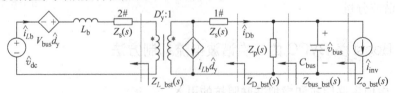

图 4.3　引入串联阻抗和并联阻抗

根据图4.3，可得到引入虚拟串联阻抗和虚拟并联阻抗后 Boost 变换器的控制框图，如图4.4a 所示。其中，二极管电流反馈（即1#电流反馈）用来实现升压二极管支路中的 $Z_s(s)$，其反馈系数为 $\alpha_1 Z_s(s)$，这里的 $\alpha_1 = D'_y$，是将图4.3中 $Z_s(s)$ 两端的电压由变压器副边折算到原边而引入的；电感电流反馈（即2#电流反馈）用来实现升压电感支路中的 $Z_s(s)$，其反馈系数也为 $\alpha_1 Z_s(s)$，但这里的 $\alpha_1 = 1$。将图4.4a 中的引出点 $\hat{d}_y$ 前移至 $G_v(s)$ 的输出端，可得到等效变换后如图 4.4b 所示的控制框图。$\hat{v}_x(s)$ 到 $\hat{i}_{Db}(s)$ 的传递函数为 $[sL_b/D'_y + \alpha_1 Z_s(s)]^{-1}$，$\hat{v}_x(s)$ 到 $\hat{i}_{Lb}(s)$ 的传递函数为 $[sL_b + \alpha_1 Z_s(s)]^{-1}$。那么，将图4.4b 中中间直流母线电压 $\hat{v}_{bus}$ 的反馈点前移至 K_{PWM} 的输入端，并相应调整其反馈传递函数，可得到图4.4c 所示的控制框图。图中，α_1 和 α_2 的取值见式（4.4）。最后，将二极管电流 $\hat{i}_{Db}$（或电感电流 $\hat{i}_{Lb}$）的反馈点前移至 K_{PWM} 的输入端，并相应调整其反馈传递函数，可得到图4.4d 所示的控制框图，此即加入虚拟串联阻抗和虚拟并联阻抗后 Boost 变换器的控制框图。

$$\begin{cases} \alpha_1 = D'_y, \quad \alpha_2 = 1 & \text{二极管电流反馈} \\ \alpha_1 = 1, \quad \alpha_2 = 1/D'_y & \text{电感电流反馈} \end{cases} \tag{4.4}$$

4.2.2　Boost 变换器中虚拟串联阻抗和虚拟并联阻抗的选取

1. 在升压二极管支路中引入虚拟串联阻抗

　　根据图2.13a 给出的幅频特性要求，在升压二极管支路中引入的虚拟串联阻抗可表示为 $Z_s(s) = r_s G_{BPF}(s)$。其中，r_s 为 $Z_s(s)$ 在 $2f_o$ 处的阻抗幅值，$G_{BPF}(s)$ 为中心频率为 $2f_o$ 的带通滤波器。

　　令图4.3中的 $\hat{v}_{dc}(s) = 0$，$\hat{d}_y(s) = 0$，可得到二极管支路阻抗 $Z_{D\_bst}(s)$ 的表达式为：

$$Z_{D\_bst}(s) = \frac{sL_b}{D'^2_y} + Z_s(s) = \frac{sL_b}{D'^2_y} + r_s G_{BPF}(s) \triangleq Z_{D\_bst\_ori}(s) + r_s G_{BPF}(s) \tag{4.5}$$

式中，$Z_{D\_bst\_ori}(s)$ 是二极管支路的原始阻抗，其表达式为：

$$Z_{D\_bst\_ori}(s) = sL_b/D'^2_y \tag{4.6}$$

　　根据式（4.5）和式（4.6），可画出 $Z_{D\_bst}(s)$ 和 $Z_{D\_bst\_ori}(s)$ 的伯德图，分别如图4.5中实线和虚线所示。图4.5中还给出了中间母线电容容抗 $Z_C(s)$（其表达式为 $1/sC_{bus}$）的伯德图，如点划线所示。可以看出，$Z_{D\_bst\_ori}(s)$ 表现为一个电感的特性，引入串联阻抗 $r_s G_{BPF}(s)$ 后，$Z_{D\_bst}(s)$ 在 $2f_o$ 处的阻抗幅值大幅提高，远大于 $Z_C(s)$，可有效阻止后级 DC – AC 逆变器输入中的二次谐波电流传播到 Boost 变换器中。第3.2.2节已提到，在高于 $2f_o$ 的频段，$G_{BPF}(s)$ 的相位为 $-90°$。因此，引入 $r_s G_{BPF}(s)$ 后，在高于 $2f_o$ 的频段 L_b 将和 $r_s G_{BPF}(s)$ 发生串联谐振，使得 $Z_{D\_bst}(s)$ 的幅频特性曲线上出现一个向下的谐振峰。

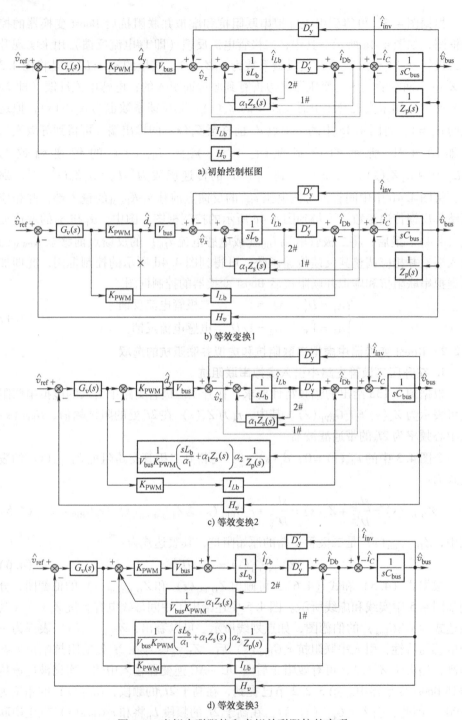

a) 初始控制框图

b) 等效变换1

c) 等效变换2

d) 等效变换3

图 4.4　虚拟串联阻抗和虚拟并联阻抗的实现

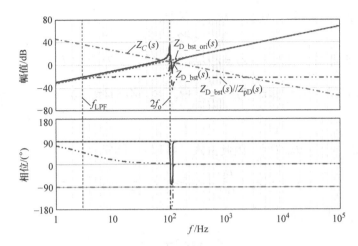

图 4.5　$Z_{\mathrm{D\_bst\_ori}}(s)$，$Z_{\mathrm{D\_bst}}(s)$ 和 $Z_{\mathrm{D\_bst}}(s)//Z_{\mathrm{p}}(s)$ 的伯德图

第 2.4.2 节已经提到，为了减小中间母线电压在负载突变时的波动，需尽可能减小 DC–DC 变换器在非 $2f_o$ 处的闭环输出阻抗。Boost 变换器的闭环输出阻抗 $Z_{\mathrm{o\_bst}}(s)$ 为[2]：

$$Z_{\mathrm{o\_bst}}(s) = \frac{Z_{\mathrm{o\_bst\_OL}}(s)}{1 + T_{v\_\mathrm{bst}}(s)} \qquad (4.7)$$

式中，$Z_{\mathrm{o\_bst\_OL}}(s)$ 为 Boost 变换器的开环输出阻抗，$T_{v\_\mathrm{bst}}(s)$ 为 Boost 变换器电压环的环路增益。可见，减小 Boost 变换器的开环输出阻抗可以减小其闭环输出阻抗。

令图 4.3 中的 $\hat{v}_{\mathrm{dc}}(s) = 0$，$\hat{d}_y(s) = 0$，可得到 Boost 变换器的开环输出阻抗为：

$$Z_{\mathrm{o\_bst\_OL}}(s) = Z_{\mathrm{D}}(s)//Z_{\mathrm{p}}(s)//Z_C(s) \qquad (4.8)$$

根据图 4.5 中 $Z_{\mathrm{D\_bst}}(s)$ 的相频曲线可知，$Z_{\mathrm{D\_bst}}(s)$ 在非 $2f_o$ 处表现为一个电感。与此同时，由图 2.13b 可知，为尽可能减小 Boost 变换器在非 $2f_o$ 处的输出阻抗，希望 $Z_{\mathrm{p}}(s)$ 在非 $2f_o$ 处表现为一个阻值很小的电阻。参考文献 [2] 指出，任意阻感并联网络可表示为电感和一个低通滤波器级联的形式，因此 $Z_{\mathrm{o\_bst\_OL}}(s)$ 还可表示为：

$$Z_{\mathrm{o\_bst\_OL}}(s) = \left[Z_{\mathrm{D\_bst}}(s) G_{\mathrm{LPF}}(s) \right]//Z_C(s) \qquad (4.9)$$

式中，$G_{\mathrm{LPF}}(s)$ 为低通滤波器。为尽可能减小 $Z_{\mathrm{o\_bst\_OL}}(s)$，$G_{\mathrm{LPF}}(s)$ 的转折频率应远低于 $2f_o$。同时，为了不改变 Boost 变换器在 $2f_o$ 处的输出阻抗，$G_{\mathrm{LPF}}(s)$ 中还应包含一个中心频率为 $2f_o$ 的带阻滤波器 $G_{\mathrm{N}}(s)$。这样，$G_{\mathrm{LPF}}(s)$ 的表达式为：

$$G_{\mathrm{LPF}}(s) = \frac{1}{1 + (s/\omega_{\mathrm{LPF}}) \cdot G_{\mathrm{N}}(s)} \qquad (4.10)$$

式中，ω_{LPF} 为 $G_{\text{LPF}}(s)$ 的转折角频率，满足：

$$\omega_{\text{LPF}} \ll 2\pi \cdot 2f_{\text{o}} \tag{4.11}$$

由图 4.5 可知，引入 $Z_{\text{s}}(s) = r_{\text{s}}G_{\text{BPF}}(s)$ 后，在 $2f_{\text{o}}$ 处，有：

$$\left| Z_{\text{D\_bst}}(j2\pi \cdot 2f_{\text{o}}) \right| = \left| j2\pi \cdot 2f_{\text{o}} \cdot \frac{L_{\text{b}}}{D_{\text{y}}'^2} + r_{\text{s}} \right| \gg \left| Z_C(j2\pi \cdot 2f_{\text{o}}) \right| = \frac{1}{2\pi \cdot 2f_{\text{o}} \cdot C_{\text{bus}}} \tag{4.12}$$

在 $2f_{\text{o}}$ 处，$r_{\text{s}} \gg sL_{\text{b}}/D_{\text{y}}'^2$，因此由式（4.12）可得：

$$\left| j2\pi \cdot 2f_{\text{o}} \cdot \frac{L_{\text{b}}}{D_{\text{y}}'^2} + r_{\text{s}} \right| \approx r_{\text{s}} \gg \frac{1}{2\pi \cdot 2f_{\text{o}} \cdot C_{\text{bus}}} \tag{4.13}$$

由式（4.13）可得：

$$\frac{1}{r_{\text{s}}C_{\text{bus}}} \ll 2\pi \cdot 2f_{\text{o}} \tag{4.14}$$

由式（4.11）和式（4.14）可知，ω_{LPF} 可取 $1/(r_{\text{s}}C_{\text{bus}})$。这样，根据式（4.8）~式（4.10），可解得：

$$Z_{\text{p}}(s) = \frac{sL_{\text{b}}/D_{\text{y}}'^2 + r_{\text{s}}G_{\text{BPF}}(s)}{s \cdot r_{\text{s}}C_{\text{bus}} \cdot G_N(s)} \triangleq Z_{\text{pD}}(s) \tag{4.15}$$

图 4.5 中双点划线给出了 $Z_{\text{D\_bst}}(s)//Z_{\text{pD}}(s)$ 的伯德图。可以看出，在 $2f_{\text{o}}$ 处，$Z_{\text{D\_bst}}(s)//Z_{\text{pD}}(s)$ 和 $Z_{\text{D\_bst}}(s)$ 的阻抗幅值相同；在非 $2f_{\text{o}}$ 处，$Z_{\text{D\_bst}}(s)//Z_{\text{pD}}(s)$ 的阻抗幅值很小，可减小 Boost 变换器在非 $2f_{\text{o}}$ 处的输出阻抗，从而可减小负载突变时中间直流母线电压的波动。

2. 在升压电感支路中引入虚拟串联阻抗

类似的，根据图 2.13a 给出的幅频特性要求，在升压电感支路中引入的串联阻抗也可表示为 $Z_{\text{s}}(s) = r_{\text{s}}G_{\text{BPF}}(s)$。为减小 Boost 变换器在非 $2f_{\text{o}}$ 处的闭环输出阻抗，并同时不改变 $2f_{\text{o}}$ 处的阻抗幅值，在中间直流母线上引入的并联阻抗也需同时满足式（4.8）~式（4.10）。令图 4.3b 中 $\hat{v}_{\text{dc}}(s) = 0$，$\hat{d}_{\text{y}}(s) = 0$，可得在升压电感支路中引入 $Z_{\text{s}}(s) = r_{\text{s}}G_{\text{BPF}}(s)$ 后，$Z_{\text{D\_bst}}(s)$ 的表达式为：

$$Z_{\text{D\_bst}}(s) = \frac{1}{D_{\text{y}}'^2}[sL_{\text{b}} + r_{\text{s}}G_{\text{BPF}}(s)] \tag{4.16}$$

将式（4.16）代入式（4.8）和式（4.9），并结合式（4.10），可得：

$$Z_{\text{p}}(s) = \frac{sL_{\text{b}} + r_{\text{s}}G_{\text{BPF}}(s)}{D_{\text{y}}'^2} \cdot \frac{\omega_{\text{LPF}}}{sG_N(s)} \tag{4.17}$$

将式（4.16）代入式（4.12）可得：

$$\left| \frac{1}{D_{\text{y}}'^2}(j2\pi \cdot 2f_{\text{o}} \cdot L_{\text{b}} + r_{\text{s}}) \right| \gg \frac{1}{2\pi \cdot 2f_{\text{o}} \cdot C_{\text{bus}}} \tag{4.18}$$

升压电感 L_b 在 $2f_o$ 处的感抗远小于 r_s，因此由式（4.18）可得：

$$\left| \frac{1}{D_y'^2}(j2\pi \cdot 2f_o \cdot L_b + r_s) \right| \approx \frac{r_s}{D_y'^2} \gg \frac{1}{2\pi \cdot 2f_o \cdot C_{bus}} \quad (4.19)$$

由式（4.19）可得：

$$\frac{D_y'^2}{r_s C_{bus}} \ll 2\pi \cdot 2f_o \quad (4.20)$$

由式（4.11）和式（4.20）可知，ω_{LPF} 可取 $D_y'^2/(r_s C_{bus})$，将其代入式（4.17），可得：

$$Z_p(s) = \frac{sL_b + r_s G_{BPF}(s)}{s \cdot r_s C_{bus} \cdot G_N(s)} \triangleq Z_{pI}(s) \quad (4.21)$$

4.3　Boost 类 BVCC 的二次谐波电流抑制控制策略推导

本节将基于图 4.4d 所示的控制框图，根据第 4.2 节得到的 $Z_s(s)$ 和 $Z_p(s)$ 的表达式，推导抑制 Boost 类 BVCC 中二次谐波电流抑制的控制策略。

4.3.1　加带通滤波器的二极管（电感）电流反馈的二次谐波电流抑制控制策略

当仅在升压二极管或升压电感支路中引入串联阻抗 $Z_s(s) = r_s G_{BPF}(s)$ 时，图 4.4d 所示的控制框图可简化为如图 4.6 所示。此即参考文献 [2] 提出的加带通滤波器二极管（电感）电流反馈的控制策略（Band – Pass Filter Incorporated Diode/Inductor Current Feedback Scheme，BPF – ICFS/BPF – DCFS）。

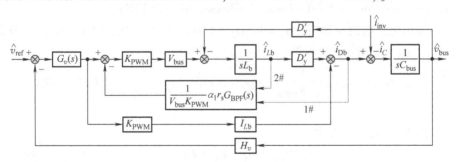

图 4.6　加带通滤波器二极管（电感）电流反馈的二次谐波电流抑制控制策略

4.3.2　基于虚拟电阻的二次谐波电流抑制控制策略

若在升压二极管或升压电感支路中仅仅引入串联电阻，则图 4.4d 所示的控制框图可简化为如图 4.7 所示，此即适用于 Boost 变换器的基于虚拟电阻的二次谐波电流抑制控制策略。需要强调的是，串联电阻会增大升压二极管或升压电感支路全频段的阻抗，导致 Boost 变换器的动态性能变差。

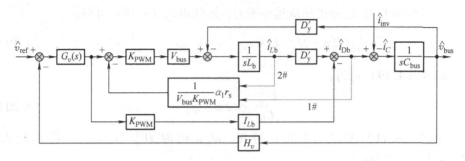

图 4.7　基于虚拟电阻的二次谐波电流抑制控制策略

4.3.3　加带阻滤波器负载电流前馈的二次谐波电流抑制控制策略

将 $Z_s(s) = r_s G_{BPF}(s)$ 与 $Z_p(s) = Z_{pD}(s)$ 和 $Z_s(s) = r_s G_{BPF}(s)$ 与 $Z_p(s) = Z_{pI}(s)$ 分别代入图 4.4d，并将中间母线电容电压反馈调整为中间母线电容电流反馈，再相应调整其反馈传递函数，可得到如图 4.8a 所示的控制框图。注意到 $G_{BPF}(s) = 1 - G_N(s)$，故可将二极管或电感电流的反馈传递函数拆分为两项，得到如图 4.8b 所示的控制框图。

当采用二极管电流反馈时，$\alpha_1 = D'_y$，$\alpha_2 = 1$，此时二极管电流和中间母线电容电流的反馈传递函数相同。由于 $\hat{i}_{Db} - \hat{i}_C = \hat{i}_{inv}$，因而图 4.8b 可进一步等效变换为如图 4.9a 所示的控制框图，此即参考文献［2］提出的采用二极管电流反馈时加带阻滤波器负载电流前馈的二次谐波电流抑制控制策略（Notch – Filter incorporated Load Current Feed – Forward Scheme，NF – LCFFS）。

当采用电感电流反馈时，$\alpha_1 = 1$，$\alpha_2 = 1/D'_y$。那么，由图 4.8b 可得 $\hat{i}_C$ 及其上面 $\hat{i}_{Lb}$ 这两条反馈支路之和为：

$$\frac{1}{V_{bus}K_{PWM}}\alpha_1 r_s G_N(s)\hat{i}_{Lb} - \frac{1}{V_{bus}K_{PWM}}\alpha_1\alpha_2 r_s G_N(s)\hat{i}_C = \frac{1}{D'_y V_{bus}K_{PWM}}r_s G_N(s)(D'_y\hat{i}_{Lb} - \hat{i}_C)$$

$$(4.22)$$

从图 4.8b 还可以看出：

$$D'_y\hat{i}_{Lb} - \hat{i}_C = \hat{i}_{inv} + I_{Lb}\hat{d}_y \qquad (4.23)$$

而 $D'_y V_{bus} = V_{dc}$，将其与式（4.23）代入式（4.22），有：

$$\frac{1}{V_{bus}K_{PWM}}\alpha_1 r_s G_N(s)\hat{i}_{Lb} - \frac{1}{V_{bus}K_{PWM}}\alpha_1\alpha_2 r_s G_N(s)\hat{i}_C = \frac{1}{V_{dc}K_{PWM}}r_s G_N(s)(\hat{i}_{inv} + I_{Lb}\hat{d}_y)$$

$$(4.24)$$

根据式（4.24），图 4.8b 可等效变换为图 4.9b 所示的控制框图。由于 $\hat{d}_y$ 中的二次谐波分量很小，$I_{Lb}\hat{d}_y$ 中的二次谐波电流相比 $\hat{i}_{inv}$ 可忽略。因此，图 4.9b 所示的控制框图可近似为图 4.9c。此即采用电感电流反馈时的 NF – LCFFS。

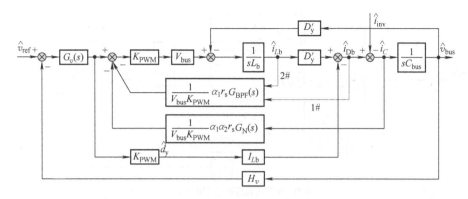

a) 代入$Z_s(s)$和$Z_p(s)$并将电容电流反馈调整为电容电压反馈

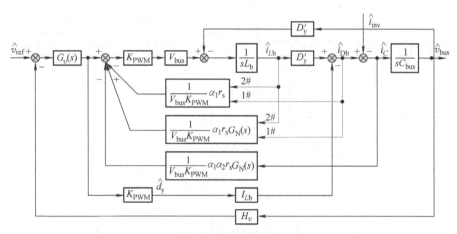

b) 等效变换后的控制框图

图4.8　将$Z_s(s)$和$Z_p(s)$的表达式代入图4.4d得到的控制框图

4.3.4　带阻滤波器级联电压调节器并加入负载电流前馈的二次谐波电流抑制控制策略

减小$G_v(s)$在$2f_o$处的增益可降低Boost变换器的电压环在$2f_o$处的环路增益，从而提高升压二极管支路或升压电感支路在$2f_o$处的闭环阻抗，以增强二次谐波电流抑制能力。基于此，可以在图4.9a和c的基础上，在Boost变换器的电压环中加入中心频率为$2f_o$的带阻滤波器$G_N(s)$，如图4.10所示，此即参考文献[2]提出的带阻滤波器级联电压调节器并加入负载电流前馈的控制策略（Notch Filter Cascading Voltage Regulator Plus Load Current Feed – Forward Scheme, NF - VR + LCFFS）。图中，α_1和α_2的取值见式（4.4）。

4.3.5　不同二次谐波电流抑制方法的比较

表4.4从虚拟串联阻抗、虚拟并联阻抗、$G_v(s)$是否级联$G_N(s)$、控制策略

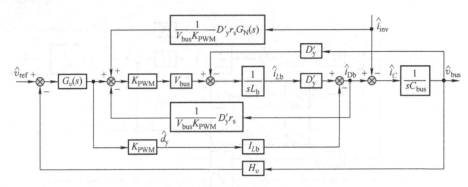

a) 采用二极管电流反馈时的NF-LCFFS

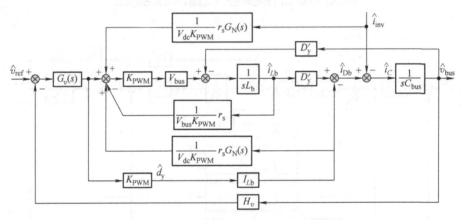

b) 合并图4.8b中的电感电流反馈和中间母线电容电流反馈

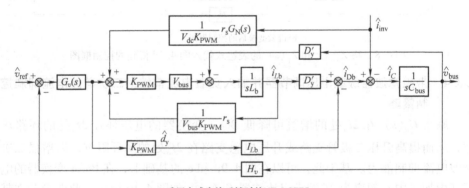

c) 采用电感电流反馈时的NF-LCFFS

图4.9 加带阻滤波器负载电流前馈的二次谐波电流抑制控制策略

复杂度、SHC 抑制效果以及动态性能等方面对上面推导得到的控制策略进行对比。根据图 4.6、图 4.7、图 4.9、图 4.10 以及表 4.1，可以得到以下结论：

（1）VRS 通过反馈二极管电流或电感电流分别等效在升压二极管或升压电

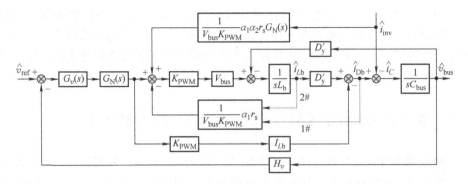

图4.10　电压调节器级联带阻滤波器并加入负载电流前馈的二次谐波电流抑制方法

表4.1　不同控制策略的对比

	控制策略	虚拟串联阻抗 $Z_s(s)$	虚拟并联阻抗 $Z_p(s)$	$G_v(s)$ 级联 $G_N(s)$	SHC 抑制	动态性能	复杂度
二极管电流反馈	BPF – DCFS	$r_s G_{BPF}(s)$	/	/	好	好	简单
	VRS	r_s	/	/	好	差	简单
	NF – LCFFS	$r_s G_{BPF}(s)$	式 (4.15)	/	好	很好	适中
	NF – VR + LCFFS	$r_s G_{BPF}(s)$	式 (4.15)	是	很好	很好	适中
升压电感电流反馈	BPF – ICFS	$r_s G_{BPF}(s)$	/	/	好	好	简单
	VRS	r_s	/	/	好	差	简单
	NF – LCFFS	$r_s G_{BPF}(s)$	式 (4.21)	/	好	很好	适中
	NF – VR + LCFFS	$r_s G_{BPF}(s)$	式 (4.21)	是	很好	很好	适中

感支路中引入虚拟串联电阻，提高了升压二极管或升压电感支路在全频段的阻抗，可有效减小 Boost 变换器中的二次谐波电流，但会导致 Boost 变换器的动态性能变差。

（2）BPF – DCFS 和 BPF – ICFS 分别在二极管电流反馈或电感电流反馈中加入中心频率为 $2f_o$ 的带通滤波器，相比于 VRS，只提高了升压二极管或升压电感支路在 $2f_o$ 处的阻抗幅值，既可有效抑制 Boost 变换器中的二次谐波电流，又可使 Boost 变换器具有较好的动态性能。

（3）无论采用二极管电流反馈，还是采用电感电流反馈，NF – LCFFS 同时在 Boost 变换器中引入了虚拟串联阻抗和虚拟并联阻抗，相比于 BPF – DCFS 或 BPF – ICFS，可进一步减小 Boost 变换器在非 $2f_o$ 处的闭环输出阻抗，从而改善动态性能。

（4）NF – VR + LCFFS 在 NF – LCFFS 的电压环中加入了中心频率为 $2f_o$ 的带阻滤波器，降低了电压环在 $2f_o$ 处的环路增益，可以进一步提高升压二极管或升压电感支路在 $2f_o$ 处的阻抗幅值，从而提高二次谐波电流的抑制能力。

（5）反馈二极管电流和反馈电感电流的控制策略只是反馈系数不同，其简洁程度相同。与反馈二极管电流相比，由于电感电流是连续的，采样后不需加入额外的滤波环节。此外，将电感控制为平直电流有利于提高直流输入源的能量转换效率并延长其工作寿命。因此，后文主要讨论采用电感电流反馈的控制策略。

4.4　兼顾二次谐波电流抑制和稳定裕度的闭环参数设计

Boost 类和 Buck 类 DC – DC 变换器的小信号模型不同，其闭环参数设计方法也有所不同。本节将根据二次谐波电流抑制要求和稳定裕度要求来设计 Boost 类 DC – DC 变换器的闭环参数。

根据第 4.3 节的分析可知，BPF – ICFS 相当于在 VRS 的电感电流反馈中加入 $G_{BPF}(s)$，NF – LCFFS 是在 VRS 中加入含 $G_N(s)$ 的负载电流前馈，NF + VR – LCFFS 则是在 NF – LCFFS 的电压环中加入了 $G_N(s)$。因此，VRS 和 NF – LCFFS 的环路增益相同，可采用相同的闭环参数设计方法。而在电感电流反馈中加入 $G_{BPF}(s)$ 或在电压环中加入 $G_N(s)$ 均会改变环路增益，可能导致 Boost 变换器不稳定。本节先讨论采用 VRS 时的闭环参数设计方法。在此基础上，给出采用 BPF – ICFS 和 NF – VR + LCFFS 时的闭环参数设计方法。表 4.2 给出了本章所设计的两级式逆变器的性能指标。

表 4.2　前级为 Boost 类 BVCC 的两级式逆变器的性能指标

输入直流电压 V_{dc}	110（1±10%）V
输出电压的有效值 V_o	220V
中间直流母线电压 V_{bus}	380V
输出频率 f_o	50Hz
输出功率 P_o	1kVA

4.4.1　采用 VRS 时的闭环参数设计

根据图 4.7，可推导出电压环的环路增益 $T_{v\_bst\_VRS}(s)$ 和后级逆变器输入电流到前级 Boost 变换器升压电感电流的传递函数 $G_{ii\_bst\_VRS}(s)$，其表达式分别为[2]：

$$T_{v\_bst\_VRS}(s) = H_v K_{PWM} G_v(s) \frac{-sI_{Lb}L_b + (V_{dc} - I_{Lb}r_s)}{s^2 L_b C_{bus} + sC_{bus}r_s + D_y'^2} \quad (4.25)$$

$$G_{ii\_bst\_VRS}(s) = \frac{\hat{i}_{Lb}(s)}{\hat{i}_{inv}(s)} = \frac{H_v K_{PWM} V_{bus} G_v(s) + D_y'}{s^2 L_b C_{bus} + sC_{bus}r_s + D_y'^2 + H_v K_{PWM} G_v(s)[V_{dc} - I_{Lb}(sL_b + r_s)]}$$

$$(4.26)$$

这里电压调节器 $G_v(s)$ 采用 PI 调节器，其表达式为：

$$G_v(s) = K_p + \frac{K_i}{s} \tag{4.27}$$

其转折频率 f_L 为:

$$f_L = \frac{K_i}{2\pi K_p} \tag{4.28}$$

$T_{v\_bst\_VRS}(s)$ 在截止频率 f_c 处的增益为 1,可得:

$$\left| T_{v\_bst\_VRS}(j2\pi f_c) \right| = H_v K_{PWM} \sqrt{K_p^2 + \left(\frac{K_i}{2\pi f_c}\right)^2} \frac{\sqrt{(V_{dc} - I_{Lb} r_s)^2 + (2\pi f_c L_b I_{Lb})^2}}{\sqrt{(D_y'^2 - 4\pi^2 f_c^2 L_b C_{bus})^2 + (2\pi f_c C_{bus} r_s)^2}} = 1 \tag{4.29}$$

定义 k 为 f_L 和 f_c 的比值,即:

$$f_L = k f_c \quad (k > 0) \tag{4.30}$$

由式(4.28)和式(4.30),可得 $K_i = 2\pi K_p k f_c$,将其代入式(4.29),得到:

$$K_p = \frac{1}{\sqrt{1+k^2}} \frac{1}{H_v K_{PWM}} \sqrt{\frac{(D_y'^2 - 4\pi^2 f_c^2 L_b C_{bus})^2 + (2\pi f_c C_{bus} r_s)^2}{(V_{dc} - I_{Lb} r_s)^2 + (2\pi f_c L_b I_{Lb})^2}} \tag{4.31}$$

若定义 I_{Lb_2nd}/I_{Lb} 为升压电感电流中的二次谐波电流含量,并限定其不大于 α_{SHC},可得:

$$\frac{I_{Lb\_2nd}}{I_{Lb}} = \frac{D_y'}{\cos\theta} \left| G_{ii\_bst\_VRS}(j2\pi \cdot 2f_o) \right| \leqslant \alpha_{SHC} \tag{4.32}$$

联立式(4.26)和式(4.32),可得:

$$f_c < \frac{1}{2\pi C_{bus} r_s} \sqrt{(1+k^2)\left(\frac{V_{dc} - I_{Lb} r_s}{V_{bus}}\right)^2 \left(-D_y' + \frac{\alpha_{SHC}\cos\theta}{D_y'} \cdot 4\pi f_o C_{bus} r_s\right)^2 - D_y'^4} \tag{4.33}$$

根据式(4.33),可画出二次谐波电流抑制要求的约束曲线,如图 4.11 中实线所示。该曲线的下方为满足二次谐波电流抑制要求时 r_s 和 f_c 的可选区域。从图中可见,随着 k 增大,r_s 和 f_c 的可选区域扩大。其原因是:对任意一对 (r_s, f_c),$k(=f_L/f_c)$ 越大,$G_v(s)$ 在 $2f_o$ 处的增益 $|G_v(j2\pi \cdot 2f_o)|$ 越低[4],使电压环在 $2f_o$ 处的环路增益越小,可以增大升压电感支路在 $2f_o$ 处的闭环阻抗,使每对 (r_s, f_c) 所对应的二次谐波电流抑制能力增强。这样,更多的 (r_s, f_c) 可满足给定的二次谐波电流抑制要求,使得 r_s 和 f_c 的可选区域变大。同时,还可以发现,取定 k 时,f_c 先随 r_s 增大而增大,后随 r_s 增大而减小。其原因包括两方面:一是增大 r_s 可增大升压电感支路在 $2f_o$ 处的阻抗幅值,在满足相同的二次谐波电流抑制要求时,可适当提高 $G_v(s)$ 的增益,从而提高 f_c;二是增大 r_s 会降低 $T_{v\_bst\_VRS}(s)$ 在低频段的增益,当 r_s 继续增大时,低频段的环路增益将大幅降

低，导致 f_c 反而减小。

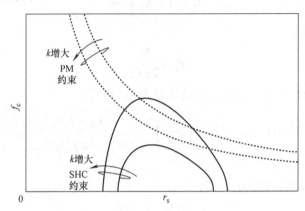

图 4.11　r_s 和 f_c 的可选区域

为满足相位裕度 PM 的要求，在 f_c 处，需要满足：

$$180° + \angle T_{v\_bst\_VRS}(j2\pi f_c) \geq PM \quad (4.34)$$

工程上，相位裕度 PM 一般取 45°。

由式（4.25）和式（4.34），可得：

$$r_s < \frac{D_y'^2 - (2\pi f_c)^2 L_b C_{bus}}{2\pi f_c C_{bus}} \frac{\tan PM + k}{k\tan PM - 1} \quad (4.35)$$

根据式（4.35），可得相位裕度的约束曲线，如图 4.11 中虚线所示。该曲线的下方为满足相位裕度要求时 r_s 和 f_c 的可选区域。从图中可见，随着 k 增大，r_s 和 f_c 的可选区域缩小。这是因为对任意一对 (r_s, f_c)，k（$= f_L/f_c$）越大，PI 调节器在 f_c 处引起的相位滞后越大，导致相位裕度越难满足要求[4]。

由以上分析可知，给定 k 的取值，可根据式（4.33）和式（4.35），可得到 r_s 和 f_c 的可选区域。下面给出 k 的选取依据。

将式（4.33）不等号右边表达式对 r_s 求导数，并令其导数为 0，可得：

$$r_{s1} = D_y' \sqrt{\frac{1}{\alpha_{SHC}\cos\theta} \cdot \frac{V_{dc}}{4\pi f_o C_{bus} I_{Lb}}} \quad (4.36)$$

因此，式（4.33）不等号右边表达式的最大值 f_{c1_bst} 为：

$$f_{c1\_bst} = \frac{\sqrt{1+k^2}}{2\pi C_{bus} r_{s1}} \left(\frac{V_{dc} - I_{Lb} r_{s1}}{V_{bus}} \right) \left(-D_y' + \frac{\alpha_{SHC}\cos\theta}{D_y'} \cdot 4\pi f_o C_{bus} r_{s1} \right) \quad (4.37)$$

记二次谐波电流抑制要求的约束曲线与相角裕度要求的约束曲线的交点频率的较大值为 f_{c2_bst}，由式（4.33）和式（4.35）可得：

$$f_{c2\_bst} = \frac{D_y'^2}{2\pi C_{bus} r_{s2}} \frac{\tan PM + k}{k\tan PM - 1} \quad (4.38)$$

式中，

$$r_{s2} = \cfrac{(D_y'I_{Lb} + \alpha_{SHC}\cos\theta \cdot 4\pi f_o C_{bus} V_{bus}) - \sqrt{\cfrac{(D_y'I_{Lb} - \alpha_{SHC}\cos\theta \cdot 4\pi f_o C_{bus} V_{bus})^2 - \alpha_{SHC}\cos\theta \cdot 16\pi f_o C_{bus} V_{dc} I_{Lb}(1 + \tan PM/k)}{k\tan PM - 1}}}{8\pi f_o C_{bus} I_{Lb} \cdot \alpha_{SHC}\cos\theta/D_y'}$$

(4.39)

r_{s2} 为实数，因此式（4.39）中根号内的表达式应大于 0，由此可得：

$$k > \frac{(B+1) + \sqrt{(B+1)^2 + 4B \cdot (\tan PM)^2}}{2\tan PM} \triangleq k_0 \qquad (4.40)$$

式中，

$$B = \frac{\alpha_{SHC}\cos\theta \cdot 16\pi f_o C_{bus} V_{dc} I_{Lb}}{(D_y'I_{Lb} - \alpha_{SHC}\cos\theta \cdot 4\pi f_o C_{bus} V_{bus})^2} \qquad (4.41)$$

由式（4.37）和式（4.38），可分别得到 f_{c1_bst} 和 f_{c2_bst} 随 k 的变化曲线（相关参数见表4.3），如图4.12所示。图中，k_0 表示二次谐波电流抑制要求的约束曲线与相角裕度要求的约束曲线有交点时对应的 k 值，其表达式见式（4.40）。记 f_{c1_bst} 和 f_{c2_bst} 相交于 (k^*, f_c^*)，并记满足二次谐波电流抑制要求和相角裕度要求时，Boost 变换器可选的最高截止频率为 f_{cmax_bst}。由图4.11可知，当 $k < k^*$ 时，$f_{cmax\_bst} = f_{c1\_bst}$；当 $k > k^*$ 时，$f_{cmax\_bst} = f_{c2\_bst}$。因此，根据图4.12可得，$f_{cmax\_bst} = 4.5\mathrm{Hz}$，相应的 $k_{bst} = 4.75$。

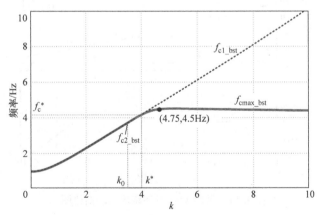

图4.12　f_{c1_bst}，f_{c2_bst} 和 f_{cmax_bst} 随 k 变化的曲线

将 $k_{bst} = 4.75$ 代入式（4.33）和式（4.35），可得到 r_{s1} 和 f_c 的可选区域，如图4.13中的阴影部分所示。从图中可得，当 $f_c = 4.5\mathrm{Hz}$ 时，$r_s = 5.6\Omega$。由式（4.31）可得，$K_p = 0.2$。再由式（4.28）和式（4.30），可得 $K_i = 27$。

将以上选定的参数代入式（4.25），可画出补偿前后电压环环路增益的伯德

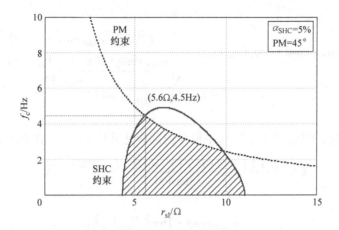

图 4.13　$k = k_{bst}$ 时 r_s 和 f_c 的可选区域

图，如图 4.14 所示。从图中可见，补偿后电压环的截止频率为 4.5Hz，相角裕度为 45°。将 $G_v(s) = 0.2 + 27/s$，$r_s = 5.6\Omega$ 以及表 4.3 中的相关参数代入式（4.32），可得 $I_{Lb\_2nd}/I_{Lb} = 5\%$。可见，采用本文所提出的设计方法，可根据二次谐波电流的抑制要求和相角裕度的要求，准确地获得所需的闭环参数，不需反复试凑。

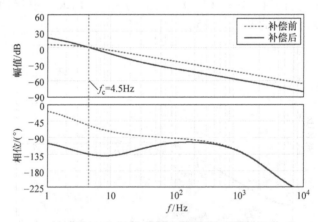

图 4.14　采用 VRS 时环路增益的伯德图

4.4.2　采用 BPF - ICFS 时的闭环参数设计

用 $r_s G_{BPF}(s)$ 代替式（4.26）中的 r_s，可得到采用 BPF - ICFS 时电压环的环路增益为：

$$T_{v\_bst\_BPF}(s) = H_v K_{PWM} G_v(s) \frac{-s I_{Lb} L_b + \left[V_{dc} - I_{Lb} r_s G_{BPF}(s) \right]}{s^2 L_b C_{bus} + s C_{bus} r_s G_{BPF}(s) + D_y'^2} \qquad (4.42)$$

令式（4.42）中 $G_v(s)=1$，可得到补偿前采用 BPF – ICFS 时环路增益的伯德图，如图4.15 中的虚线所示。可以看到，由于 $G_{\mathrm{BPF}}(s)$ 在非 $2f_o$ 处的相角不为 0，导致补偿前 BPF – ICFS 的环路增益的幅频曲线上有 2 个向上的谐振尖峰，其相频曲线在对应的谐振频率处发生 $-180°$ 相位跳变，可能导致 Boost 变换器不稳定。第3.4.2 节已指出，为提高稳定裕度，需在 $r_s G_{\mathrm{BPF}}(s)$ 中加入阻尼电阻 r_d，以阻尼这两个向上的谐振尖峰。r_d 一般取 $0.1r_s$，可通过电感电流的比例反馈虚拟得到。

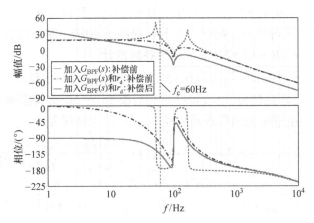

图 4.15　采用 BPF – ICFS 时环路增益的伯德图

用 $r_s G_{\mathrm{BPF}}(s)+r_d$ 分别代替式（4.25）和式（4.26）中的 r_s，可得在 $r_s G_{\mathrm{BPF}}(s)$ 中加入阻尼电阻 r_d 后，电压环的环路增益 $T_{v\_\mathrm{bst\_BPF\_D}}(s)$ 和后级 DC – AC 逆变器输入电流到前级 Boost 变换器升压电感电流的传递函数 $G_{ii\_\mathrm{bst\_BPF\_D}}(s)$，分别为：

$$T_{v\_\mathrm{bst\_BPF\_D}}(s)=H_v K_{\mathrm{PWM}} G_v(s)\frac{-sI_{Lb}L_b+\left[V_{\mathrm{dc}}-I_{Lb}(r_s G_{\mathrm{BPF}}(s)+r_d)\right]}{s^2 L_b C_{\mathrm{bus}}+sC_{\mathrm{bus}}\left[r_s G_{\mathrm{BPF}}(s)+r_d\right]+D_y'^2}$$

$$(4.43)$$

$$G_{ii\_\mathrm{bst\_BPF\_D}}(s)=$$

$$\frac{H_v K_{\mathrm{PWM}} V_{\mathrm{bus}} G_v(s)+D_y'}{s^2 L_b C_{\mathrm{bus}}+sC_{\mathrm{bus}}\left[r_s G_{\mathrm{BPF}}(s)+r_d\right]+D_y'^2+H_v K_{\mathrm{PWM}} G_v(s)\left\{V_{\mathrm{dc}}-I_{Lb}\left[sL_b+r_s G_{\mathrm{BPF}}(s)+r_d\right]\right\}}$$

$$(4.44)$$

令式（4.43）中 $G_v(s)=1$，可得在 $r_s G_{\mathrm{BPF}}(s)$ 中加入阻尼电阻 r_d 后，补偿前环路增益的伯德图，如图4.15 中点划线所示。可见，加入 r_d 有效阻尼了 $2f_o$ 两侧的谐振尖峰。

由 $D_y'\left|G_{ii\_\mathrm{bst\_BPF\_D}}(\mathrm{j}2\pi\cdot 2f_o)\right|/\cos\theta<\alpha_{\mathrm{SHC}}$，有：

$$K_{\mathrm{p}} < \frac{1}{H_v K_{\mathrm{PWM}} V_{\mathrm{dc}}} \left[\alpha_{\mathrm{SHC}} \cos\theta (2\pi \cdot 2f_{\mathrm{o}}) C_{\mathrm{bus}} (r_{\mathrm{s}} + r_{\mathrm{d}}) - D_{\mathrm{y}}'^2 \right] \quad (4.45)$$

将表 4.3 中的参数代入式 (4.45),可得 $K_{\mathrm{p}} < 0.24$。实际取 $K_{\mathrm{p}} = 0.2$。由 $|T_{v\_\mathrm{bst\_BPF\_D}}(\mathrm{j}2\pi f_{\mathrm{c}})| = 1$,可得 $f_{\mathrm{c}} = 60\mathrm{Hz}$。根据图 4.15,加入阻尼电阻后,补偿前环路增益的相角为 $-106°$。为使补偿后相角裕度为 $45°$,$\angle G_v(\mathrm{j}2\pi f_{\mathrm{c}}) = -29°$。由此可得 $K_{\mathrm{i}} = 45$。将 $G_v(s) = 0.2 + 45/s$ 代入式 (4.43),可得补偿后环路增益的伯德图。从图中可知,补偿后,电压环的截止频率为 $60\mathrm{Hz}$,相角裕度为 $45°$,可保证 Boost 变换器稳定工作。对比 VRS,可以发现,采用 BPF – ICFS 将 Boost 变换器电压环的截止频率由 $4.5\mathrm{Hz}$ 提高至 $60\mathrm{Hz}$,从而改善其动态性能。

4.4.3 采用 NF – VR + LCFFS 时的闭环参数设计

在式 (4.25) 和式 (4.26) 的 $G_v(s)$ 中级联 $G_N(s)$,可得到采用 NF – VR + LCFFS 时电压环的环路增益 $T_{v\_\mathrm{bst\_NF}}(s)$ 和后级 DC – AC 逆变器输入电流到前级 Boost 变换器升压电感电流的传递函数 $G_{ii\_\mathrm{bst\_NF}}(s)$,分别为:

$$T_{v\_\mathrm{bst\_NF}}(s) = H_v K_{\mathrm{PWM}} G_v(s) G_N(s) \frac{-s I_{Lb} L_{\mathrm{b}} + (V_{\mathrm{dc}} - I_{Lb} r_{\mathrm{s}})}{s^2 L_{\mathrm{b}} C_{\mathrm{bus}} + s C_{\mathrm{bus}} r_{\mathrm{s}} + D_{\mathrm{y}}'^2} \quad (4.46)$$

$$G_{ii\_\mathrm{bst\_NF}}(s) = \frac{H_v K_{\mathrm{PWM}} V_{\mathrm{bus}} G_v(s) G_N(s) + D_{\mathrm{y}}'}{s^2 L_{\mathrm{b}} C_{\mathrm{bus}} + s C_{\mathrm{bus}} r_{\mathrm{s}} + D_{\mathrm{y}}'^2 + H_v K_{\mathrm{PWM}} G_v(s) G_N(s) [V_{\mathrm{dc}} - I_{Lb}(s L_{\mathrm{b}} + r_{\mathrm{s}})]}$$

$$(4.47)$$

令式 (4.46) 中的 $G_v(s) = 1$,可得采用 NF – VR + LCFFS 时补偿前环路增益的伯德图,如图 4.16 中虚线所示。可以看出,加入 $G_N(s)$ 可大幅减小 $2f_{\mathrm{o}}$ 处的环路增益,从而增大升压电感支路在 $2f_{\mathrm{o}}$ 处的闭环阻抗,以增强二次谐波电流抑制能力。不过,$G_N(s)$ 在低于 $2f_{\mathrm{o}}$ 的频段内对环路增益引入了负相移,并导致相频特性曲线在 $2f_{\mathrm{o}}$ 处发生 $180°$ 相位突变。

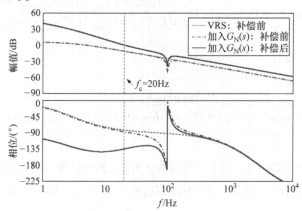

图 4.16 采用 NF – VR + LCFFS 时环路增益的伯德图

由 $D_y' |G_{ii\_bst\_NF}(j2\pi \cdot 2f_o)|/\cos\theta < \alpha_{SHC}$，可得：

$$K_p < \frac{1}{H_v K_{PWM} K_N V_{dc}} [\alpha_{SHC}\cos\theta(2\pi \cdot 2f_o)C_{bus}r_s - D_y'^2] \tag{4.48}$$

前面已提到，NF – VR + LCFFS 可增强二次谐波电流的抑制能力。因此，这里以 $\alpha_{SHC} = 3\%$ 为例，对电压调节器进行设计。将表 4.3 中的相关参数代入式（4.48），可得 $K_p < 2.6$。实际取 $K_p = 2.5$。由 $|T_{v\_bk\_NF}(j2\pi f_c)| = 1$，可得 $f_c = 20Hz$。根据图 4.16，在电压环中加入 $G_N(s)$ 后，补偿前环路增益的相角为 $-86°$。为使补偿后相角裕度为 $45°$，$\angle G_v(j2\pi f_c) = -49°$。由此可得 $K_i = 350$。将 $G_v(s) = 2.5 + 350/s$ 代入式（4.46），可得补偿后环路增益的伯德图，如图 4.16 中实线所示。从图中可知，补偿后电压环的截止频率为 20Hz，相角裕度为 45°，可保证 Boost 变换器稳定工作。对比 VRS，可以看到，NF – VR + LCFFS 可进一步减小 Boost 变换器中的二次谐波电流，并同时将电压环的截止频率由 4.5Hz 提高至 20Hz。

4.5　采用不同控制策略时 Boost 类 BVCC 母线端口阻抗的对比

为直观反映不同控制策略对二次谐波电流的抑制能力，本节将对比采用不同控制策略时 Boost 类 BVCC 的母线端口阻抗特性。

根据图 4.7，可推导得到采用 VRS 时 Boost 类 BVCC 的母线端口阻抗为[2]：

$$Z_{bus\_bst1}(s) = -\frac{\hat{v}_{bus}(s)}{\hat{i}_{Lb}(s)} = \frac{sL_b + r_s}{D_y'^2 + H_v K_{PWM} G_v(s)[V_{dc} - I_{Lb}(sL_b + r_s)]} \tag{4.49}$$

式中，$r_s = 5.6\Omega$，$G_v(s) = 0.2 + 27/s$，已在第 4.4.1 节得到。

用 $r_s G_{BPF}(s) + r_d$ 代替式（4.51）中的 r_s，可得采用 BPF – ICFS 时母线端口阻抗为：

$$Z_{bus\_bst2}(s) = \frac{sL_b + [r_s G_{BPF}(s) + r_d]}{D_y'^2 + H_v K_{PWM} G_v(s)\{V_{dc} - I_{Lb}[sL_b + r_s G_{BPF}(s) + r_d]\}} \tag{4.50}$$

式中，$G_v(s) = 0.2 + 45/s$，已在第 4.4.2 节得到。

第 3.3 节已提到，NF – LCFFS 同时在 Boost 变换器中引入虚拟串联阻抗 $r_s G_{BPF}(s)$ 和虚拟并联阻抗 $Z_{pI}(s)$。因此，采用 NF – LCFFS 时，母线端口阻抗为：

$$Z_{bus\_bst3}(s) = \frac{sL_b + r_s G_{BPF}(s)}{D_y'^2 + H_v K_{PWM} G_v(s)[V_{dc} - I_{Lb}(sL_b + r_s G_{BPF}(s))]} // Z_{pI}(s)$$

$$= \frac{sL_b + r_s G_{BPF}(s)}{D_y'^2 + H_v K_{PWM} G_v(s)[V_{dc} - I_{Lb}(sL_b + r_s G_{BPF}(s))] + sC_{bus}r_s G_N(s)}$$

$$\tag{4.51}$$

NF – LCFFS 和 VRS 中电压调节器相同，因此，式（4.51）中 $G_v(s)$ 取 $0.2 + 27/s$。

在式（4.51）的 $G_v(s)$ 中加入 $G_N(s)$，可得采用 NF – VL + LCFFS 时母线端口阻抗为：

$$Z_{bus\_bst4}(s) = \frac{sL_b + r_{sI}G_{BPF}(s)}{D'^2_y + H_v K_{PWM} G_v(s) G_N(s)\left[V_{dc} - I_{Lb}(sL_b + r_{sI}G_{BPF}(s))\right] + sC_{bus}r_{sI}G_N(s)} \tag{4.52}$$

式中，$G_v(s) = 2.5 + 350/s$，已在第 4.4.3 节得到。

根据式（4.49）~式（4.52），可分别得到采用 VRS、BPF – ICFS、NF – LCFFS 和 NF – VL + LCFFS 时 Boost 类 BVCC 母线端口阻抗的幅频特性曲线，如图 4.17 所示。

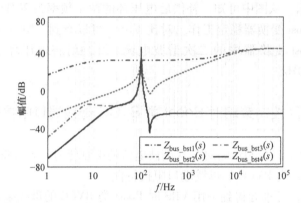

图 4.17　采用不同控制策略时 Boost 类 BVCC 母线端口阻抗的幅频特性

从图 4.17 可以看出：

（1）采用 NF – VR + LCFFS 时，$Z_{bus\_bk4}(s)$ 在 $2f_o$ 处最高，而采用 VRS、BPF – ICFS 和 NF – LCFFS 时，母线端口阻抗在 $2f_o$ 处相同。因此，VRS、BPF – ICFS 和 NF – LCFFS 的二次谐波电流抑制效果相同，NF – VR + LCFFS 的二次谐波电流抑制效果最好。

（2）VRS 在升压电感支路中引入虚拟电阻，提高了该支路在全频段的阻抗幅值，导致 $Z_{bus\_bst1}(s)$ 在非 $2f_o$ 处幅值较高，会导致 Boost 变换器的动态性能很差。相比于 VRS，BPF – ICFS 只提高电感支路在 $2f_o$ 处的阻抗幅值，使 $Z_{bus\_bst2}(s)$ 在非 $2f_o$ 处的阻抗幅值较小，可改善 Boost 变换器的动态性能。NF – LCFFS 在中间直流母线上引入了虚拟并联阻抗，使 $Z_{bus\_bk3}(s)$ 在非 $2f_o$ 处的阻抗幅值比 $Z_{bus\_bst2}(s)$ 更低，可进一步改善 Boost 变换器的动态性能。相比于 NF – LCFFS，NF – VR + LCFFS 可提高电压环的截止频率，使低频段的环路增益提高，因而 $Z_{bus\_bst4}(s)$ 在低频段的阻抗幅值可进一步减小。

4.6　实验验证

为验证第4.4节中提出的二次谐波电流抑制控制策略，在实验室搭建了一台 1kVA 的两级式单相 DC – AC 逆变器。其中，前级 DC – DC 变换器是 Boost 变换器，后级 DC – AC 逆变器是全桥逆变器，如图4.18 所示。图4.19 给出了原理样机的照片。表4.3 给出了原理样机的主要参数。

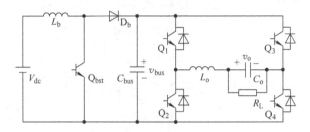

图 4.18　原理样机的电路原理图

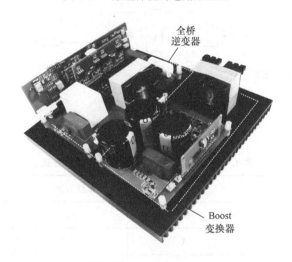

图 4.19　原理样机照片

表 4.3　原理样机的主要参数

	升压电感 L_b	330μH
Boost 变换器	中间母线电容 C_{bus}	810μF
	带阻和带通滤波器的中心频率	100Hz
	带阻和带通滤波器的 Q 值	2
全桥逆变器	输出滤波电感 L_o	1.8mH
	输出滤波电容 C_o	1.5μF

图 4.20 给出了 Boost 变换器的控制电路图。它由控制芯片 UC3525、减法器、带通滤波器、带阻滤波器 1 和 2、电压调节器、同相比例放大器 1 和 2 以及单刀双掷开关 S1～S3 组成。表 4.4 给出了不同控制策略的接线方式。

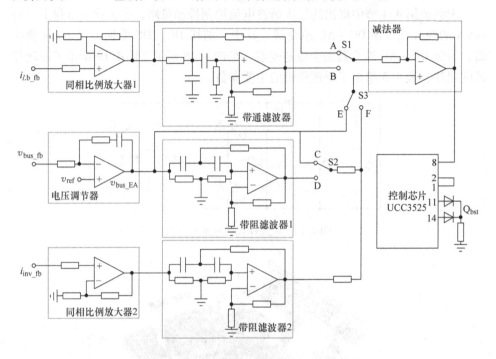

图 4.20 Boost 变换器的控制电路图

表 4.4 Boost 变换器控制电路的接线方式

控制策略	接线方式		
	S1	S2	S3
VRS	A	D	E
BPF – ICFS	B	D	E
NF – LCFFS	A	C	F
NF – VL + LCFFS	A	D	F

当 S1～S3 分别接 A、D 和 E 时，升压电感电流的采样信号 i_{Lb_fb} 先经过同相比例放大器 1 放大，然后电压调节器的输出 v_{bus_EA} 与同相比例放大器 1 的输出相减，得到 VRS 的控制电路图；当 S1～S3 分别接 B、D 和 E 时，i_{Lb_fb} 先经过同相比例放大器 1 和带通滤波器，然后 v_{bus_EA} 与带通滤波器的输出相减，得到 BPF –

ICFS 的控制电路图；当 S1～S3 分别接 A、C 和 F 时，负载电流采样信号 $i_{\text{inv\_fb}}$ 经过同相比例放大器 2 和带阻滤波器 2，然后和 $v_{\text{bus\_EA}}$ 相加，相加得到的信号再与同相比例放大器 1 的输出相减，得到 NF－LCFFS 的控制电路；当 S1～S3 分别接 A、D 和 F 时，$i_{\text{inv\_fb}}$ 经过同相比例放大器 2 和带阻滤波器 2，然后和带阻滤波器 1 的输出相加，所得到的信号与同相比例放大器 1 的输出相减，得到 NF＋VR－LCFFS 的控制电路。由此可看出，VRS 的控制电路最简单，BPF－ICFS 次之，NF－LCFFS 和 NF＋VR－LCFFS 的控制电路略微复杂。

图 4.21 和图 4.22 分别给出了 VRS、BPF－ICFS、NF－LCFFS 以及 NF－VR＋LCFFS 的稳态和动态实验波形。图中，i_{dc} 是输入电流的波形，Δv_{bus} 是中间母线电压的脉动，i_{o} 和 v_{o} 分别是逆变器输出电流和输出电压的波形。表 4.5 对比了采用不同控制策略时输入电流中的二次谐波电流含量和负载突变时中间母线电压的跌落与过冲大小。

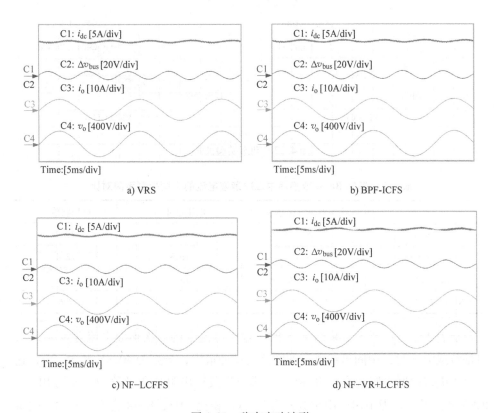

图 4.21　稳态实验波形

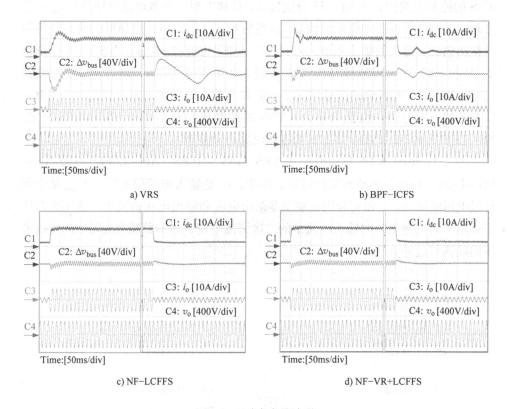

图 4.22　动态实验波形

表 4.5　抑制 Boost 变换器中二次谐波电流的不同控制策略对比

	二次谐波电流含量（%）	电压过冲/V	电压跌落/V
VRS	5.0	40.8	35.2
BPF – ICFS	5.0	16.8	12.4
NF – LCFFS	5.0	13.6	8.0
NF – VR + LCFFS	3.0	12.6	7.6

　　从表 4.5 可以看出，采用 VRS 时，输入电流中的二次谐波电流含量为 5%，但是负载突变时，中间母线电压的跌落与过冲最大，分别为 40.8V 和 35.2V，这是由于虚拟串联电阻提高了 Boost 变换器全频段输出阻抗所导致的。采用 BPF – ICFS 时，引入的虚拟串联阻抗为 $r_s G_{BPF}(s)$，相比 VRS，Boost 变换器的输出阻抗较小，因而负载突变时中间母线电压的跌落和过冲分别减小至 16.8V 和 12.4V。NF – LCFFS 进一步引入了并联阻抗 $Z_{pI}(s)$，使中间母线电压在负载突变时的过

冲和跌落进一步减小。NF－VR＋LCFFS 的二次谐波电流抑制能力最好，因而输入源中的二次谐波电流含量最小（3%）。

4.7　本章小结

本章系统阐述前级为 Boost 类 BVCC 的两级式单相 DC－AC 逆变器中二次谐波电流的抑制方法，主要工作如下：

1. 揭示了二次谐波电流在 Boost 类 DC－DC 变换器和直流输入源中的传播机理，指出将升压二极管电流或升压电感电流的平均值控制为平直的电流，并同时减小中间母线电压脉动，可有效减小前级 DC－DC 变换器和直流输入源中的二次谐波电流。

2. 为减小升压二极管或升压电感中的二次谐波电流，在升压二极管或升压电感支路中引入一个虚拟串联阻抗，该阻抗在 $2f_o$ 处阻抗较高而在非 $2f_o$ 处阻抗较小，可以增大 $2f_o$ 处的支路阻抗幅值；同时，为改善变换器的动态性能，在中间直流母线上引入一个虚拟并联阻抗，该阻抗在 $2f_o$ 处无穷大而在非 $2f_o$ 处阻抗较小，可减小 Boost 类 DC－DC 变换器在非 $2f_o$ 处的闭环输出阻抗。

3. 采用升压二极管电流或升压电感电流反馈来虚拟串联阻抗，采用中间直流母线电压反馈来虚拟并联阻抗，并根据阻抗的幅频特性来设计 Boost 类 DC－DC 变换器中的虚拟串并联阻抗。在此基础上，推导出能够同时兼顾二次谐波电流抑制和动态性能改善的控制策略，包括 BPF－ICFS，NF－LCFFS 和 NF－VR＋LCFFS。

4. 根据二次谐波电流抑制要求和稳定裕度要求来设计 Boost 类 DC－DC 变换器的闭环参数，并针对不同的二次谐波电流抑制方法，给出了相应的闭环参数设计。

最后，在实验室完成了一台 1kVA 前级为 Boost 变换器的两级式单相 DC－AC 逆变器，并进行了实验验证。实验结果表明，本章所推导的控制策略均可兼顾二次谐波电流抑制和变换器动态性能改善，其中 BPF－ICFS 和 NF－LCFFS 的二次谐波电流能力相当，NF－VR＋LCFFS 对抑制二次谐波电流的抑制效果最好。

参 考 文 献

［1］ ZHANG L, RUAN X. Control schemes for reducing second harmonic current in two－stage single－phase converter：An overview from dc－bus port－impedance characteristics ［J］. IEEE Transactions on Power Electronics, 2019, 34 （10）：10341－10358.

［2］ ZHANG L, RUAN X, REN X. Second－harmonic current reduction for two－stage inverter with boost – derived front – end converter: Control schemes and design considerations [J] . IEEE Transactions on Power Electronics, 2018, 33 (7): 6361 – 6378.

[3] ERICKSON R, MAKSIMOVIC D. Fundamentals of Power Electronics [M] . 3rd ed. Switzerland Cham: Springer International Publishing, 2020.

[4] ZHANG L, REN X, RUAN X. A bandpass filter incorporated into the inductor current feedback path for improving dynamic performance of the front – end dc – dc converter in two – stage inverter [J] . IEEE Transactions on Industrial Electronics, 2014, 61 (5): 2316 – 2325.

基于DCX-LLC谐振变换器的两级式DC-AC逆变器中二次谐波电流抑制方法

在有些应用场合,两级式 DC – AC 逆变器中的前级 DC – DC 变换器需要具备电气隔离功能。常用的隔离型变换器有 PWM 变换器和谐振变换器等。第 3 章和第 4 章分别针对前级采用 Buck 类和 Boost 类 PWM 变换器的两级式单相 DC – AC 逆变器,提出了二次谐波电流抑制控制策略,不仅有效抑制了前级 DC – DC 变换器和直流输入源中的二次谐波电流,而且改善了前级 DC – DC 变换器的动态性能。谐振变换器可实现功率器件的软开关,其中 LLC 谐振变换器可以在全负载范围内实现开关管的零电压开关和整流二极管的零电流开关,已广泛应用于中大功率场合。当输入电压和负载变化范围较大时,LLC 谐振变换器的开关频率变化范围较宽,难以优化设计谐振元件和隔离变压器。为了使 LLC 谐振变换器工作在最优状态,可让其开关频率恒定。此时,LLC 谐振变换器工作在直流变压器 (DC Transformer, DCX) 形式,用于实现电气隔离和电压匹配,为此称之为 DCX – LLC 谐振变换器。为了调节输出电压,可以加入一个非隔离型预调节器或后调节器,这样就形成了预调节器 + LLC 或 LLC + 后调节器两种架构[1]。预调节器或后调节器可采用 Buck、Boost 或 Buck – Boost 变换器等。

第 3 章和第 4 章中的二次谐波电流抑制控制策略[2,3]均针对前级采用单个 PWM 变换器的两级式单相 DC – AC 逆变器,当前级 DC – DC 变换器采用预调节器 + LLC 或 LLC + 后调节器时,LLC 谐振变换器的小信号模型较为复杂,已有二次谐波电流抑制控制策略不能直接应用。为此,本章将分析 LLC 谐振变换器的小信号模型,并根据其工作在 DCX 的特点对该模型进行近似和简化,在此基础上阐述基于 DCX – LLC 谐振变换器的两级式逆变器的二次谐波电流抑制方法[4]。

5.1 二次谐波电流的传播机理

图 5.1 给出了基于 DCX – LLC 谐振变换器的两种前级 DC – DC 变换器架构,包括预调节器 + LLC 或 LLC + 后调节器。当忽略开关谐波分量时,后级 DC – AC

逆变器的输入电流包含有直流分量 I_{dc} 和二次谐波电流分量 i_{SHC}，因此这里将后级 DC – AC 逆变器等效为 I_{dc} 和 i_{SHC} 两个电流源并联。

当前级采用 LLC + 后调节器时，如图 5.1a 所示，后级逆变器输入侧的二次谐波电流首先传播到后调节器中，然后再向前传播到 LLC 谐振变换器中。由于后调节器采用 PWM 变换器，并位于 LLC 谐振变换器和后级逆变器之间，因此可直接将第 3 章和第 4 章中的控制策略应用于后调节器，以抑制二次谐波电流流入后调节器。

然而，当前级采用预调节器 + LLC 变换器时，如图 5.1b 所示，后级逆变器输入侧的二次谐波电流首先传播到 LLC 谐振变换器中。由于 LLC 谐振变换器工作在 DCX 方式，该二次谐波电流会直接通过其传播到预调节器中。由于 LLC 谐振变换器的模型与 PWM 变换器不同，已有二次谐波电流抑制控制策略将无法直接应用。因此，有必要针对这种结构，研究其小信号模型及二次谐波电流抑制方法。

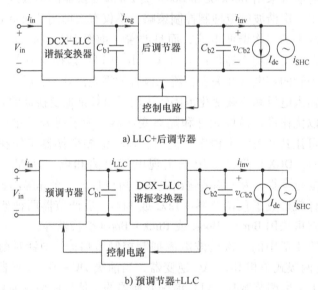

a) LLC+后调节器

b) 预调节器+LLC

图 5.1　基于 DCX – LLC 谐振变换器的 DC – DC 变换器结构图

5.2　预调节器 +LLC 变换器的小信号模型

5.2.1　LLC 谐振变换器的小信号模型

图 5.2 给出了全桥 LLC 谐振变换器的电路拓扑，其中，$Q_1 \sim Q_4$ 为原边开关管，L_r 为谐振电感，C_r 为谐振电容，L_m 为励磁电感，T_r 为变压器，其原副边匝比

为 $N:1$；四只二极管 $D_{R1} \sim D_{R4}$ 构成副边全桥整流电路，C_{b2} 为输出滤波电容。定义 LLC 谐振变换器的开关角频率和谐振角频率分别为 ω_s 和 ω_r，其中 $\omega_r = 1/\sqrt{L_r C_r}$。

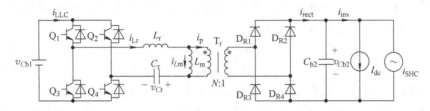

图 5.2　全桥 LLC 谐振变换器的电路拓扑

在谐振变换器中，谐振槽路中的状态变量没有直流分量，且含有丰富的开关频率及其倍数次谐波分量，因此不能采用状态空间平均法对其进行建模，而应采用扩展描述函数法[5,6]，参考文献 [7] 基于扩展描述函数法推导了 LLC 谐振变换器的三阶小信号模型，如图 5.3 所示，其参数的表达式列于表 5.1 中。其中，L_{eq} 表示 L_r 和 C_r 的串联等效电感，X_{eq} 表示 L_r 和 C_r 在开关频率处的串联阻抗，R_{eq} 表示副边等效负载，γ 为励磁电感变换系数，k_r、k_i、R_r、R_i 和 r 表示副边整流网络的小信号模型参数。

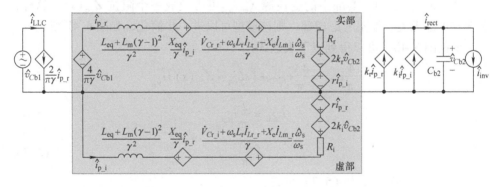

图 5.3　LLC 谐振变换器的三阶小信号模型

表 5.1　LLC 谐振变换器三阶小信号模型的参数

谐振网络	$L_{eq} = L_r + \dfrac{1}{\omega_s^2 C_r} = L_r\left(1 + \dfrac{\omega_r^2}{\omega_s^2}\right)$	$X_{eq} = \omega_s L_r - \dfrac{1}{\omega_s C_r} = \omega_s L_r\left(1 - \dfrac{\omega_r^2}{\omega_s^2}\right)$	$\gamma = 1 + \dfrac{L_r}{L_m}\left(1 - \dfrac{\omega_r^2}{\omega_s^2}\right) = 1 + \dfrac{X_{eq}}{\omega_s L_m}$
副边整流网络	$k_r = \dfrac{2N}{\pi}\dfrac{\lvert \alpha \rvert}{\sqrt{1+\alpha^2}}$ $\quad$ $k_i = -\dfrac{2N}{\pi}\dfrac{1}{\sqrt{1+\alpha^2}}$	$R_r = \dfrac{1}{1+\alpha^2}R_{eq}$	$R_i = \dfrac{\alpha^2}{1+\alpha^2}R_{eq}$ $\quad$ $r = \dfrac{\alpha}{1+\alpha^2}R_{eq}$

其中：$R_{eq} = \dfrac{8N^2}{\pi^2}\dfrac{V_{Cb2}}{I_{dc}}$，$\alpha = \dfrac{R_{eq}}{X_{eq}}\left(1 + \dfrac{X_{eq}}{\omega_s L_m}\right)$

5.2.2 DCX – LLC 谐振变换器小信号模型的近似简化

当 LLC 谐振变换器工作在 DCX 方式时，为了实现开关管的零电压开关，开关频率是恒定的，且略低于谐振频率。因此，在开关频率处 L_r 和 C_r 串联支路的阻抗 X_{eq} 远小于 $\omega_s L_m$ 和 R_{eq}，即：

$$X_{eq} \ll \omega_s L_m \tag{5.1}$$

$$X_{eq} \ll R_{eq} \tag{5.2}$$

根据式（5.1），可得 $\gamma \approx 1$。根据式（5.1）和式（5.2），可得 $\alpha \gg 1$，那么有 $k_r \approx 2N/\pi$，$k_i \approx 0$，$R_r \approx 0$，$R_i \approx R_{eq}$，$r \approx 0$。另外，由于开关频率是恒定的，因此 $\hat{\omega}_s = 0$。这样，图 5.3 所示的小信号模型可以近似为如图 5.4a 所示。

对图 5.4a 的虚部列写 KVL 方程，可得：

$$\hat{i}_{p\_i} = -\frac{X_{eq}}{sL_{eq} + R_{eq}}\hat{i}_{p\_r} \tag{5.3}$$

那么有：

$$X_{eq}\hat{i}_{p\_i} = -\frac{X_{eq}^2}{sL_{eq} + R_{eq}}\hat{i}_{p\_r} \triangleq -Z_{eq}(s)\hat{i}_{p\_r} \tag{5.4}$$

式中，$Z_{eq}(s) = X_{eq}^2/(sL_{eq} + R_{eq})$。

式（5.4）表明，实部中的受控源 $X_{eq}\hat{i}_{p\_i}$ 可等效成一个阻抗 $Z_{eq}(s)$。这样，实部与虚部无关。如不考虑虚部，则该模型可以进一步简化，如图 5.4b 所示。

根据图 5.4b，可以得到以下表达式：

$$\frac{4}{\pi}\hat{v}_{Cb1} = \frac{4N}{\pi}\hat{v}_{Cb2} + [sL_{eq} + Z_{eq}(s)]\hat{i}_{p\_r} \tag{5.5}$$

$$\hat{i}_{LLC} = \frac{2}{\pi}\hat{i}_{p\_r} \tag{5.6}$$

$$\hat{i}_{rect} = \frac{2N}{\pi}\hat{i}_{p\_r} \tag{5.7}$$

根据式（5.5）和式（5.7）可得：

$$\hat{v}_{Cb1} = N[\hat{v}_{Cb2} + Z_{LLC}(s)\hat{i}_{rect}] \tag{5.8}$$

式中，$Z_{LLC}(s)$ 表示 LLC 谐振变换器的不含 C_{b2} 的开环输出阻抗，其表达式为：

$$Z_{LLC}(s) = \frac{\pi^2}{8N^2}[sL_{eq} + Z_{eq}(s)] = \frac{\pi^2}{8N^2}\left(sL_{eq} + \frac{X_{eq}^2}{sL_{eq} + R_{eq}}\right) \tag{5.9}$$

由式（5.6）和式（5.7）可得：

$$\hat{i}_{LLC} = \hat{i}_{rect}/N \tag{5.10}$$

将式（5.8）和式（5.10）写成矩阵形式，可得：

$$\begin{bmatrix} \hat{v}_{Cb1} \\ \hat{i}_{LLC} \end{bmatrix} = \begin{bmatrix} N & N \cdot Z_{LLC}(s) \\ 0 & 1/N \end{bmatrix}\begin{bmatrix} \hat{v}_{Cb2} \\ \hat{i}_{rect} \end{bmatrix} \tag{5.11}$$

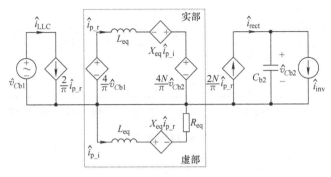

a) 近似小信号模型

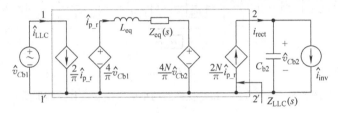

b) 对图a进行化简

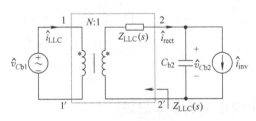

c) 对图b进行化简

图 5.4　DCX – LLC 谐振变换器的小信号模型

　　式（5.11）表明，图 5.4b 中的虚框内的部分可以等效成一个电压比为 $N:1$ 的变压器与阻抗 $Z_{\mathrm{LLC}}(s)$ 串联的形式，如图 5.4c 所示。

5.2.3　预调节器 + LLC 变换器的小信号模型

　　预调节器可以采用 Buck、Boost 或 Buck – Boost 变换器，其统一交流小信号模型可采用状态空间平均法得到[8]，并已经在第 2 章中给出，这里不再重复。结合图 5.4c，可以得到预调节器 + LLC 变换器的小信号模型，如图 5.5a 所示。图 5.5b 给出了预调节器 + LLC 变换器的控制框图，其中，$G_v(s)$ 为电压调节器的传递函数；H_v 为输出电压采样系数；K_{PWM} 为 PWM 调制器的增益，其表达式为 $1/V_{\mathrm{M}}$，其中 V_{M} 为锯齿载波的幅值。

　　根据图 5.5a，可以推导出预调节器 + LLC 变换器的占空比到输出电压的传递函数 $G_{vd}(s)$ 以及开环输出阻抗 $Z_{\mathrm{o\_OL}}(s)$ 的表达式，分别为：

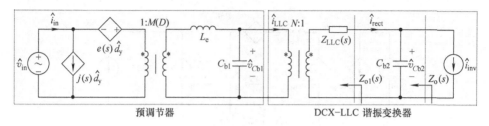

a) 小信号模型

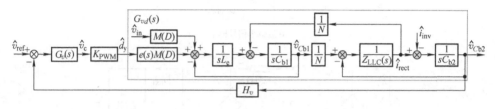

b) 控制框图

图 5.5 预调节器 + LLC 变换器的小信号模型及其控制框图

$$G_{vd}(s) = \frac{\hat{v}_{Cb2}}{\hat{d}_y} = \frac{e(s)M(D)N}{N^2(s^2L_eC_{b1}+1)[sC_{b2}Z_{LLC}(s)+1]+s^2L_eC_{b2}} \quad (5.12)$$

$$Z_{o\_OL}(s) = -\frac{\hat{v}_{Cb2}}{\hat{i}_{inv}} = \frac{N^2Z_{LLC}(s)(s^2L_eC_{b1}+1)+sL_e}{N^2(s^2L_eC_{b1}+1)[sC_{b2}Z_{LLC}(s)+1]+s^2L_eC_{b2}} \quad (5.13)$$

5.3 抑制二次谐波电流的基本思路

5.3.1 C_{b1} 和 C_{b2} 的设计

从图 5.5a 可以看出，i_{inv} 中的二次谐波电流由预调节器 + LLC 变换器和 C_{b2} 共同提供。因此，为了减小预调节器 + LLC 变换器中的二次谐波电流，应该使二次谐波电流尽可能从中间母线电容 C_{b2} 流过。

对于 DCX – LLC 谐振变换器来说，其开关频率略低于谐振频率，即有 $\omega_s \approx \omega_r$，那么 $L_{eq} \approx 2L_r$，$X_{eq} \approx 0$。因此，根据式 (5.9)，$Z_{LLC}(s)$ 可近似为：

$$Z_{LLC}(s) \approx sL_r\frac{\pi^2}{4N^2} \quad (5.14)$$

为了使 LLC 谐振变换器具有好的 DCX 特性，L_r 一般设计得很小[1]，因此在 $2f_o$ 处 $Z_{LLC}(s)$ 的幅值远小于 L_e 和 C_{b1} 的并联阻抗幅值。为了抑制 LLC 谐振变换器中的二次谐波电流，应尽量减小 C_{b1}，并满足 $C_{b1} \ll C_{b2}$，使二次谐波电流几乎从 C_{b2} 流过。

由于C_{b2}需要吸收二次谐波电流，那么其容量根据$2f_o$处的电压脉动设计[9]：

$$C_{b2} = \frac{P_o}{2\pi \cdot V_{Cb2} \cdot \Delta V_{Cb2}} \frac{1}{f_o} \tag{5.15}$$

式中，ΔV_{Cb2}为母线电压在$2f_o$处的脉动值。

对于C_{b1}来说，其用来吸收开关频率纹波，而不是二次谐波电流，因此可以按照开关频率设计：

$$C_{b1} = \begin{cases} \dfrac{V_{Cb1}(1-D_y)}{8L_e \cdot \Delta V_{Cb1}} \dfrac{1}{f_{sb}^2} & \text{Buck} \\[4mm] \dfrac{P_o \cdot D_y}{V_{Cb1} \cdot \Delta V_{Cb1}} \dfrac{1}{f_{sb}} & \text{Boost 或 Buck} - \text{Boost} \end{cases} \tag{5.16}$$

式中，ΔV_{Cb1}为C_{b1}的电压在开关频率处的脉动值；f_{sb}为预调节器的开关频率；D_y为占空比。

由于f_{sb}远高于$2f_o$，因此根据上述设计原则，即可满足$C_{b1} \ll C_{b2}$。

5.3.2 抑制二次谐波电流的基本思路

C_{b1}和C_{b2}确定以后，为了抑制二次谐波电流，仍需要采用合适的控制措施，以增大预调节器 + LLC 变换器在$2f_o$处的闭环输出阻抗。

根据图5.5b，可以推导出预调节器 + LLC 变换器的电压环环路增益为：

$$T_v(s) = H_v G_v(s) K_{PWM} G_{vd}(s) \tag{5.17}$$

那么其闭环输出阻抗可以表示为：

$$Z_{o\_CL}(s) = \frac{Z_{o\_OL}(s)}{1 + T_v(s)} \tag{5.18}$$

将式（5.12）、式（5.13）和式（5.17）代入式（5.18），并令$C_{b2} = 0$，可得预调节器 + LLC 变换器不含C_{b2}的闭环输出阻抗为：

$$Z_{o1\_CL}(s) = \frac{Z_{o1\_OL}(s)}{1 + \dfrac{H_v G_v(s) K_{PWM} e(s) M(D) N}{N^2 (s^2 L_e C_{b1} + 1)}} \tag{5.19}$$

其中，$Z_{o1\_OL}(s)$为预调节器 + LLC 变换器不含C_{b2}的开环输出阻抗，其表达式为：

$$Z_{o1\_OL}(s) = \frac{sL_e}{N^2 (s^2 L_e C_{b1} + 1)} + Z_{LLC}(s) \tag{5.20}$$

为了抑制前级 DC – DC 变换器中的二次谐波电流，应使$Z_{o1\_CL}(s)$在$2f_o$处的幅值尽可能远大于C_{b2}的容抗。从式（5.19）可以看出，电压调节器$G_v(s)$的增益越小，开环输出阻抗$Z_{o1\_OL}(s)$的幅值越大，则$Z_{o1\_CL}(s)$的幅值越大。因此，为了抑制前级 DC – DC 变换器中的二次谐波电流，可采用以下方法：①尽可能减小电压调节器$G_v(s)$在$2f_o$处的幅值；②尽可能增大开环输出阻抗$Z_{o1\_OL}(s)$在$2f_o$处的幅值。

5.4 抑制前级预调节器 +LLC 变换器中二次谐波电流的控制策略

5.4.1 在电压环中加入带阻滤波器

为了增大前级预调节器 + LLC 变换器在 $2f_o$ 处的闭环输出阻抗，希望电压调节器在 $2f_o$ 处的幅值尽可能接近于零。与此同时，还应保证变换器具有良好的动态性能。因此，在保证电压环截止频率不变的情况下，可在电压调节器中串联一个中心频率为 $2f_o$ 的带阻滤波器，其表达式为：

$$G_N(s) = \frac{(s/\omega_N)^2 + 1}{(s/\omega_N)^2 + s/(Q \cdot \omega_N) + 1} \tag{5.21}$$

式中，Q 为品质因数；$\omega_N = 2\pi \cdot 2f_o$ 是带阻滤波器的中心角频率。

实际上，带阻滤波器也可以串联在电压采样环节中，它与将带阻滤波器串联在电压调节器一样，本质上都是降低电压环在 $2f_o$ 处的增益，只是带阻滤波器加入的位置不同，此处统称为在电压环中加入带阻滤波器的二次谐波电流的抑制控制策略（Notch – Filter inserted into Voltage Loop Scheme，NF – VLS），其控制框图如图 5.6 所示。

加入带阻滤波器后，预调节器 + LLC 变换器的闭环输出阻抗为：

$$Z_{o1\_CL\_NF}(s) = \frac{Z_{o1\_OL}(s)}{1 + \dfrac{H_v G_{NF}(s) G_v(s) K_{PWM} e(s) M(D)}{N(s^2 L_e C_{b1} + 1)}} \tag{5.22}$$

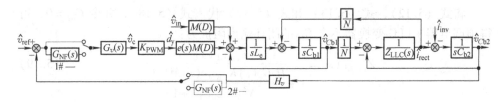

图 5.6　在电压环中引入带阻滤波器

5.4.2 在整流桥支路引入虚拟串联阻抗

为了提高前级变换器的闭环输出阻抗，也可以增大其开环输出阻抗，因此可以在 LLC 谐振变换器的整流桥支路引入一个串联阻抗 $Z_s(s)$，如图 5.7a 所示，此即在整流桥支路引入虚拟串联阻抗的二次谐波电流的抑制控制策略（Virtual Impedance introduced into Output Rectifier Scheme，VI – ORS）。

注意到，为了减小预调节器 + LLC 变换器中的二次谐波电流，而不影响系统的动态性能，只需提高其在 $2f_o$ 处的闭环输出阻抗，因此 $Z_s(s)$ 只需在 $2f_o$ 处阻抗较高，而在非 $2f_o$ 处阻抗很小。那么，$Z_s(s)$ 可表示为：

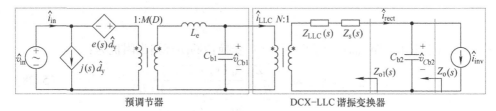

a) 虚拟串联阻抗的引入

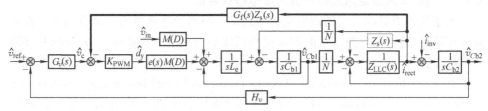

b) 虚拟串联阻抗的实现

图 5.7　虚拟串联阻抗的引入和实现方法

$$Z_{\mathrm{s}}(s) = r_{\mathrm{s}} G_{\mathrm{BPF}}(s) \tag{5.23}$$

其中，r_{s} 为希望在 $2f_{\mathrm{o}}$ 处增加的电阻值，$G_{\mathrm{BPF}}(s)$ 为中心频率为 $2f_{\mathrm{o}}$ 的带通滤波器，其表达式为：

$$G_{\mathrm{BPF}}(s) = \frac{s/(Q \cdot \omega_{\mathrm{BPF}})}{(s/\omega_{\mathrm{BPF}})^2 + s/(Q \cdot \omega_{\mathrm{BPF}}) + 1} \tag{5.24}$$

式中，Q 为带通滤波器的品质因数，$\omega_{\mathrm{BPF}} = 2\pi \cdot 2f_{\mathrm{o}}$ 是带通滤波器的中心角频率。

通过反馈 LLC 谐振变换器整流桥的输出电流 i_{rect} 可以等效实现 $Z_{\mathrm{s}}(s)$，如图 5.7b 中的虚线所示。将整流桥输出电流 $\hat{i}_{\mathrm{rect}}$ 的反馈点前移到 K_{PWM} 的输入侧，并调整反馈传递函数，如图 5.7b 中粗实线所示，图中的反馈传递函数 $G_{\mathrm{f}}(s)$ 的表达式为：

$$G_{\mathrm{f}}(s) = \frac{N(1 + s^2 L_{\mathrm{e}} C_{\mathrm{b1}})}{K_{\mathrm{PWM}} e(s) M(D)} \tag{5.25}$$

从式（5.25）可以看出，反馈传递函数 $G_{\mathrm{f}}(s)$ 中含有二阶微分项，该项在反馈回路中会引入较大的高频干扰，导致系统不稳定。因此，在实际电路中，可以在该项中串联一个中心频率为 $2f_{\mathrm{o}}$ 的带通滤波器，其表达式如式（5.24）所示。这样，既可以保证在 $2f_{\mathrm{o}}$ 处引入足够的虚拟串联阻抗，又可以抑制高频干扰，保证系统稳定运行。此时，反馈传递函数的表达式为：

$$G_{\mathrm{f}}'(s) = N \frac{1 + s^2 L_{\mathrm{e}} C_{\mathrm{b1}} G_{\mathrm{BPF}}(s)}{K_{\mathrm{PWM}} e(s) M(D)} \tag{5.26}$$

相应地，实际引入的虚拟串联阻抗为：

$$Z'_s(s) = Z_s(s) \frac{G'_f(s)}{G_f(s)} \tag{5.27}$$

加入虚拟串联阻抗后，前级 DC – DC 变换器的闭环输出阻抗为：

$$Z_{\text{o1\_CL\_VI}}(s) = \frac{Z_{\text{o1\_OL}}(s) + Z'_s(s)}{1 + \dfrac{H_v G_v(s) K_{\text{PWM}} e(s) M(D)}{N(s^2 L_e C_{\text{b1}} + 1)}} \tag{5.28}$$

5.4.3 同时加入带阻滤波器并引入虚拟串联阻抗

为了获得更好的二次谐波电流抑制效果，可将上述两种方法结合起来，在降低电压环在 $2f_o$ 处的环路增益的同时提高预调节器 + LLC 变换器在 $2f_o$ 处的开环输出阻抗，此即同时加入带阻滤波器并引入虚拟串联阻抗的二次谐波电流的抑制控制策略（Notch Filter inserted into Voltage Loop plus Virtual Impedance introduced into Output Rectifier Scheme，NF – VL + VI – ORS），如图 5.8 所示。此时，前级 DC – DC 变换器的闭环输出阻抗为：

$$Z_{\text{o1\_CL\_NF + VI}}(s) = \frac{Z_{\text{o1\_OL}}(s) + Z'_s(s)}{1 + \dfrac{H_v G_{\text{NF}}(s) G_v(s) K_{\text{PWM}} e(s) M(D)}{N(s^2 L_e C_{\text{b1}} + 1)}} \tag{5.29}$$

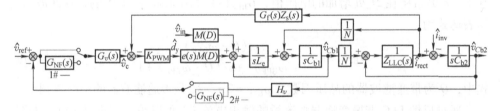

图 5.8 同时加入带阻滤波器并引入虚拟串联阻抗

5.5 实验验证

5.5.1 两级式 DC – AC 逆变器的实现

为了验证所提模型和控制策略的有效性，以 Boost + LLC 变换器作为前级 DC – DC 变换器，后级逆变器采用三相逆变器，如图 5.9 所示。其中，前级 Boost + LLC 变换器的输入电压为 750V，输出电压为 700V；后级逆变器的输出交流电压为 220V，频率为 50Hz；系统的输出功率为 6kVA。原理样机的参数列于表 5.2 中。

图 5.10 给出了原理样机的照片。该样机采用数字控制方法，控制器为 TI 公司的 DSP（TMS320F2812）；前级 DC – DC 变换器选用英飞凌公司的 IGBT 模块（2A75HB17C1L），后级逆变器的开关管选用三菱公司的 IGBT 模块（CM100DY –

24NF），其驱动芯片均采用 M57962L；LLC 谐振变换器的整流二极管选择 IXYS 公司的 DESI2x61 – 12B。

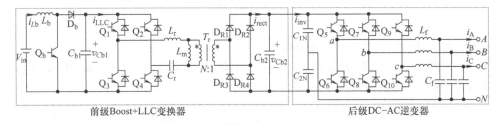

图 5.9　前级采用 Boost + LLC 变换器的两级式 DC – AC 逆变器电路原理图

表 5.2　原理样机的主要参数

	参数	数值	参数	数值
前级 Boost + LLC 变换器	升压电感 L_b	8.3mH	变压器匝比 N	1.714
	Boost 滤波电容 C_{b1}	55μF	励磁电感 L_m	3mH
	Boost 开关频率 f_{sb}	10kHz	谐振电感 L_r	20μH
	LLC 开关频率 f_{sL}	30kHz	谐振电容 C_r	1μF
	带阻和带通滤波器的 Q 值	5	LLC 滤波电容 C_{b2}	1.1mF
	虚拟电阻值 r_s	200Ω		
后级逆变器	输出滤波电感 L_f	3.2mH	分裂电容 C_{1N}, C_{2N}	1mF
	输出滤波电容 C_f	10μF	开关频率 f_{sinv}	10kHz

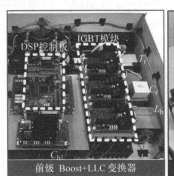

图 5.10　原理样机照片

5.5.2　虚拟串联阻抗的设计

将 Boost 变换器小信号模型的参数（见第 2 章中的表 2.1）[8]代入式 (5.26)，可得：

$$G_f'(s) = \frac{ND_y'(1 + s^2 L_b C_{b1} G_{BPF}(s)/D_y'^2)}{K_{PWM}(V_{Cb1} - sL_b I_{Lb}/D_y')} \tag{5.30}$$

式中，I_{Lb} 为 Boost 电感电流平均值；$D_y' = 1 - D_y$，D_y 为开关管的稳态占空比。

Boost 变换器的升压电感 L_b 根据其电流脉动 ΔI_{Lb} 来设计，其表达式为：

$$L_b = \frac{V_{Cb1} D_y' D_y}{\Delta I_{Lb} f_{sb}} \qquad (5.31)$$

式中，f_{sb} 是 Boost 变换器的开关频率。

一般来说，ΔI_{Lb} 取满载时 L_b 的平均电流 I_{Lb} 的 20% ~ 30%，而 $2f_o << f_{sb}$，$D_y < 1$，那么根据式（5.31）可得在 $2f_o$ 处有：

$$\left| \frac{j2\pi f_o L_b I_{Lb} / D_y'}{V_{Cb1}} \right| = D_y \frac{I_{Lb}}{\Delta I_{Lb}} \frac{2\pi f_o}{f_{sb}} << 1 \qquad (5.32)$$

基于上述考虑，式（5.30）所示的反馈补偿函数表达式可近似为：

$$G_f'(s) \approx \frac{N D_y' (1 + s^2 L_b C_{b1} G_{BPF}(s) / D_y'^2)}{K_{PWM} V_{Cb1}} \qquad (5.33)$$

5.5.3 不同控制策略下前级变换器的输出阻抗对比

图 5.11 给出了采用不同控制策略时 Boost + LLC 变换器闭环输出阻抗和中间母线电容容抗的幅频特性曲线。由于逆变器含有分裂电容（$C_{1N} = C_{2N} = C_N$），因此直流母线电容等效为 $C_{b2} + C_N$。可以看出：①未加入二次谐波电流抑制控制策略时前级 DC - DC 变换器的闭环输出阻抗 $Z_{o1\_CL}(s)$ 在 $2f_o$ 处的幅值较小，略大于母线电容的容抗；②在电压环中引入带阻滤波器后，$Z_{o1\_CL\_NF}(s)$ 在 $2f_o$ 处的幅值大大提高；③在 LLC 谐振变换器整流桥支路引入虚拟串联阻抗，等效提高了前级 DC - DC 变换器的开环输出阻抗，因此 $Z_{o1\_CL\_VI}(s)$ 的幅值也得到提高；④同时加入带阻滤波器并引入虚拟串联阻抗，$Z_{o1\_CL\_NF+VI}(s)$ 在 $2f_o$ 处的幅值最大，可以获得最好的二次谐波电流抑制效果。

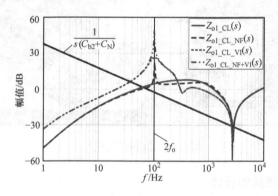

图 5.11　采用不同方法时前级变换器输出阻抗的幅频特性

5.5.4　实验结果

当三相负载对称时，三相逆变器输入侧无二次谐波电流。当两相空载一相满载或一相空载两相满载时，三相逆变器输入侧的二次谐波电流含量最大。图 5.12 给出了三相逆变器的实验波形，其中，v_A、v_B 和 v_C 为三相输出电压，i_A、i_B 和 i_C 为三相输出电流，i_{inv} 为输入电流。由于三相负载不对称，此时后级三相逆变器的输入电流中存在二次谐波电流。由于两相满载时输出功率较大，因此在该情况下验证所提控制策略。

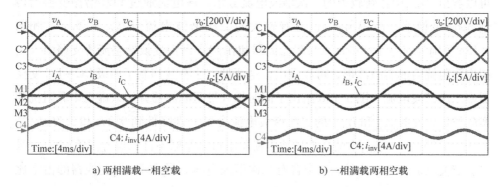

a) 两相满载一相空载　　　　　　b) 一相满载两相空载

图 5.12　后级三相逆变器的实验波形

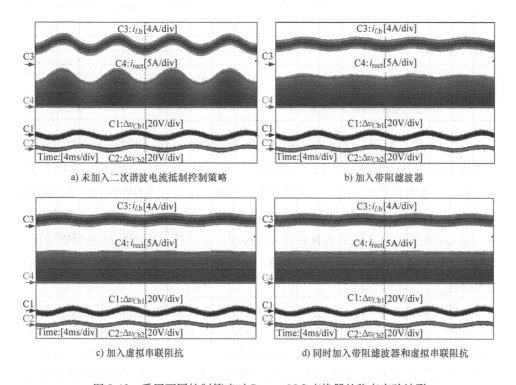

a) 未加入二次谐波电流抑制控制策略　　　b) 加入带阻滤波器

c) 加入虚拟串联阻抗　　　d) 同时加入带阻滤波器和虚拟串联阻抗

图 5.13　采用不同控制策略时 Boost + LLC 变换器的稳态实验波形

图 5.13 给出了前级 Boost + LLC 变换器的实验波形。其中，i_{Lb} 为 Boost 变换器的输入电流，i_{rect} 为 LLC 谐振变换器整流桥输出电流，Δv_{Cb1} 和 Δv_{Cb2} 分别为 Boost 变换器和 LLC 谐振变换器的输出电压脉动。表 5.3 给出了 i_{Lb} 和 i_{rect} 中的二次谐波电流含量。图 5.13a 为未加入二次谐波电流抑制控制策略时的实验波形，可以看出，i_{rect} 中存在较大的二次谐波电流分量，该电流通过 LLC 谐振变换器传到 Boost 变换器，使得 i_{Lb} 中也含有较大的二次谐波电流分量。图 5.13b 和图 5.13c 分别为在电压环中加入带阻滤波器和在 LLC 谐振变换器整流桥支路引入虚拟串联阻抗后的实验波形，可以看出，这两种方法有效抑制了前级 DC – DC 变换器中二次谐波电流。图 5.13d 给出了同时加入带阻滤波器并引入虚拟串联阻抗的实验波形，此时 i_{rect} 和 i_{Lb} 中的二次谐波电流含量分别降低到 0.2% 和 3.7%。需要注意的是，虽然 i_{rect} 中的二次谐波电流基本可以忽略不计，但 i_{Lb} 中仍含有少量二次谐波电流，这是由于 v_{Cb2} 中含有二次谐波电压，导致 Boost 变换器的占空比中含有二次谐波分量，从而引起 i_{Lb} 中含有二次谐波电流。

表 5.3　采用不同控制策略时二次谐波电流含量的对比

二次谐波电流含量	i_{Lb_SHC}/I_{Lb}	i_{rect_SHC}/I_{rect}
未加入二次谐波电流抑制控制策略	27.7%	21.9%
加入带阻滤波器	7.8%	3.4%
加入虚拟串联阻抗	5.3%	1.6%
同时加入带阻滤波器和虚拟串联阻抗	3.7%	0.2%

图 5.14 和图 5.15 分别给出了输入电压和负载电流跳变时的动态实验波形，这里为了保证输入电压跳变时的动态特性，加入了输入电压前馈[7]。从图 5.14 可以看出，在两相满载一相空载的情况下，当输入电压在 500V 和 1000V 之间跳变时，Boost + LLC 变换器中的电流变化很小，并且恢复时间很快，说明采用不同控制策略均能保证系统具有良好的动态特性。类似的，从图 5.15 也可以看出，当负载在一相空载两相满载和两相空载一相满载之间跳变时，系统也具有较好的动态特性。

上述实验结果表明，在电压环中引入带阻滤波器和在 LLC 谐振变换器整流桥支路引入虚拟串联阻抗均可以有效抑制前级 Boost + LLC 变换器中的二次谐波电流，并保证系统具有良好的动态特性；同时采用两种方法，可以获得最好的二次谐波电流抑制效果。这与理论分析是一致的，验证了所提控制策略的有效性。

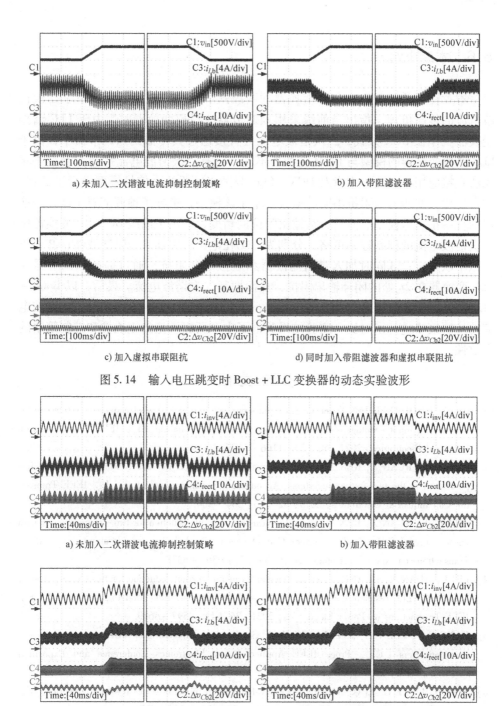

图 5.14　输入电压跳变时 Boost + LLC 变换器的动态实验波形

图 5.15　负载跳变时 Boost + LLC 变换器的动态实验波形

5.6 本章小结

本章针对基于 DCX – LLC 变换器的两级式 DC – AC 逆变器，分析了二次谐波电流的传播机理，指出当前级采用预调节器 + LLC 变换器时，由于 LLC 谐振变换器工作在 DCX 方式，二次谐波电流会直接通过其传播到预调节器中，由于 LLC 谐振变换器的模型与 PWM 变换器不同，已有二次谐波电流抑制控制策略将无法直接应用。为此，本章对 DCX – LLC 谐振变换器的小信号模型进行了近似，它可简化为变压器与阻抗串联的形式。基于该模型，推导了预调节器 + LLC 变换器的统一小信号模型。然后，从输出阻抗的角度，提出了前级 DC – DC 变换器中二次谐波电流的抑制控制策略，分别为：①在电压环中加入带阻滤波器；②引入虚拟串联阻抗；③同时加入带阻滤波器和虚拟串联阻抗，通过提高预调节器 + LLC 变换器在 $2f_o$ 处的闭环输出阻抗，从而抑制二次谐波电流。最后，以 Boost + LLC 变换器作为前级 DC – DC 变换器进行了实验验证，并对不同抑制二次谐波电流的控制策略进行了对比，实验结果验证了本章所提模型的正确性和控制策略的有效性。

参 考 文 献

［1］ LIU F, ZHOU G, RUAN X, et al. An input – series – output – parallel converter system exhibiting natural input – voltage – sharing and output – current – sharing ［J］. IEEE Transactions on Industrial Electronics, 2021, 68 (2)：1166 – 1177.

［2］ ZHANG L, RUAN X, REN X. Second harmonic current reduction and dynamic performance improvement in the two – stage inverters：An output impedance perspective ［J］. IEEE Transactions on Industrial Electronics, 2015, 62 (1)：394 – 404.

［3］ ZHANG L, RUAN X, REN X. Second – harmonic current reduction for two – stage inverter with boost – derived front – end converter：Control schemes and design considerations ［J］. IEEE Transactions on Power Electronics, 2018, 33 (7)：6361 – 6378.

［4］ LIU F, RUAN X, HUANG X, et al. Second harmonic current reduction for two – stage inverter with DCX – LLC resonant converter in front – end dc – dc converter：Modeling and control ［J］. IEEE Transactions on Power Electronics, 2021, 36 (4)：4597 – 4609.

［5］ YANG E Y, LEE F C, JOVANOVIC M M. Small – signal modeling of series and parallel resonant converters ［C］. Proc. IEEE Applied Power Electronics Conference and Exposition (APEC), 1992：785 – 792.

［6］ TIAN S, LEE F C, LI Q. A simplified equivalent circuit model of series resonant converter ［J］. IEEE Transactions on Power Electronics, 2016, 31 (5)：3922 – 3931.

［7］ ZHOU G, RUAN X, WANG X. Input voltage feed – forward control strategy for cascaded dc – dc converters with wide input voltage range ［C］. Proc. IEEE International Power Electronics and

Motion Control Conferences（IPEMC – ECCE Asia），2020：603 – 608.

［8］ ERICKSON R，MAKSIMOVIC D. Fundamentals of Power Electronics［M］. 3rd ed. Switzerland Cham：Springer International Publishing，2020.

［9］ ZHANG L，RUAN X，REN X. One – cycle control for electrolytic capacitor – less second harmonic current compensator［J］. IEEE Transactions on Power Electronics，2018，33（2）：1724 –1739.

第6章

Chapter **6**

两级式逆变器中前级为BCCC的二次谐波电流抑制方法

第 3 ~ 5 章针对前级 DC – DC 变换器为 BVCC 的两级式逆变器，讨论了其二次谐波电流抑制方法。在两级式单相光伏并网逆变器中，前级 DC – DC 变换器用来实现最大功率点跟踪（MPPT），因此它是一个 BCCC。本章前级以采用 Boost 变换器为例，讨论前级为 BCCC 的两级式单相逆变器中二次谐波电流抑制方法[1]。基于第 2 章的分析可知，在输入电压环截止频率内，前级 Boost 变换器的闭环输出阻抗是一个负阻。为了抑制前级 Boost 变换器中二次谐波电流，中间直流母线电容需足够大。在此基础上，推导出前级 Boost 变换器输出电流到光伏电池输出电流的传递函数。基于该传递函数发现，为抑制光伏电池输出电流中的二次谐波电流，需增大两倍交流输出电压频率（$2f_o$）处电压环的环路增益。为了阻尼由输入滤波电容和升压电感在输入电压控制环中引入的谐振峰，本章采用基于电感电流反馈的有源阻尼方法，并根据二次谐波电流抑制要求和系统稳定裕度要求，给出了电感电流反馈系数和输入电压调节器的设计方法。为进一步增大电压环在 $2f_o$ 处的环路增益，加入了中心频率为 $2f_o$ 的谐振环节，并给出该谐振调节器的设计方法。最后，在实验室完成一台 3kW 的两级式单相光伏并网逆变器，对控制方法的正确性和参数设计的合理性进行了实验验证。

6.1 前级 Boost 变换器的小信号模型

对于两级式单相光伏并网逆变器来说，当其接入单相 220V 的交流电网时，中间直流母线电压通常调节在 380V 左右。由于光伏电池的输出电压较低，前级一般选用 Boost 变换器，并实现光伏电池的 MPPT。图 6.1 给出了两级式单相光伏并网逆变器的主电路图。其中，前级 Boost 变换器由升压电感 L_b、开关管 Q_{bst} 和二极管 D_b 组成；后级 DC – AC 逆变器采用单相全桥逆变器，它由开关管及其反并联二极管构成的单相逆变桥和由滤波电感 L_1、L_2 以及滤波电容 C_1 构成的 LCL 型滤波器组成。

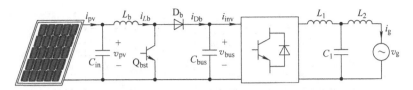

图 6.1　两级式单相光伏并网逆变器的主电路图

根据第 2 章的分析，为了抑制前级 Boost 变换器和光伏电池中二次谐波电流，只需要减小升压二极管电流 i_{Db} 中的二次谐波分量。图 6.2 给出了光伏电池的输出电流 i_{pv} 和输出功率 p_{pv} 与输出电压 v_{pv} 之间的关系曲线，可以发现，光伏电池的输出特性呈现出明显的非线性。其中，随着光伏电池输出电压的增加，光伏电池

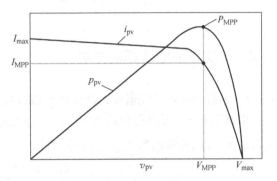

图 6.2　光伏电池的输出特性曲线

的输出功率先增加再减小，因此光伏电池存在最大输出功率 P_{MPP}。定义光伏电池在最大输出功率点（Maximum Power Point，MPP）处对应的输出电压和输出电流分别为最大功率点电压 V_{MPP} 和最大功率点电流 I_{MPP}。

光伏电池可以等效为光伏电池的开路电压 V_{oc} 与其等效输出电阻 R_{MPP} 的串联[2]，其在 MPP 处的交流小信号模型可以表示为：

$$R_{MPP} = \frac{\hat{v}_{MPP}}{\hat{i}_{MPP}} \tag{6.1}$$

式中，$\hat{v}_{MPP}$ 和 $\hat{i}_{MPP}$ 分别为 V_{MPP} 和 I_{MPP} 的小信号扰动量。

观察图 6.2 中的 $i_{pv} - v_{pv}$ 关系曲线，随着光伏电池输出电压的增加，光伏电池的输出电流是单调递减的，且二者之间不是线性变化。因此，根据式（6.1）可知，R_{MPP} 为非线性的负电阻。

根据状态空间平均建模法[3]，可以得到前级 Boost 变换器的交流小信号等效电路，如图 6.3 所示。图中，I_{Lb} 为电感 L_b 的电流平均值；$D_y{}' = 1 - D_y$，D_y 为 Q_{bst} 的稳态占空比；$\hat{i}_{Lb}$、$\hat{i}_{Db}$ 和 $\hat{i}_{inv}$ 分别为 i_{Lb}、i_{Db} 和 i_{inv} 的小信号扰动量，$\hat{v}_{bus}$ 为 v_{bus} 的小信号扰动量，$Z_{bus}(s)$ 为 Boost 变换器不包括 C_{bus} 的闭环输出阻抗。请注意，图 6.1 中光伏电池的输出电压与输出电流的参考方向是非关联的，所以这里的 R_{MPP} 是正电阻。

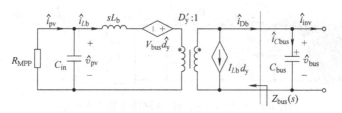

图 6.3 Boost 变换器的交流小信号等效电路

6.2 二次谐波电流抑制方法

6.2.1 前级 Boost 变换器中二次谐波电流抑制方法

根据图 6.3，可以得到后级 DC – AC 逆变器输入电流 i_{inv} 到前级 Boost 变换器输出电流 i_{Db} 的传递函数 $G_{iDb-inv}(s)$ 为：

$$G_{iDb-inv}(s) = \frac{\hat{i}_{Db}}{\hat{i}_{inv}} = \frac{Z_C(s)//Z_{bus}(s)}{Z_{bus}(s)} = \frac{1}{\dfrac{Z_{bus}(s)}{Z_C(s)} + 1} \tag{6.2}$$

式中，$Z_C(s) = 1/(sC_{bus})$ 为 C_{bus} 的容抗。

式（6.2）表明，增加前级 Boost 变换器的闭环输出阻抗 $Z_{bus}(s)$ 或者减小 $Z_C(s)$，可以抑制前级 Boost 变换器中的二次谐波电流。

为了实现光伏电池的 MPPT，本章采用基于输入电压控制的干扰观察法（Perturbation and Observation，P&O）。根据图 6.3，可以得到前级 Boost 变换器基于输入电压控制的 MPPT 控制框图，如图 6.4 所示。图中，$G_v(s)$ 为电压调节器，$G_d(s) = e^{-1.5sT_s}$ 为采用数字控制时引入的 1.5 拍控制延时，它包括一拍的计算延时和 0.5 拍的 PWM 调制延时[4]，T_s 为采样周期；$K_{PWM} = 1/V_M$ 为 PWM 调制器的传递函数，V_M 为三角载波幅值；H_v 为输入电压采样系数；$\hat{v}_{pv\_ref}$ 为输入电压基准，它由 MPPT 控制算法得到。需要说明的是，MPPT 的扰动频率 f_{MPPT} 通常设计得很低，远低于 Boost 变换器输入电压环的截止频率。为了避免光伏电池输出功率在 MPP 附近发生振荡，MPPT 的扰动步长 Δv_{pv} 通常很小[5]，这里取 $\Delta v_{pv} = 0.5\% V_{MPP} = 0.9V$。这样，在输入电压环的截止频率内，稳态时 v_{pv_ref} 可以近似看作是恒定的直流电压。

根据图 6.4，可以得到 Boost 变换器的电感电流和输入电压的表达式，分别为：

$$\hat{i}_{Lb} = (\hat{d}_y V_{bus} - D_y' \hat{v}_{bus} + \hat{v}_{pv}) \frac{1}{sL_b} \tag{6.3}$$

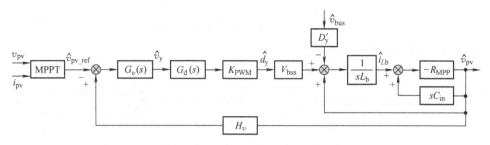

图 6.4　前级 Boost 变换器的 MPPT 控制框图

$$\hat{v}_{pv} = -\frac{R_{MPP}}{1 + sC_{in}R_{MPP}}\hat{i}_{Lb} = -Z_{MPP}(s)\hat{i}_{Lb} \qquad (6.4)$$

式中，

$$Z_{MPP}(s) = \frac{R_{MPP}}{1 + sC_{in}R_{MPP}} \qquad (6.5)$$

将式（6.4）代入式（6.3），可得：

$$\hat{i}_{Lb} = \frac{1}{sL_b + Z_{MPP}(s)}(\hat{d}_y V_{bus} - D'_y \hat{v}_{bus}) \qquad (6.6)$$

根据图 6.3，前级 Boost 变换器输出电流为：

$$\hat{i}_{Db} = D'_y \hat{i}_{Lb} - I_{Lb}\hat{d}_y \qquad (6.7)$$

将式（6.6）代入式（6.7），并令 $\hat{d}_y = 0$，可以推导出前级 Boost 变换器的开环输出阻抗 $Z_{bus\_OL}(s)$ 为：

$$Z_{bus\_OL}(s) = -\frac{\hat{v}_{bus}}{\hat{i}_{Db}}\bigg|_{\hat{d}_y=0} = -\frac{sL_b + Z_{MPP}(s)}{D'^2_y} \qquad (6.8)$$

需要再次强调的是，$Z_{bus\_OL}(s)$ 不包括 C_{bus}。

令 $\hat{v}_{pv\_ref} = 0$，根据图 6.4，可得：

$$\hat{d}_y = \hat{v}_{pv}H_v G_v(s)G_d(s)K_{PWM} \qquad (6.9)$$

根据式（6.3）、式（6.4）和式（6.6）~式（6.9），可得前级 Boost 变换器的闭环输出阻抗 $Z_{bus\_CL}(s)$ 的表达式为：

$$Z_{bus\_CL}(s) = -\frac{\hat{v}_{bus}}{\hat{i}_{Db}} = \left(\frac{1}{Z_{bus\_OL}(s)} \cdot \frac{1}{1 + T_{v\_pv}(s)} - \frac{1}{R_N} \cdot \frac{T_{v\_pv}(s)}{1 + T_{v\_pv}(s)}\right)^{-1}$$

$$(6.10)$$

式中，$T_{v\_pv}(s)$ 为输入电压环路增益，其表达式为：

$$T_{v\_pv}(s) = \frac{H_v G_v(s)G_d(s)K_{PWM}V_{bus}}{s^2 L_b C_{in} + s\frac{L_b}{R_{MPP}} + 1} \qquad (6.11)$$

$$R_N = \frac{V_{bus}}{D_y' I_{Lb}} = \frac{V_{bus}^2}{D_y' V_{bus} I_{pv}} = \frac{V_{bus}^2}{V_{pv} I_{pv}} = \frac{V_{bus}^2}{P_{pv}} \quad (6.12)$$

式中，$P_{pv} = V_{pv} I_{pv}$ 为光伏电池输出功率。

根据式（6.8）和式（6.12），可得：

$$\left| \frac{Z_{bus\_OL}(s)}{R_N} \right| = \left| (sL_b + Z_{MPP}(s)) \frac{P_{MPP}}{D_y'^2 V_{bus}^2} \right| = \left| (sL_b + Z_{MPP}(s)) \frac{P_{MPP}}{V_{PV}^2} \right| = \left| \frac{sL_b + Z_{MPP}(s)}{R_{MPP}} \right| \quad (6.13)$$

C_{in} 用来滤除 i_{Lb} 中的开关频率及其倍数次的谐波分量，因此其容抗在 $2f_o$ 处远大于 R_{MPP}。这样，在 $2f_o$ 处，$Z_{MPP}(s) \approx R_{MPP}$，由此式（6.13）可以近似为：

$$\left| \frac{Z_{bus\_OL}(s)}{R_N} \right| \approx \left| \frac{sL_b}{R_{MPP}} + 1 \right| > 1 \quad (6.14)$$

当输入电压环在 $2f_o$ 处环路增益远大于 1 时，结合式（6.14），式（6.10）可以近似为：

$$Z_{bus\_CL}(s) \approx -R_N \quad (6.15)$$

式（6.15）表明，当输入电压环在 $2f_o$ 处的环路增益远大于 1 时，前级 Boost 变换器呈现恒功率源特性，其闭环输出阻抗是一个负阻。

将式（6.15）代入式（6.2），可以得到：

$$G_{iDb-inv}(s) = \frac{\hat{i}_{Db}}{\hat{i}_{inv}} = \frac{1}{1 - sC_{bus}R_N} \quad (6.16)$$

根据式（6.16），可以得到：

$$C_{bus} = \frac{1}{2\pi \cdot 2f_o R_N} \sqrt{\frac{1}{|G_{iDb-inv}(j2\pi \cdot 2f_o)|^2} - 1} \quad (6.17)$$

式（6.17）表明，为了抑制前级 Boost 变换器中的二次谐波电流，中间直流母线电容需足够大。通常，前级 Boost 变换器中的二次谐波电流需限制在 5% 以内。将 $|G_{iDb-inv}(j2\pi \cdot 2f_o)| \leq 2.5\%$，$R_N = V_{bus}^2/P_{MPP}$，$V_{bus} = 380V$ 和 $P_{MPP} = 3kW$ 代入式（6.17），可以计算出 $C_{bus} \geq 1322.2\mu F$，这里选用三只 $470\mu F/500V$ 的电解电容并联。

6.2.2　光伏电池中二次谐波电流的抑制方法

根据式（6.4）、式（6.7）和式（6.9），可得前级 Boost 变换器输出电流 i_{Db} 到电感电流 i_{Lb} 的传递函数 $G_{iLb-iDb}(s)$ 为：

$$G_{iLb-iDb}(s) = \frac{\hat{i}_{Lb}}{\hat{i}_{Db}} = \frac{1}{D_y' + I_{Lb}H_v G_v(s) G_d(s) K_{PWM} Z_{MPP}(s)} \quad (6.18)$$

将 $I_{Lb} = I_{pv}$、$V_{bus} = V_{pv}/D_y'$ 代入式（6.18），并结合式（6.11），可以得到：

$$G_{iLb-iDb}(s) = \frac{\hat{i}_{Lb}}{\hat{i}_{Db}} = \frac{1}{D_y'\left[1 + T_{v\_pv}(s)\frac{1}{R_{MPP}}(sL_b + Z_{MPP}(s))\right]} \quad (6.19)$$

式（6.19）表明，增大输入电压环在 $2f_o$ 处的环路增益可以有效地抑制光伏电池输出电流中的二次谐波电流。

在 $2f_o$ 处，$Z_{MPP}(s) \approx R_{MPP}$，这样式（6.19）可以近似为：

$$G_{iLb-iDb}(j2\pi \cdot 2f_o) \approx \frac{1}{D_y'\left[1 + T_{v\_pv}(j2\pi \cdot 2f_o)\left(\dfrac{j2\pi \cdot 2f_o L_b}{R_{MPP}} + 1\right)\right]} \tag{6.20}$$

6.3　抑制二次谐波电流的控制方法

6.3.1　谐振峰的阻尼

将 $G_v(s) = 1$ 代入式（6.11），可以画出补偿前 Boost 变换器输入电压环路增益 $T_{v\_u\_unshaded}(s)$ 的伯德图，如图 6.5 中实线所示。图中，f_{sw1} 为前级 Boost 变换器的开关频率。可以看出，补偿前的输入电压控制环在谐振频率 f_r 处存在一个谐振峰，且谐振频率处的幅值大于 0dB，相对应地相位在 f_r 处发生了负相移。该谐振峰是由输入滤波电容 C_{in} 与升压电感 L_b 构成的 LC 谐振网络导致的，因此其谐振频率可以表达为：

$$f_r = \frac{1}{2\pi \sqrt{L_b C_{in}}} \tag{6.21}$$

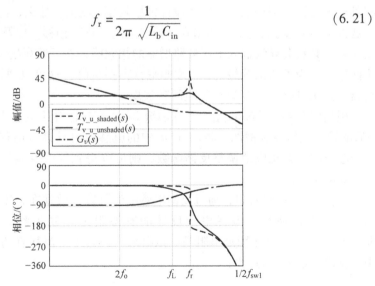

图 6.5　前级 Boost 变换器输入电压环路增益的伯德图

结合图 6.3 可以发现，R_{MPP} 并联在 C_{in} 两端，对谐振尖峰有一定的阻尼作用。然而，根据第 6.1 节可知，R_{MPP} 是一个与光伏电池输出功率有关的非线性电阻，它对谐振峰的阻尼效果与光伏电池的输出功率有关。从图 6.5 中的实线可以发现，当光伏电池满载输出时，R_{MPP} 对谐振尖峰的阻尼效果是有限的。图 6.5 还给出了前级 Boost 变换器工作在极端恶劣条件下，即 $R_{\text{MPP}} = \infty$ 时的输入电压环路增益 $T_{\text{v\_u\_shaded}}(s)$ 的伯德图，如图中虚线所示。可以发现，在 f_r 处 $T_{\text{v\_u\_shaded}}(s)$ 的幅频曲线的幅值大于 0dB，其对应的相频曲线穿越 $-180°$，且其相位随着频率升高而不断地减小，这会导致系统不稳定。

比例积分（Proportional - Integral，PI）调节器能够实现无静差调节[6]，因此这里输入电压调节器 $G_v(s)$ 采用 PI 调节器，其表达式为：

$$G_v(s) = K_p + \frac{K_i}{s} \tag{6.22}$$

式中，K_p 为比例项系数，K_i 为积分项系数。PI 调节器的转折频率为：

$$f_L = \frac{K_i}{2\pi K_p} \tag{6.23}$$

根据式（6.22）可以画出 $G_v(s)$ 的伯德图，如图 6.5 中点划线所示。可以看出，在其转折频率 f_L 处的幅频曲线斜率由 -20dB 变为 0dB，对应的相位由 $-90°$ 上升到 $0°$。

为了抑制前级 Boost 变换器中的二次谐波电流并改善系统的动态响应，本章将其输入电压控制环的截止频率设计谐振频率 f_r 以上。那么，由升压电感 L_b 与输入滤波电容 C_{in} 构成的谐振网络在 f_r 处引入的 $-180°$ 相移，以及 PI 调节器引入的负相移，必然会导致输入电压环路增益的相频曲线在 f_r 处穿越 $-180°$，导致系统不能稳定。为了使系统稳定，需要阻尼该谐振尖峰。这可以通过在前级 Boost 变换器的升压电感 L_b 中串联阻尼电阻来实现。

根据图 6.4，图 6.6a 给出了在前级 Boost 变换器升压电感支路串联阻尼电阻 r_s 后的输入电压控制框图。将图 6.6a 中的电感电流反馈点前移至输入电压调节器的输出端，并相应地调整反馈函数，则可以得到等效变换后的控制框图，如图 6.6b 所示。

从图 6.6b 可以看出，通过反馈电感电流可以等效地在升压电感 L_b 中串联阻尼电阻，这就是基于电感电流反馈的有源阻尼控制策略（Active - Damping Scheme，ADC）。由于阻尼电阻是虚拟出来的，它不会消耗有功功率。在图 6.6b 中，反馈函数 $G_{\text{fb}}(s)$ 为：

$$G_{\text{fb}}(s) = \frac{r_s}{G_d(s) K_{\text{PWM}} V_{\text{bus}}} \tag{6.24}$$

从式（6.24）可以发现，反馈函数 $G_{\text{fb}}(s)$ 中的 $1/G_d(s) = e^{1.5sT_s}$ 为超前环节，无法物理实现。由于 $e^{1.5sT_s}$ 的幅值为 1，因此将反馈函数简化为 $r_s/(K_{\text{PWM}} V_{\text{bus}})$。那么，电感电流实际上是比例反馈，等效为在电感支路串联一个虚拟阻抗 $Z_s(s)$，其表达式为：

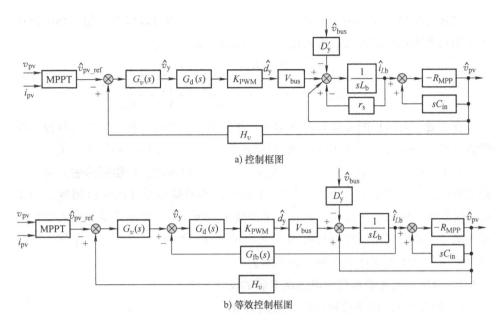

a) 控制框图

b) 等效控制框图

图6.6 加入阻尼电阻后输入电压控制环的控制框图

$$Z_s(s) = r_s G_d(s) = r_s e^{-1.5 s T_s} \tag{6.25}$$

将 $s = j2\pi f$ 代入式（6.25），可以得到：

$$r_s G_d(s) = r_s e^{-3\pi f/f_s} = r_s \cos(3\pi f/f_s) - j r_s \sin(3\pi f/f_s) \triangleq R_{eq} + j X_{eq} \tag{6.26}$$

式中，$f_s = 1/T_s$ 为数字控制的采样频率。

$$X_{eq} = -r_s \sin(3\pi f/f_s) \tag{6.27}$$

$$R_{eq} = r_s \cos(3\pi f/f_s) \tag{6.28}$$

式（6.26）表明，数字控制下，电感电流的比例反馈可以等效为在前级 Boost 变换器升压电感支路中串联一个随频率变化的电阻 R_{eq} 和电抗 X_{eq}。

根据式（6.27），当 $f < f_s/3$ 时，$X_{eq} < 0$，X_{eq} 呈容性。在电感支路串联电容会削弱电感的作用，使得输入电压控制环的谐振频率 f_r' 高于 f_r；当 $f_s/3 < f < f_s/2$ 时，$X_{eq} > 0$，X_{eq} 呈感性。在电感支路串联电感，相当于增加了电感的感值，使得输入电压控制环的谐振频率 f_r' 低于 f_r。请注意，r_s 越大，输入电压控制环的谐振频率 f_r' 越偏离 f_r。

根据式（6.28），当 $f_r' < f_s/6$ 时，R_{eq} 在 f_r' 处为正电阻，对谐振尖峰有阻尼作用，且 r_s 越大，阻尼效果越明显；当 $f_r' = f_s/6$ 时，$R_{eq} = 0\Omega$，对谐振尖峰没有阻尼作用，系统容易不稳定；当 $f_r' > f_s/6$ 时，R_{eq} 在 f_r' 处为负电阻，这会在输入电压控制环的环路增益中引入一对开环不稳定极点，导致系统不稳定[7]。因此，为了使系统稳定，输入电压控制环的谐振频率 f_r' 需低于 $f_s/6$。

将式（6.11）中的 sL_b 用（$sL_b + r_s G_d(s)$）替代，则可以得到采用电感电流比例反馈有源阻尼控制方法后输入电压的环路增益表达式为

$$T_v(s) = \frac{H_v G_v K_{PWM} V_{bus} G_d(s)}{s^2 L_b C_{in} + s\left(r_s G_d(s) C_{in} + \dfrac{L_b}{R_{MPP}}\right) + \left(1 + \dfrac{r_s G_d(s)}{R_{MPP}}\right)} \tag{6.29}$$

在 f'_r 处，$T_v(s)$ 的分母只包含虚部。根据式（6.29），在高于 f'_r 的频段，补偿前（即 $G_v = 1$），$T_v(s)/G_d(s)$ 的相位就从 $-90°$ 开始下降。由于 $f'_r < f_s/6$，且 $G_d(s)$ 在 $f_s/6$ 处的相位为 $-90°$，因此在高于 $f_s/6$ 的频段，补偿前的输入电压环路增益的相角必然小于 $-180°$。由于 PI 调节器不能提高系统的相位裕度，为了使系统稳定，输入电压控制环截止频率需低于 $f_s/6$。为了提高系统对输入变化的动态响应，将输入电压控制环的截止频率设计在谐振频率 f'_r 以上。这样，就可以得到输入电压控制环截止频率的范围为 $f'_r < f_c < f_s/6$。

6.3.2 电感电流反馈系数与电压调节器的设计方法

1. 电感电流反馈系数对闭环参数的约束

根据第 6.3.1 节可知，r_s 会影响输入电压控制环的谐振频率 f'_r。将式（6.22）、式（6.23）和式（6.26）代入式（6.29），可得

$$T_{v\_PI}(j2\pi f) = \frac{H_v K_p K_{PWM} V_{bus}(1 - jf_L/f)[\cos(3\pi f/f_s) - j\sin(3\pi f/f_s)]}{\left\{\begin{array}{l}\left[1 - 4\pi^2 f^2 L_b C_{in} + 2\pi f C_{in} r_s \sin(3\pi f/f_s) + \dfrac{r_s}{R_{MPP}}\cos(3\pi f/f_s)\right] + \\[3mm] j\left[2\pi f C_{in} r_s \cos(3\pi f/f_s) + \dfrac{2\pi f L_b}{R_{MPP}} - \dfrac{r_s}{R_{MPP}}\sin(3\pi f/f_s)\right]\end{array}\right\}}$$

$$\tag{6.30}$$

在谐振频率 f'_r 处，$T_{v\_PI}(s)$ 分母只包含虚部，其实部为零。因此，根据式（6.30），可以得到电感电流反馈系数 r_s 与谐振频率 f'_r 之间的关系为

$$r_s = \frac{(2\pi f'_r)^2 L_b C_{in} - 1}{2\pi f'_r C_{in}\sin\left(3\pi\dfrac{f_r}{f_s}\right) + \dfrac{1}{R_{MPP}}\cos\left(3\pi\dfrac{f_r}{f_s}\right)} \tag{6.31}$$

2. 相位裕度对电感电流反馈系数和闭环参数的约束

前面已经指出，为了减小 PI 调节器对系统相位裕度的影响，其转折频率 f_L 需远低于电压控制环的截止频率 f_c。这样，在 f_c 处，电压调节器可以近似为一个比例环节[8]。

在截止频率 f_c 处，电压环的环路增益为 1。这样，将 $f = f_c$ 和 $G_v(s) \approx K_p$ 代入式（6.30），可得：

$$|T_{v\_PI}(j2\pi f_c)| \approx \frac{H_v K_p K_{PWM} V_{bus}}{\sqrt{\begin{array}{c}\left[1 - 4\pi^2 f_c^2 L_b C_{in} + 2\pi f_c C_{in} r_s \sin(3\pi f_c/f_s) + \dfrac{r_s}{R_{MPP}}\cos(3\pi f_c/f_s)\right]^2 + \\ \left[2\pi f_c C_{in} r_s \cos(3\pi f_c/f_s) + \dfrac{2\pi f_c L_b}{R_{MPP}} - \dfrac{r_s}{R_{MPP}}\sin(3\pi f_c/f_s)\right]^2\end{array}}} = 1 \tag{6.32}$$

根据式（6.32），可得：

$$K_p = \frac{1}{H_v K_{PWM} V_{bus}}\sqrt{\begin{array}{c}\left[1 - 4\pi^2 f_c^2 L_b C_{in} + 2\pi f_c C_{in} r_s \sin(3\pi f_c/f_s) + \dfrac{r_s}{R_{MPP}}\cos(3\pi f_c/f_s)\right]^2 + \\ \left[2\pi f_c C_{in} r_s \cos(3\pi f_c/f_s) + \dfrac{2\pi f_c L_b}{R_{MPP}} - \dfrac{r_s}{R_{MPP}}\sin(3\pi f_c/f_s)\right]^2\end{array}} \tag{6.33}$$

为了保证系统具有足够的鲁棒性和良好的动态响应，系统相位裕度 PM 需满足：

$$180° + \angle T_{v\_PI}(j2\pi f_c) \geqslant PM \tag{6.34}$$

将式（6.22）、式（6.23）和式（6.29）代入式（6.34），可得：

$$PM \leqslant 180° - \frac{3\pi f_c}{f_s} - \arctan\frac{f_L}{f_c} - \arctan\frac{2\pi f_c C_{in} r_s \cos\dfrac{3\pi f_c}{f_s} + \dfrac{2\pi f_c L_b}{R_{MPP}} - \dfrac{r_s}{R_{MPP}}\sin\dfrac{3\pi f_c}{f_s}}{1 - 4\pi^2 f_c^2 L_b C_{in} + 2\pi f_c C_{in} r_s \sin\dfrac{3\pi f_c}{f_s} + \dfrac{r_s}{R_{MPP}}\cos\dfrac{3\pi f_c}{f_s}} \tag{6.35}$$

3. 二次谐波电流抑制要求对闭环参数的约束

第6.2节指出，为了抑制前级 Boost 变换器和光伏电池输出电流中的二次谐波电流，输入电压环在 $2f_o$ 处的环路增益需远大于1。

由于数字控制延时 $G_d(s)$ 在 $2f_o$ 处的幅值为1，其对应的相角仅为 $-1.08°$，因此在 $2f_o$ 处可将 $G_d(s)$ 近似为1。将 $G_d(j2\pi \cdot 2f_o) = 1$、式（6.22）和式（6.23）代入式（6.29），可得：

$$|T_{v\_PI}(j2\pi \cdot 2f_o)| \approx \frac{H_v K_{PWM} V_{bus} K_p \sqrt{1 + (f_L/(2f_o))^2}}{\sqrt{[1 - (2\pi \cdot 2f_o)^2 L_b C_{in} + r_s/R_{MPP}]^2 + (2\pi \cdot 2f_o)^2(r_s C_{in} + L_b/R_{MPP})^2}} \tag{6.36}$$

将式（6.33）代入式（6.36），可得：

$$f_L = 2f_o \sqrt{\dfrac{|T_{v\_PI}(j2\pi \cdot 2f_o)|^2 \left[\left(1-(2\pi \cdot 2f_o)^2 L_b C_{in} + \dfrac{r_s}{R_{MPP}}\right)^2 + (2\pi \cdot 2f_o)^2 \left(r_s C_{in} + \dfrac{L_b}{R_{MPP}}\right)^2\right]}{\left\{\left[1-4\pi^2 f_c^2 L_b C_{in} + 2\pi f_c C_{in} r_s \sin\dfrac{3\pi f_c}{f_s} + \dfrac{r_s}{R_{MPP}}\cos\dfrac{3\pi f_c}{f_s}\right]^2 + \left[2\pi f_c C_{in} r_s \cos\dfrac{3\pi f_c}{f_s} + \dfrac{2\pi f_c L_b}{R_{MPP}} - \dfrac{r_s}{R_{MPP}}\sin\dfrac{3\pi f_c}{f_s}\right]^2\right\}} - 1}$$

$$\text{(6.37)}$$

根据式（6.31）、式（6.35）和式（6.37），可以得到满足二次谐波电流抑制要求和系统稳定裕度要求的电感电流反馈系数 r_s 和输入电压环截止频率 f_c。

6.3.3　基于 PIR 调节器的抑制二次谐波电流的控制方法

根据第 6.2.2 节的分析，为了进一步提高光伏电池的二次谐波电流抑制能力，可以在 PI 调节器中加入中心频率为 $2f_o$ 的谐振环节，构成比例-积分-谐振（Proportional-Integral-Resonant，PIR）调节器，这样就可以得到采用 PIR 调节器时抑制二次谐波电流的控制方法。其中，PIR 调节器的表达式为：

$$G_{PIR}(s) = K_p + \frac{K_i}{s} + \frac{K_r \omega_i s}{s^2 + 2\omega_i s + \omega_r^2} \tag{6.38}$$

式中，K_r 为谐振系数，$\omega_r = 2\omega_o = 2\pi \cdot 2f_o$ 为谐振环节的特征角频率；ω_i 是为了减小谐振环节在中心频率 $2f_o$ 处对频率变化敏感性而引入的 $-3dB$ 要求的谐振带宽。

在中小型分布式发电系统中，电网电压频率的波动范围一般在 49.5 ~ 50.2Hz 之间，那么电网电压频率波动的最大值为 0.5Hz[9]。由此可以得到，二次谐波电流频率的波动范围最大值 $\Delta f_{max} = 1Hz$。为了保证在电网电压波动条件下，可以有效地抑制光伏电池输出电流中二次谐波电流，这里选取谐振环节的谐振带宽 $\omega_i = 2\pi \Delta f_{max} = 2\pi$。

6.4　设计实例

本节以一台 3kW 前级为 Boost 变换器的两级式单相光伏并网逆变器为例，对电感电流反馈系数和系统的闭环参数进行设计。表 6.1 和表 6.2 分别给出了光伏电池的主要参数和两级式单相光伏并网逆变器的主电路参数。

表 6.1　光伏电池的主要参数

额定工况			部分遮挡后工况		
参数	符号	值	参数	符号	值
开路电压	V_{oc}	225.1V	开路电压	V_{c_oc}	225.1V
短路电流	I_{sc}	20.6A	短路电流	I_{sc}	11.4A
MPP 处输出电压	V_{MPP}	168.4V	MPP 处输出电压	V_{c_MPP}	165.8V
MPP 处输出电流	I_{MPP}	17.87A	MPP 处输出电流	I_{c_MPP}	10.1A
最大输出功率	P_{MPP}	3kW	最大输出功率	P_{c_MPP}	1672W

表 6.2　单相光伏并网逆变器的主电路参数

前级 Boost 变换器			后级 DC-AC 逆变器		
参数	符号	数值	参数	符号	数值
升压电感	L_b	200μH	逆变器侧电感	L_1	1.6mH
输入滤波电容	C_{in}	20μF	网侧电感	L_2	400μH
中间直流母线电容	C_{bus}	1440μF	滤波电容	C_2	4.7μF
开关频率	f_{sw1}	100kHz	开关频率	f_{sw2}	20kHz
MPPT 频率	f_{MPPT}	10Hz	电网频率	f_o	50Hz
中间直流母线电压	V_{bus}	380V	电网电压有效值	V_g	220V

6.4.1　系统闭环参数设计

将表 6.1 和表 6.2 中的参数代入式 (6.31)，就可以画出 r_s 与 f_c 的关系曲线，如图 6.7 中的实线所示。图 6.7 还给出了光伏电池发生遮挡后，r_s 和 f_c 的关系曲线。图中，实线下方区域为满足 $f_r' < f_c \leqslant f_s/6$ 要求的可选区域。将式 (6.37)，$L_b = 200\mu H$，表 6.1 和表 6.2 中的参数代入式 (6.35)，可以得到同时满足 $|T_{v\_PI}(j2\pi \cdot 2f_o)| \geqslant 10$ 和 $PM \geqslant 30°$ 的可选区域，如图中虚线以上区域。因此，上述约束曲线所包围的阴影部分区域即为 r_s 与 f_c 的可选区域。需要说明的是，为了抑制高频谐波分量，输入电压环的截止频率 f_c 需小于其开关频率 f_{sw1} 的 1/10。观察图 6.7，当 R_{MPP} 增大时，r_s 和 f_c 的可选区域在不断地缩小。其原因是：R_{MPP} 增加会削弱其对谐振峰的阻尼作用。因此，为了有效地阻尼谐振尖峰，提高系统的稳定性，需要增大阻尼电阻 r_s。

为了在全负载范围内保证系统稳定，这里选取 $f_c = 4kHz$，$r_s = 4\Omega$（图中 A 点）。将 $f_c = 4kHz$、$r_s = 4\Omega$、$L_b = 200\mu H$、表 6.1 和表 6.2 中的相关参数分别代入式 (6.33) 和式 (6.37)，可以计算出 $K_p = 0.38$，$f_L = 2kHz$。根据式 (6.23)，并代入 $K_p = 0.38$ 和 $f_L = 2kHz$，可得 $K_i = 4800$。将 $K_p = 0.38$、$K_i = 4800$、表 6.1 和表 6.2 中的相关参数代入式 (6.29)，可以画出补偿后的输入电压环路增益伯德图，如图 6.8 中实线所示。可以看出，补偿后的输入电压控制环在 $2f_o$ 处的环路增益为 28，截止频率 $f_c = 4kHz$，相位裕度 $PM = 30°$。可见，本章

所提系统闭环参数的设计方法很好地满足系统二次谐波电流抑制要求和稳定裕度
要求。

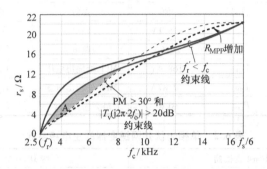

图 6.7　r_s 和 f_c 的可选区域

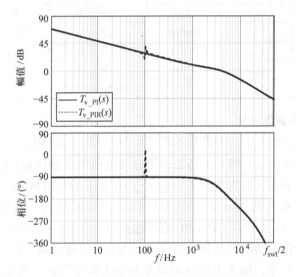

图 6.8　补偿后输入电压环路增益伯德图

6.4.2　谐振调节器设计

将 $G_d(j2\pi \cdot 2f_o) = 1$ 和式（6.38）代入式（6.29），可得：

$$|T_{v\_PIR}(j2\pi \cdot 2f_o)|$$

$$\approx \frac{H_v K_{PWM} V_{bus} \sqrt{\left\{K_p + \dfrac{2K_r(4\pi f_o \omega_i)^2}{[\omega_r^2 - (4\pi f_o)^2]^2 + (8\pi f_o \omega_i)^2}\right\}^2 + \left\{\left(\dfrac{K_i}{2\pi f_o}\right)^2 - \dfrac{4\pi f_o K_r \omega_i \, [\omega_r^2 - (4\pi f_o)^2]}{[\omega_r^2 - (4\pi f_o)^2]^2 + (8\pi f_o \omega_i)^2}\right\}^2}}{\sqrt{\left(1 - (2\pi \cdot 2f_o)^2 L_b C_{in} + \dfrac{r_s}{R_{MPP}}\right)^2 + (2\pi \cdot 2f_o)^2 \left(r_s C_{in} + \dfrac{L_b}{R_{MPP}}\right)^2}}$$

$$(6.39)$$

为了将光伏电池输出电流中的二次谐波电流限制在 1% 以内，根据式
（6.20），可以计算出输入电压环在 $2f_o$ 处的环路增益需高于 91。将 $|T_{v\_PIR}(j2\pi \cdot 2f_o)| \geqslant 91$、$r_s = 4\Omega$、$K_p = 0.38$、$K_i = 4800$、表 6.1 和表 6.2 中的相关参数代入
式（6.39），可以计算出 $K_r \geqslant 48$。将 $K_r = 50$ 和上述相关参数代入式（6.29），
可以画出补偿后的输入电压环路增益伯德图，如图 6.8 中的虚线所示。可以看
出，加入谐振环节后输入电压环在 $2f_o$ 处的环路增益 100，截止频率 $f_c = 4\text{kHz}$，
相位裕度 PM $= 30°$。

6.5　实验验证

为了验证本章理论分析和闭环参数设计方法的有效性，在实验室搭建了一台
3kW 前级为 Boost 变换器的两级式单相光伏并网逆变器，并进行了实验验证。
图 6.9给出了原理样机的照片。

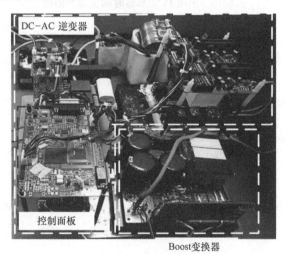

图 6.9　样机照片

图 6.10 给出了前级 Boost 变换器采用 PI 调节器时，光伏电池满载输出的实
验波形。图中，v_{pv}、i_{pv} 和 p_{pv} 分别为光伏电池的输出电压、输出电流和输出功
率，v_{bus} 为中间直流母线电压，v_g 和 i_g 分别为电网电压和并网电流。可以发现，
光伏电池输出电压的脉动幅值为 3.9V，光伏电池输出电流中的二次谐波电流为
2.37%，中间直流母线电压的平均值稳定在 380V，并网电流的功率因数为
0.9974，有效值为 13.6A，THD 为 1.7%。

图 6.11 给出了前级 Boost 变换器采用 PIR 后，光伏电池满载输出时的实验波
形。可以看出，光伏电池输出电压的脉动幅值为 1.25V，光伏电池输出电流中的

二次谐波电流为 0.74% 。可见，本文所提控制方法可以很好地抑制光伏电池中的二次谐波电流。其中，PIR 的二次谐波电流抑制效果较好。这是因为 PIR 调节器进一步增大了输入电压环在 $2f_o$ 处的环路增益。

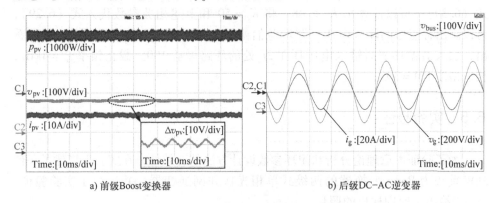

a) 前级Boost变换器   b) 后级DC-AC逆变器

图 6.10   采用 PI 调节器时的实验波形图

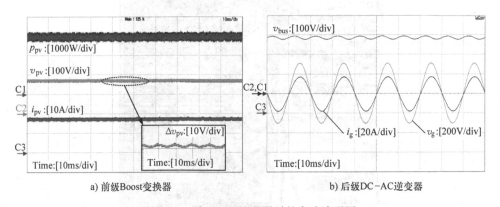

a) 前级Boost变换器   b) 后级DC-AC逆变器

图 6.11   采用 PIR 调节器时的实验波形图

图 6.12 给出了前级 Boost 变换器采用 PI 调节器时的动态实验波形。可以看出，当光伏电池输出功率发生变化时，光伏电池输出电压的过冲与跌落分别为 4.8V 和 4.5V，其相应的调节时间分别为 30ms 和 30ms；中间直流母线电压的过冲与跌落均为 50V，相应的调节时间分别为 150ms 和 145ms。中间直流母线上大的电压过冲与跌落是中间直流母线电压控制环的截止频率过低导致的。

图 6.13 给出了前级 Boost 变换器采用 PIR 调节器时的动态实验波形。可以看出，当光伏电池输出功率发生变化时，光伏电池输出电压的过冲与跌落均为 4.5V，其相应的调节时间分别为 30ms 和 28ms；中间直流母线电压的过冲与跌落均为 50V，相应的调节时间分别为 150ms 和 145ms。

表 6.3 给出了输入电压调节器分别采用 PI 和 PIR 调节器时，光伏电池输出

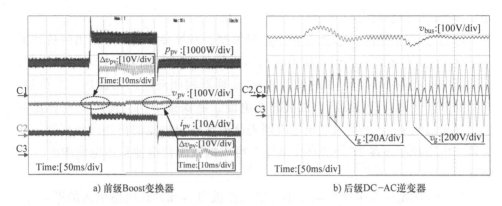

a) 前级Boost变换器   b) 后级DC-AC逆变器

图6.12 采用PI调节器时的动态实验波形图

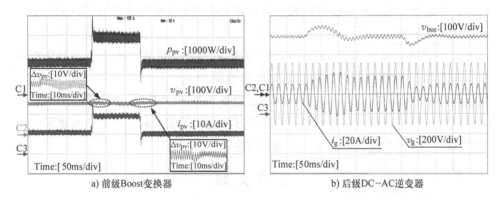

a) 前级Boost变换器   b) 后级DC-AC逆变器

图6.13 采用PIR调节器时的动态实验波形图

电流中二次谐波电流大小,以及光伏电池输出功率发生跳变时光伏电池输出电压的过冲与跌落及其相应的调节时间。可以看出,PIR调节器可以进一步提高光伏电池的二次谐波电流抑制能力。

表6.3 抑制光伏电池中二次谐波电流的不同控制方法对比

输入电压调节器	稳态特性	动态特性	
	光伏电池输出电流中二次谐波电流大小	电压过冲/调节时间	电压跌落/调节时间
PI	2.37%	4.8V/30ms	4.5V/30ms
PIR	0.74%	4.5V/30ms	4.5V/28ms

6.6 本章小结

本章前级以Boost变换器为例,讨论了前级为BCCC的两级式单相DC-AC

逆变器的二次谐波电流抑制方法，主要工作如下：

1. 建立了前级 Boost 变换器的小信号模型，并推导了其闭环输出阻抗和前级 Boost 变换器输出电流到光伏电池输出电流传递函数的表达式。可以发现，在输入电压控制环截止频率内前级 Boost 变换器的闭环输出阻抗是一个负阻。为了抑制前级 Boost 变换器中二次谐波电流，需保证中间直流母线电容足够大。基于前级 Boost 变换器输出电流到光伏电池输出电流的传递函数可知，增大输入电压控制环在 $2f_o$ 处的环路增益，可以抑制光伏电池输出电流中的二次谐波电流。

2. 为了阻尼输入电压控制环中由输入滤波电容和升压电感引入的谐振峰，采用电感电流反馈的有源阻尼控制方法，并分析了控制延时对谐振峰阻尼效果的影响。在此基础上，根据二次谐波电流抑制要求和系统稳定裕度要求，给出了电感电流反馈系数和 PI 调节器的设计方法。

3. 为了进一步提高输入电压控制环在 $2f_o$ 处的环路增益，在 PI 调节器中加入中心频率为 $2f_o$ 的谐振环节，构成了 PIR 调节器。

最后，在实验室设计完成了一台额定功率 3kW 前级为 Boost 变换器的两级式单相光伏并网逆变器，并对本章所提控制方法进行了实验验证。实验结果证明了本章理论分析的正确性和参数设计的合理性。

参 考 文 献

[1] KAN S, RUAN X, DANG H, et al. Second harmonic current reduction in front – end dc – dc converter for two – stage single – phase photovoltaic grid – connected inverter [J]. IEEE Transactions on Power Electronics, 2019, 34 (7): 6399 – 6410.

[2] FEMIA N, PETRONE G, SPAGNUOLO G, et al. Optimization of perturb and observe maximum power point tracking method [J]. IEEE Transactions on Power Electronics, 2005, 20 (4): 963 – 973.

[3] 张卫平，陈亚爱，张懋. 开关变换器的建模与控制 [M]. 北京：机械工业出版社，2019.

[4] ZHAO W, RUAN X, YANG D, et al. Neutral point voltage ripple suppression for a three – phase four – wire inverter with an independently controlled neutral module [J]. IEEE Transactions on Industrial Electronics, 2017, 64 (4): 2608 – 2619.

[5] SUN C, WANG Y. Research of kind of variable step size perturbation and observation MPPT based on power prediction [C]. Proc. IEEE Mechatronics and Automation, 2016: 2076 – 2081.

[6] ERICKSON R, MAKSIMOVIC D. Fundamental of Power Electronics [M]. 3rd ed. Switzerland: Springer International Publishing, 2020.

[7] PAN D, RUAN X, BAO C, et al. Capacitor – current – feedback active damping with reduced

computation delay for improving robustness of LCL – type grid – connected inverter [J]. IEEE Transactions on Power Electronics, 2014, 29 (7): 3414 – 3427.

[8] BAO C, RUAN X, WANG X, et al. Step – by – step controller design for LCL – type grid – connected inverter with capacitor – current – feedback active damping [J]. IEEE Transactions on Power Electronics, 2014, 29 (3): 1239 – 1253.

[9] 国家电网公司. 光伏电站接入电网技术规定：Q/GDW 617 – 2011 [S]. 北京：中国电力出版社，2011.

两级式单相PFC变换器中DC-DC变换器的二次谐波电流抑制方法

在两级式单相变换器（包括两级式单相 DC – AC 逆变器和两级式单相 PFC 变换器）中，交流端口的瞬时功率以两倍交流频率脉动，导致 DC – DC 变换器、直流输入源或直流负载中存在二次谐波电流。第 3~6 章系统研究了两级式单相 DC – AC 逆变器中 DC – DC 变换器的二次谐波电流抑制方法。两级式单相 PFC 变换器中二次谐波电流的传播方向和两级式单相 DC – AC 逆变器的不同，不能直接采用后者的二次谐波电流抑制方法。为此，本章将揭示两级式单相 PFC 变换器中二次谐波电流的传播机理，讨论其中 DC – DC 变换器在不同工作模式下的二次谐波电流抑制。当 DC – DC 变换器工作在 BCCC 时，本章指出提升控制带宽并增大中间母线电容，即可有效抑制其中的二次谐波电流；当 DC – DC 变换器工作在 BVCC 时，利用第 2 章抑制 BVCC 中二次谐波电流的基本方法，包括虚拟串并联阻抗方法和电压环设计方法，来抑制 BVCC 中的二次谐波电流，并在此基础上推导出一系列抑制二次谐波电流的控制策略[1]。最后，研制了一台 3.3kW 的两级式单相 PFC 变换器，验证了所推导的抑制二次谐波电流控制策略的有效性。

7.1 二次谐波电流的传播机理

为了阐述方便，图 7.1a 重新给出了两级式单相 PFC 变换器的结构图，其中，C_{bus} 为中间母线电容。如果忽略开关电流脉动分量，PFC 变换器的母线端口电流 i_{rect} 包含直流电流 I_{rect_dc} 和二次谐波电流 i_{SHC}，由此可将前级 PFC 变换器等效为一个直流电流源 I_{rect_dc} 和一个二次谐波电流源 i_{SHC} 并联的形式，如图 7.1b 所示。可以看出，i_{SHC} 由 C_{bus} 和 DC – DC 变换器共同吸收。i_{SHC} 流入 DC – DC 变换器，会增大其功率器件的电流应力，并使导通损耗增大，导致效率降低，因而有必要抑制 DC – DC 变换器中的二次谐波电流。

后级 DC – DC 变换器的输入输出电压传输比 $M(D)$ 可以表示为：

$$M(D) = V_{dc}/v_{bus} \tag{7.1}$$

式中，V_{dc} 为直流输出电压，v_{bus} 为中间直流母线电压。

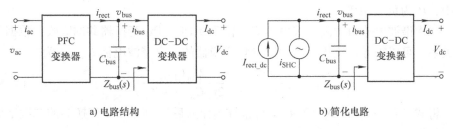

a) 电路结构　　　　　　　　　　　　　　b) 简化电路

图7.1　两级式单相 PFC 变换器的电路结构

为了优化设计后级 DC - DC 变换器，一般在设计时使中间母线电压 v_{bus} 的脉动量较小，v_{bus} 可近似为直流电压 V_{bus}。那么，根据式（7.1）可知，$M(D)$ 中二次谐波分量很小，可以忽略。若忽略开关纹波分量，且假设后级 DC - DC 变换器的变换效率为1，那么有 $V_{bus}i_{bus} = V_{dc}I_{dc}$，由此可以推导出后级 DC - DC 变换器的母线端口电流为：

$$i_{bus} = V_{dc}I_{dc}/V_{bus} = M(D)I_{dc} \tag{7.2}$$

对于蓄电池或 LED 等电压源型负载，可将 I_{dc} 控制为恒定的直流电流。若负载需要恒压供电，则可将 V_{dc} 控制为平直的直流电压，此时 I_{dc} 也是恒定的直流电流。由于 $M(D)$ 中的二次谐波分量较小，那么由式（7.2）可知，i_{bus} 中的二次谐波电流也较小。如果将 i_{bus} 控制为恒定直流量，由于 $M(D)$ 中的二次谐波分量较小，那么 I_{dc} 中的二次谐波分量也很小。综上所述，为了同时减小流入 DC - DC 变换器和直流负载中的二次谐波电流，只需减小 I_{dc} 或 i_{bus} 中的二次谐波电流即可。

7.2　后级 DC - DC 变换器中的二次谐波电流抑制方法

根据应用场合不同，后级 DC - DC 变换器需要控制其输出电压或输出电流（其为 BCCC），或者控制中间直流母线电压（其为 BVCC）。下面分别讨论这两种工作模式的二次谐波电流抑制方法。

7.2.1　后级 DC - DC 变换器为 BCCC

在蓄电池充电电源或者 LED 照明驱动电源中[2,3]，为了实现蓄电池的恒流充电或者恒流驱动 LED，需控制后级 DC - DC 变换器的输出电流。而在服务器电源中，需控制其输出电压。为了抑制输出电流或输出电压中的二次谐波分量，后级 DC - DC 变换器的电流环或电压环在两倍交流输入频率（$2f_{in}$）处的环路增益应足够高，即其控制带宽需远高于 $2f_{in}$。在控制带宽内，后级 DC - DC 变换器在母线端口表现为恒功率负载，其母线端口阻抗呈现负阻特性[4]，可以表示为：

$$Z_{\text{bus}} = - V_{\text{bus}}^2 / P_{\text{o}} \qquad (7.3)$$

式中，P_{o} 为负载功率。

二次谐波电流由中间母线电容 C_{bus} 和后级 DC - DC 变换器共同吸收，根据分流关系，可以推导出流入后级 DC - DC 变换器的二次谐波电流 $i_{\text{bus\_SHC}}$ 为：

$$i_{\text{bus\_SHC}} = \frac{1/(j \cdot 2\pi \cdot 2f_{\text{in}} C_{\text{bus}})}{1/(j \cdot 2\pi \cdot 2f_{\text{in}} C_{\text{bus}}) + Z_{\text{bus}}} i_{\text{SHC}} \qquad (7.4)$$

将式（7.3）代入式（7.4），可推导出流入后级 DC - DC 变换器的二次谐波电流的幅值为：

$$I_{\text{bus\_SHC}} = \frac{1}{\sqrt{1 + (2\pi \cdot 2f_{\text{in}} C_{\text{bus}} V_{\text{bus}}^2 / P_{\text{o}})^2}} I_{\text{SHC}} \qquad (7.5)$$

式中，I_{SHC} 为 i_{SHC} 的幅值，其大小等于 $I_{\text{rect\_dc}}$。根据式（7.5）可知，为了减小流入后级 DC - DC 变换器中的二次谐波电流，需增大中间母线电容容量。

定义二次谐波电流抑制比为 $I_{\text{bus\_SHC}}/I_{\text{bus}}$，并限制其不大于 α_{SHC}，那么有 $I_{\text{bus\_SHC}}/I_{\text{bus}} < \alpha_{\text{SHC}}$。这里，$I_{\text{bus}}$ 为后级 DC - DC 变换器输入电流中的直流分量，其大小等于 i_{rect} 中的直流分量 $I_{\text{rect\_dc}}$，即 $I_{\text{bus}} = I_{\text{rect\_dc}}$。那么，根据式（7.5）可以推导出所需中间母线电容为：

$$C_{\text{bus}} \geqslant \sqrt{\frac{1 - \alpha_{\text{SHC}}^2}{\alpha_{\text{SHC}}^2}} \frac{P_{\text{o}}}{2\pi \cdot 2f_{\text{in}} V_{\text{bus}}^2} \qquad (7.6)$$

7.2.2 后级 DC - DC 变换器为 BVCC

在两级式单相风力发电这类应用场合[5]，前级 PFC 变换器需要控制风机的输出功率，以实现其 MPPT；而后级 DC - DC 变换器控制中间直流母线电压 V_{bus}，以实现直流并网。需要说明的是，当外部风力条件发生变化时，风机的最大输出功率会随之变化，DC - DC 变换器的输入功率也会相应变化，因此后级 DC - DC 变换器需要具有较好的动态特性。

1. 虚拟阻抗的引入和实现

后级 DC - DC 变换器可以采用 Buck 类、Boost 类和 Buck - Boost 类变换器，利用状态空间平均法，可以得到其统一交流小信号等效电路[3]，如图 7.2a 所示。图中，L_{e} 为 DC - DC 变换器中的电感折算至输出侧的等效滤波电感，$e(s)$ 和 $j(s)$ 分别为受控电压源和受控电流源的系数，其表达式在表 7.1 中给出。在表 7.1 中，$D_y' = 1 - D_y$，D_y 为有效占空比；L_{f} 为 DC - DC 变换器中的电感，I_{Lf} 为电感电流平均值；K 为隔离型 DC - DC 变换器中变压器的原副边匝比，对非隔离型 DC - DC 变换器而言，$K = 1$。根据图 7.2a，可以得到采用单电压环控制的 DC - DC 变换器的控制框图，如图 7.2b 所示。图中，$G_v(s)$ 为电压调节器，H_v 为电压采样系数，$K_{\text{PWM}} = 1/V_{\text{M}}$，$V_{\text{M}}$ 为三角载波幅值。

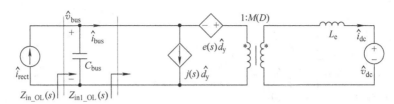

a) 交流小信号等效电路

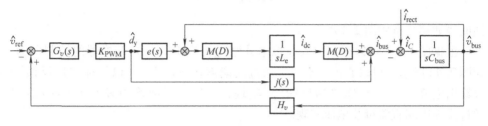

b) 控制框图

图 7.2　后级 DC – DC 变换器的统一交流小信号等效电路和控制框图

表 7.1　DC – DC 变换器的小信号等效电路参数

DC – DC 变换器	$M(D)$	$e(s)$	$j(s)$	L_e
Buck 类	$\dfrac{D_y}{K}$	$\dfrac{KV_{dc}}{D_y^2}$	$\dfrac{I_{Lf}}{K}$	L_f
Boost 类	$\dfrac{1}{KD_y'}$	$KV_{dc} - \dfrac{I_{Lf}sL_f}{K^2 D_y'}$	$\dfrac{I_{Lf}}{D_y'}$	$\dfrac{L_f}{(KD_y')^2}$
Buck – Boost 类	$-\dfrac{D_y}{KD_y'}$	$-\dfrac{KV_{dc}}{D_y^2} + \dfrac{1}{K^2}\dfrac{I_{Lf}sL_f}{D_y D_y'}$	$-\dfrac{I_{Lf}}{KD_y'}$	$\dfrac{L_f}{(KD_y')^2}$

　　观察图 7.2a，为了减小流入 DC – DC 变换器中的二次谐波电流，需增大其在两倍输入交流频率（$2f_{in}$）处的输入阻抗，为此可在 DC – DC 变换器的母线端口串联一个虚拟阻抗 $Z_s(s)$，如图 7.3 的 1#位置。注意到，由于占空比 $\hat{d}_y$ 中的二次谐波含量很小，故受控电流源 $j(s)\,\hat{d}_y$ 中二次谐波电流含量很小。因此，$Z_s(s)$ 也可串联在输出支路中，如图 7.3 的 2#位置。需要说明的是，为了抑制流入 DC – DC 变换器的二次谐波电流，只需提高 DC – DC 变换器在 $2f_{in}$ 处的输入阻抗即可。因此，$Z_s(s)$ 只需在 $2f_{in}$ 处阻抗幅值较高，而在非 $2f_{in}$ 处阻抗幅值很小，其幅频特性曲线如第 2 章中图 2.13a 所示。

　　为了改善 DC – DC 变换器的动态性能，应尽可能减小其输入阻抗幅值。为此，可在 DC – DC 变换器母线端口引入一个虚拟并联阻抗 $Z_p(s)$，如图 7.3 所示。需要注意的是，为了避免减小 DC – DC 变换器在 $2f_{in}$ 处的输入阻抗幅值，$Z_p(s)$ 在 $2f_{in}$ 处的阻抗幅值应为无穷大，而在非 $2f_{in}$ 处的阻抗幅值很小，其幅频特

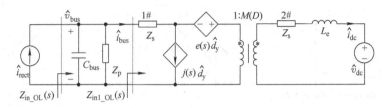

图 7.3　虚拟阻抗的引入

性曲线如第 2 章中图 2.13b 所示。

根据图 7.3，可以得到引入虚拟串并联阻抗后 DC–DC 变换器的控制框图，如图 7.4a 所示。可以看出，$Z_s(s)$ 通过反馈输入电流 i_{bus}（以下称"1#反馈"）或输出电流 i_{dc}（以下称"2#反馈"）实现，其反馈系数均为 $Z_s(s)$，而 $Z_p(s)$ 通过反馈中间直流母线电压实现。

在图 7.4a 中，将 1#反馈支路的反馈点由 $e(s)$ 的输出向后移至第二个 $M(D)$ 的输出，接着将 $j(s)$ 支路的作用点前移至 $e(s)$ 的输出。进一步，将 $e(s)$ 支路和 $j(s)$ 支路合并，并将合并后的系数记为 $G_x(s)$，由此可得图 7.4b 所示的等效控制框图。$G_x(s)$ 的表达式为：

$$G_x(s) = \frac{sL_e + \alpha_1 Z_s(s)}{M(D)^2} j(s) + e(s) \tag{7.7}$$

式中，采用 1#和 2#反馈时，α_1 分别为 0 和 1。随后，将 $1/Z_p(s)$ 支路的反馈点向前移至电压调节器 $G_v(s)$ 的输出，并调整对应的反馈系数。接着，将 $Z_s(s)$ 支路的反馈点向前移至 $G_v(s)$ 的输出，最终得到图 7.4c 所示的控制框图。图中，采用 1#反馈时，$\alpha_2 = M(D)$，采用 2#反馈时，$\alpha_2 = 1$。

2. 虚拟串并联阻抗的选取

根据图 2.13a，虚拟串联阻抗 $Z_s(s)$ 可以表示为：

$$Z_s(s) = r_s G_{BPF}(s) \tag{7.8}$$

式中，r_s 为虚拟串联电阻；$G_{BPF}(s)$ 为中心频率在 $2f_{in}$ 处的带通滤波器，其表达式为：

$$G_{BPF}(s) = \frac{s/(Q \cdot 2\pi \cdot 2f_{in})}{[s/(2\pi \cdot 2f_{in})]^2 + s/(Q \cdot 2\pi \cdot 2f_{in}) + 1} \tag{7.9}$$

式中，Q 为品质因数。

图 7.3 中，令 $\hat{d}_y = 0$ 和 $\hat{v}_{dc} = 0$，可得不包含中间母线电容的开环输入阻抗 $Z_{in1\_OL}(s)$ 为：

$$Z_{in1\_OL}(s) = \frac{sL_e + \alpha_2^2 Z_s(s)}{M(D)^2} \tag{7.10}$$

以第 7.4 节中表 7.3 给出的移相控制全桥变换器样机的参数为例进行讨论。

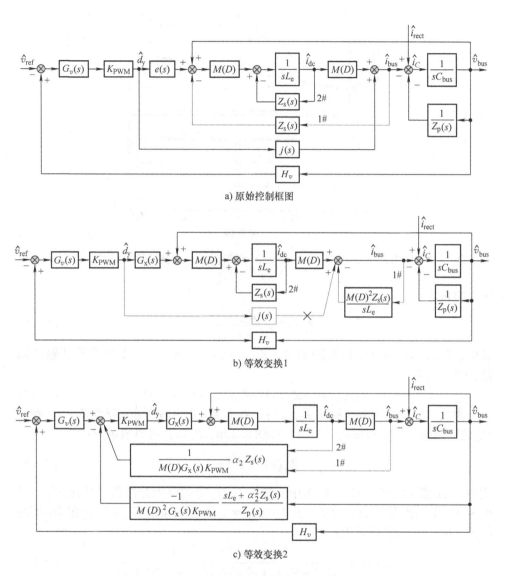

a) 原始控制框图

b) 等效变换1

c) 等效变换2

图7.4　虚拟串并联阻抗的实现

此时，$M(D) = D_y/K$、$L_e = L_f$。当采用 2# 反馈时，可以绘制出 $sL_e/M(D)^2$、$Z_{in1\_OL}(s)$ 和中间母线电容容抗 $Z_C(s) = 1/(sC_{bus})$ 的幅频特性曲线，如图 7.5 所示。可以发现，引入 $Z_s(s)$ 可大幅提高 $Z_{in1\_OL}(s)$ 在 $2f_{in}$ 处的幅值，使其远大于 $Z_C(s)$，进而抑制流入 DC - DC 变换器中的二次谐波电流。

　　为了改善 DC - DC 变换器的动态性能，且不影响二次谐波电流抑制效果，应尽可能减小 DC - DC 变换器在非 $2f_{in}$ 处的闭环输入阻抗。DC - DC 变换器的闭环

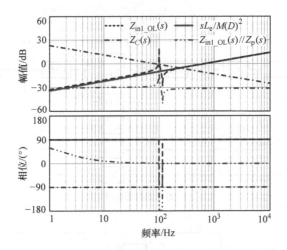

图 7.5 $sL_e/M(D)^2$、$1/(sC_{bus})$ 和 $Z_{in1\_OL}(s)$ 的幅频特性曲线

输入阻抗为:

$$Z_{in}(s) = \frac{Z_{in\_OL}(s)}{1 + T_{v\_CL}(s)} \tag{7.11}$$

式中,$T_{v\_CL}(s)$ 为电压环环路增益,$Z_{in\_OL}(s)$ 为 DC – DC 变换器开环输入阻抗,可表示为:

$$Z_{in\_OL}(s) = Z_C(s)//Z_{in1\_OL}(s)//Z_p(s) \tag{7.12}$$

由式 (7.11) 可知,降低 $Z_{in\_OL}(s)$ 在非 $2f_{in}$ 处的幅值可以降低 $Z_{in}(s)$ 在非 $2f_{in}$ 处的幅值。那么根据式 (7.12) 和图 2.13b,$Z_p(s)$ 可以表示为:

$$Z_p(s) = \frac{r_p}{G_N(s)} \tag{7.13}$$

式中,r_p 的阻值很小,$G_N(s)$ 为中心频率在 $2f_{in}$ 处的带阻滤波器,其在 $2f_{in}$ 的幅值为 0,那么使得 $|Z_p(j \cdot 2\pi \cdot 2f_{in})| = +\infty$,避免了减小 $Z_{in\_OL}(s)$ 在 $2f_{in}$ 处的幅值。$G_N(s)$ 的表达式为:

$$G_N(s) = \frac{[s/(2\pi \cdot 2f_{in})]^2 + 1}{[s/(2\pi \cdot 2f_{in})]^2 + s/(Q \cdot 2\pi \cdot 2f_{in}) + 1} \tag{7.14}$$

根据前面的定义可知,$G_{BPF}(s)$ 在 $2f_{in}$ 处的幅值为 1,在非 $2f_{in}$ 处的值很小;而 $G_N(s)$ 在 $2f_{in}$ 处的幅值为 0,在非 $2f_{in}$ 处的值为 1。那么,有 $G_{BPF}(s)G_N(s) \approx 0$。

将式 (7.10) 和式 (7.13) 代入式 (7.12),并结合 $G_{BPF}(s)G_N(s) \approx 0$,可得:

$$Z_{in\_OL}(s) = Z_C(s)//\frac{Z_{in1\_OL}(s)}{1 + \frac{sL_e + \alpha_2^2 r_s G_{BPF}(s)}{M(D)^2 r_p}G_N(s)} \approx Z_C(s)//\frac{Z_{in1\_OL}(s)}{1 + \frac{sL_e}{M(D)^2 r_p}G_N(s)}$$

$$\tag{7.15}$$

由于 $G_N(s)$ 在 $2f_{in}$ 处的幅值为 0，在非 $2f_{in}$ 处的值为 1，故由式（7.15）可知，在非 $2f_{in}$ 处，$Z_{in1\_OL}(s)//Z_p(s)$ 可以近似为 $Z_{in1\_OL}(s)$ 级联一个低通滤波器的形式，其中低通滤波器转折角频率为 $M(D)^2 r_p/L_e$，其大小应远小于 $2\pi \cdot 2f_{in}$，以尽可能减小 $Z_{in\_OL}(s)$ 的幅值。

滤波电感一般按照其开关纹波电流来设计，因而在 $2f_{in}$ 及以下频率处，$sL_e/M(D)^2$ 很小。那么，为了有效抑制二次谐波电流，在 $2f_{in}$ 处，虚拟串联电阻 r_s 的值应远大于电感的感抗和中间母线电容的容抗，则有：

$$|Z_{in1\_OL}(j2\pi \cdot 2f_{in})| = \left| \frac{j2\pi \cdot 2f_{in}L_e + \alpha_2^2 r_s}{M(D)^2} \right| \approx \frac{\alpha_2^2}{M(D)^2} r_s \gg \frac{1}{2\pi \cdot 2f_{in}C_{bus}}$$

$$(7.16)$$

由式（7.16）可得：

$$\frac{M(D)^2}{\alpha_2^2 r_s C_{bus}} \ll 2\pi \cdot 2f_{in} \tag{7.17}$$

可以看出，选择 $M(D)^2 r_p/L_e = M(D)^2/(\alpha_2^2 r_s C_{bus})$，即可保证 $M(D)^2 r_p/L_e \ll 2\pi \cdot 2f_{in}$，由此可得 $r_p = L_e/(\alpha_2^2 r_s C_{bus})$。结合式（7.13），可得虚拟并联阻抗为：

$$Z_p(s) = \frac{r_p}{G_N(s)} = \frac{L_e}{\alpha_2^2 r_s C_{bus} G_N(s)} \tag{7.18}$$

7.3　后级 DC – DC 变换器中的二次谐波电流的抑制方法

本节根据上一节推导的统一控制框图和选取的虚拟串并联阻抗的形式，推导具体的抑制后级 DC – DC 变换器中二次谐波电流的控制策略。

7.3.1　基于带通滤波器的输入电流或输出电流反馈的二次谐波电流抑制方法

当仅在 DC – DC 变换器输入端口或输出端口中引入虚拟串联阻抗 $Z_s(s)$ 时，将 $Z_s(s) = r_s G_{BPF}(s)$ 代入图7.4c，即可得到图 7.6 所示的控制框图。可以看出，它在图 7.2b 所示控制框图的基础上，在输入电流或输出电流反馈中引入了带通滤波器。因此，本章称其为基于带通滤波器的输入电流（输出电流）反馈控制策略（Band – Pass Filter Based Input/Output Current Feedback Scheme, BPF – ICFS/BPF – OCFS）。

7.3.2　基于带阻滤波器输入电流前馈的二次谐波电流抑制方法

为了改善系统的动态性能，在引入虚拟串联阻抗 $Z_s(s)$ 的同时加入虚拟并联阻抗 $Z_p(s)$。将 $Z_s(s)$ 和 $Z_p(s)$ 的表达式代入图7.4c，并将 $Z_p(s)$ 的反馈量由电容电压调整为电容电流，可以得到图 7.7a 所示的等效控制框图。由于 $G_{BPF}(s)G_N(s) \approx 0$，可以忽略电容电流反馈系数中含有 $G_{BPF}(s)G_N(s)$ 的项。此

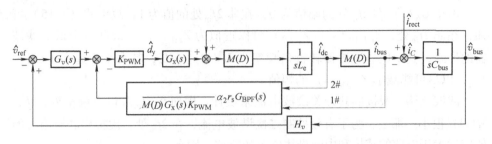

图 7.6　加带通滤波器输入电流（输出电流）反馈控制策略

时，实际实现的虚拟并联阻抗为：

$$Z_\mathrm{p}(s) = \frac{sL_\mathrm{e} + \alpha_2^2 r_\mathrm{s} G_\mathrm{BPF}(s)}{sL_\mathrm{e}} \frac{L_\mathrm{e}}{\alpha_2^2 r_\mathrm{s} C_\mathrm{bus} G_\mathrm{N}(s)} = \frac{sL_\mathrm{e} + \alpha_2^2 r_\mathrm{s} G_\mathrm{BPF}(s)}{s\alpha_2^2 r_\mathrm{s} C_\mathrm{bus} G_\mathrm{N}(s)} \qquad (7.19)$$

以第 7.4 节中表 7.3 所给出的移相控制全桥变换器样机参数为例，当采用2#反馈时，可以绘制 $Z_{\mathrm{in1\_OL}}(s) // Z_\mathrm{p}(s)$ 的幅频特性曲线，如图 7.5 所示。可以发现，引入 $Z_\mathrm{p}(s)$ 可以大幅减小 DC – DC 变换器在非 $2f_\mathrm{in}$ 处的开环输入阻抗幅值，进而减小 $Z_{\mathrm{in\_CL}}(s)$ 的幅值，从而改善系统的动态性能。

根据式（7.9）和式（7.14）可知 $G_\mathrm{BPF}(s) = 1 - G_\mathrm{N}(s)$，那么可以将输入电流（输出电流）反馈拆分为两项，如图 7.7b 所示。对于2#反馈，将包含 $G_\mathrm{N}(s)$ 的反馈项的反馈点后移至 i_bus 处，可得图 7.7c 所示的控制框图。由于 $i_\mathrm{rect} = i_C + i_\mathrm{bus}$，且从图 7.7c 可以看出 i_C 和 i_bus 的反馈系数相同，因而 i_C 和 i_bus 反馈可以合并为 i_rect 前馈，这样图 7.7c 可变换为图 7.7d。由于该方法在输入电流前馈中加入了带阻滤波器，故本章称之为基于带阻滤波器输入电流前馈控制策略（Notch Filter Based Input Current Feed – Forward Scheme, NF – ICFFS）。

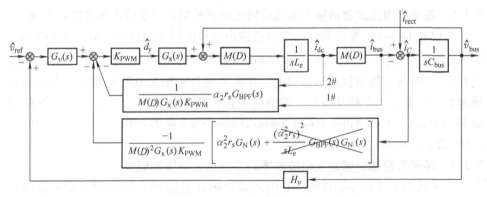

a) 等效变换1

图 7.7　基于带阻滤波器的输入电流前馈控制策略

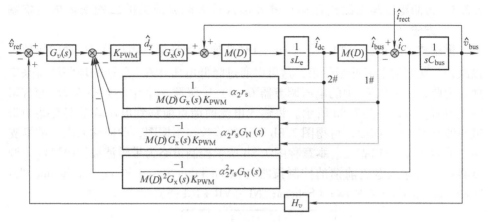

b) 等效变换2

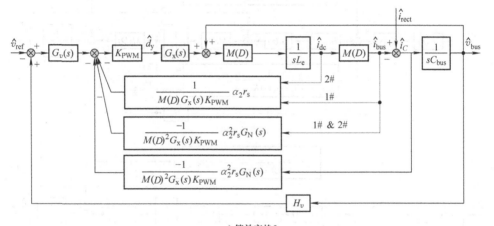

c) 等效变换3

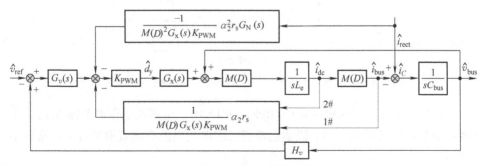

d) 基于带阻滤波器输入电流前馈的控制策略

图 7.7 基于带阻滤波器的输入电流前馈控制策略（续）

7.3.3 带阻滤波器级联电压调节器并加入输入电流前馈的二次谐波电流抑制方法

根据式（7.11）可知，增大 DC - DC 变换器闭环输入阻抗在 $2f_{in}$ 处的幅值可以改善二次谐波电流抑制效果，这可以通过降低电压环在 $2f_{in}$ 处的环路增益来实现。为此，在图 7.7d 中的电压调节器 $G_v(s)$ 中级联一个中心频率为 $2f_{in}$ 的带阻滤波器 $G_N(s)$，如图 7.8a 所示。将输入电流前馈点前移到电压调节器支路中带阻滤波器 $G_N(s)$ 前面，可得图 7.8b 所示的等效控制框图，此时输入电流前馈支路中的 $G_N(s)$ 可以省去。本章称图 7.8b 所示控制策略为带阻滤波器级联电压调节器并加入输入电流前馈的控制策略（Notch Filter Based Voltage Regulator Plus Input Current Feed - Forward Scheme，NF - VR + ICFFS）。

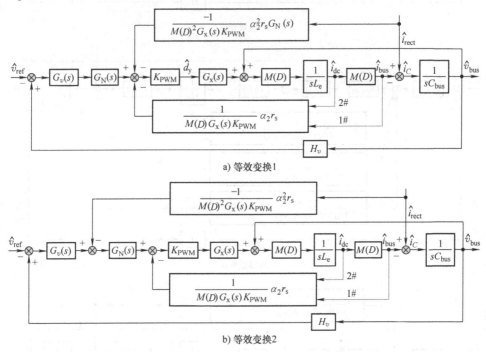

a) 等效变换1

b) 等效变换2

图 7.8 带阻滤波器级联电压调节器的二次谐波电流抑制方法

需要说明的是，在 BPF - ICFS/BPF - OCFS 中，也可在电压调节器 $G_v(s)$ 中级联一个带阻滤波器 $G_N(s)$，以达到改善二次谐波电流抑制效果的目的，这里不再赘述。

7.3.4 不同二次谐波电流抑制控制策略的比较

根据基于虚拟串并联阻抗的二次谐波电流抑制及动态性能改善方法，前面提出了一系列抑制后级 DC - DC 变换器中二次谐波电流的控制策略。表 7.2 从二次谐波电流抑制效果、动态性能和复杂度三个方面，给出了上述控制策略的对比。

表7.2 不同控制策略的比较

	是否加入串联阻抗 $Z_s(s)$	是否加入并联阻抗 $Z_p(s)$	是否级联带阻滤波器 $G_N(s)$	二次谐波电流抑制效果	动态响应	复杂度
BPF – ICFS/ BPF – OCFS	是	否	否	好	一般	简单
NF – ICFFS	是	是	否	好	好	一般
NF – VR + ICFFS	是	是	是	很好	很好	一般

从表7.2可以看出：

（1）BPF – ICFS/BPF – OCFS 通过引入虚拟串联阻抗 $Z_s(s)$，可有效抑制后级 DC – DC 变换器中的二次谐波电流。$Z_s(s)$ 可通过反馈输入电流或者输出电流实现，实现最为简单；

（2）NF – ICFFS 在引入虚拟串联阻抗 $Z_s(s)$ 的基础上，引入虚拟并联阻抗 $Z_p(s)$ 以有效减小 DC – DC 变换器在非 $2f_{in}$ 处的闭环输入阻抗幅值，从而改善 DC – DC 变换器的动态性能。由于引入了输入电流前馈控制，控制电路的复杂度略有增加。

（3）NF – VR + ICFFS 在引入 $Z_s(s)$ 和 $Z_p(s)$ 的同时，在电压调节器中级联一个带阻滤波器 $G_N(s)$，显著降低了电压环在 $2f_{in}$ 处环路增益幅值，进而增大 DC – DC 变换器闭环输入阻抗在 $2f_{in}$ 处的幅值，因此其二次谐波电流抑制效果最好。在二次谐波电流抑制效果相同时，NF – VR + ICFFS 可进一步提升电压环控制带宽，改善 DC – DC 变换器的动态响应。NF – VR + ICFFS 与 NF – ICFFS 都只引入了一个带阻滤波器 $G_N(s)$，二者复杂度相同。

（4）第7.2.2节已经提到，采用输入电流反馈和输出电流反馈来实现 $Z_s(s)$ 具有相同的二次谐波电流抑制效果，故可根据具体的 DC – DC 变换器拓扑选择 $Z_s(s)$ 的实现方法。例如，Buck 类 DC – DC 变换器的输出电流是连续的，采样后无需滤波，可采用输出电流反馈；而 Boost 类 DC – DC 变换器的输入电流是连续的，则可采用输入电流反馈。

7.4 后级 DC – DC 变换器的闭环参数设计方法

本节以移相控制全桥变换器为例给出详细的闭环参数设计方法。图7.9给出了移相控制全桥变换器的电路拓扑，样机参数如表7.3所示。由于该变换器的输出滤波电感电流是连续的，因而这里采用电感电流反馈来实现虚拟串联阻抗 $Z_s(s)$。

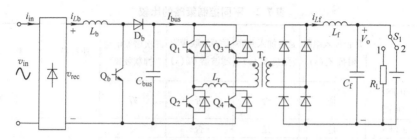

图 7.9　两级式单相 PFC 变换器主电路图

表 7.3　原理样机参数

	参数	数值	参数	数值
Boost PFC 变换器	v_{in}	AC 220V	P_o	3.3kW
	f_{in}	50Hz	L_b	120μH
	V_{bus}	DC 380V	C_{bus}	1.88mF
移相控制全桥变换器	K (N_p/N_s)	13/15	C_f	20μF
	L_r	10μH	L_f	180μH

对比图 7.6、图 7.7d 和图 7.8b 可以看出，相比于 NF – ICFFS，BPF – OCFS 在输出电流反馈中加入了带通滤波器 $G_{BPF}(s)$，而 NF – VR + ICFFS 则是在电压调节器中级联了一个带阻滤波器 $G_N(s)$。为此，下面首先讨论 NF – ICFFS 的设计方法，然后基于设计的虚拟串联电阻 r_s 的值，给出 BPF – OCFS 和 NF – VR + ICFFS 的设计方法。

7.4.1　中间母线电压环环路增益的推导

除了中间母线电压反馈回路，图 7.7d 中包含两个回路 $L_1(s) = -r_s/(sL_e)$ 和 $L_2(s) = -M(D)^2/(s^2L_eC_{bus})$。从电压调节器 $G_v(s)$ 的输入端至中间直流母线电压采样反馈处，有一条前向通道，其表达式为：

$$p_1(s) = -\frac{H_vG_v(s)K_{PWM}G_x(s)M(D)^2}{s^2L_eC_{bus}} \tag{7.20}$$

根据梅森公式，可以推导出电压环环路增益为：

$$T_{v\_NF\_ICFFS}(s) = -\frac{p_1(s)}{1-L_1(s)-L_2(s)} = \frac{H_vG_v(s)K_{PWM}G_x(s)M(D)^2}{s^2L_eC_{bus}+sr_sC_{bus}+M(D)^2} \tag{7.21}$$

根据图 7.7d，还可以得到

$$\hat{v}_{bus} = (\hat{i}_{rect}-M(D)\hat{i}_{dc})\frac{1}{sC_{bus}} \tag{7.22}$$

$$\hat{i}_{dc} = \frac{r_sG_N(s)}{M(D)sL_e}\hat{i}_{rect} + \frac{r_s}{sL_e}\hat{i}_{dc} + \frac{M(D)}{sL_e}\hat{v}_{bus} + \frac{H_vG_v(s)K_{PWM}G_x(s)M(D)}{sL_e}\hat{v}_{bus}$$

$$\tag{7.23}$$

根据式（7.22）和式（7.23），可以得到：

$$G_{ii\_NF\_ICFFS}(s) = \frac{\hat{i}_{dc}}{\hat{i}_{rect}} = \frac{M(D) + \dfrac{sr_sC_{bus}G_N(s)}{M(D)} + H_vG_v(s)K_{PWM}G_x(s)M(D)}{(1 + T_{v\_NF\_ICFFS}(s))(s^2L_eC_{bus} + sr_sC_{bus} + M(D)^2)}$$

(7.24)

7.4.2 NF – ICFFS 的闭环参数的设计方法

1. 稳定裕度的约束

利用 $r_s + r_d$（其中，r_d 为由漏感引起的占空比丢失而引入的阻尼电阻，其与滤波电感 L_f 串联[6]）代替式（7.21）和式（7.24）中的 r_s，并将表2.1中的表达式代入式（7.21）和式（7.24）中，可以推导出移相控制全桥变换器电压环环路增益的表达式为：

$$T_{v\_NF\_ICFFS}(s) = \frac{H_vG_v(s)K_{PWM}[(sL_f + r_s + r_d)I_{Lf} + V_o]/K}{s^2L_fC_{bus} + s(r_s + r_d)C_{bus} + (D_y/K)^2}$$

(7.25)

为抑制二次谐波电流，电压环的截止频率一般远低于 $2f_{in}$[7]。由于滤波电感按照其开关频率电流脉动设计，其在 $2f_{in}$ 及以下频率处的感抗很小，因而有 $sL_f \ll r_s + r_d$，那么有 $s^2L_fC_{bus} \ll s(r_s + r_d)C_{bus}$。这样式（7.25）可以近似为：

$$T_{v\_NF\_ICFFS}(s) = \frac{H_vG_v(s)K_{PWM}[(r_s + r_d)I_{Lf} + V_o]/K}{s(r_s + r_d)C_{bus} + (D_y/K)^2}$$

(7.26)

在这里，电压调节器选用比例 – 积分调节器，其传递函数为：

$$G_v(s) = K_p + \frac{K_i}{s}$$

(7.27)

式中，K_p 为比例系数，K_i 为积分系数。PI 调节器的转折频率为：

$$f_L = \frac{K_i}{2\pi K_p}$$

(7.28)

假设 PI 调节器的转折频率 f_L 和电压环截止频率 f_c 满足以下关系：

$$f_L = kf_c$$

(7.29)

在 f_c 处，电压环环路增益的幅值为1，即：

$$|T_{v\_NF\_ICFFS}(j2\pi f_c)| = 1$$

(7.30)

根据式（7.26）~ 式（7.30），可以推导出 K_p 的表达式为：

$$K_p = \frac{K\sqrt{[2\pi f_c(r_s + r_d)C_{bus}]^2 + (D_y/K)^4}}{\sqrt{1 + k^2}H_vK_{PWM}[(r_s + r_d)I_{Lf} + V_o]}$$

(7.31)

根据式（7.26），可得电压环的相位裕度 PM 为：

$$PM = 180° + \angle T_{v\_NF\_ICFFS}(j2\pi f_c) = 90° - \arctan\frac{1}{k} - \arctan\frac{2\pi f_c(r_s + r_d)C_{bus}}{D_y^2/K^2}$$

(7.32)

对式（7.32）两边取正切，可以推导出满足相位裕度约束的虚拟串联电阻的取值为：

$$r_{s1} = \frac{D_y^2}{2\pi f_c K^2 C_{bus}} \frac{k - \tan PM}{k \tan PM - 1} - r_d \tag{7.33}$$

2. 二次谐波电流抑制的约束

二次谐波电流抑制是移相控制全桥变换器闭环参数设计的首要目标。定义全桥变换器输出电感电流中二次谐波电流抑制比为：

$$\frac{I_{Lf\_SHC}}{I_{Lf}} = \frac{I_{Lf\_SHC}}{I_{bus}} \frac{I_{bus}}{I_{Lf}} = \frac{D_y}{K} \left| G_{ii\_NF\_ICFFS}(j2 \cdot 2\pi f_{in}) \right| \tag{7.34}$$

式中，$G_{ii\_NF\_ICFFS}(s) = \hat{i}_{Lf}/\hat{i}_{rect}$ 为 PFC 变换器输出电流至全桥变换器输出滤波电流的传递函数。利用 $r_s + r_d$ 代替式（7.21）和式（7.24）中的 r_s，并将表7.1中的表达式代入式（7.21）和式（7.24）中，可以得到 $G_{ii\_NF\_ICFFS}(s)$ 的表达式为：

$$G_{ii\_NF\_ICFFS}(s) = \frac{\left(\dfrac{D_y}{K}\right)^2 + s(r_s + r_d)C_{bus}G_N(s) + \dfrac{H_v G_v(s) K_{PWM}\left[(sL_f + r_s + r_d)I_{Lf} + V_o\right]}{K}}{\dfrac{D_y}{K}(1 + T_{v\_NF\_ICFFS}(s))\left[s^2 L_f C_{bus} + s(r_s + r_d)C_{bus} + \left(\dfrac{D_y}{K}\right)^2\right]} \tag{7.35}$$

由于电压环环路增益在 $2f_{in}$ 处的幅值远小于1，那么有 $1 + T_{v\_NF\_ICFFS}(j2\pi \cdot 2f_{in}) \approx 1$。此外，由式（7.16）可知，在 $2f_{in}$ 处，有 $sL_f \ll r_s + r_d$ 和 $2\pi \cdot 2f_{in} r_s C_{bus} \geqslant (D_y/K)^2$。为了保证足够的相位裕度，$f_L$ 一般远低于 $2f_{in}$，故有 $G_v(j2\pi \cdot 2f_{in}) \approx K_p$。那么，式（7.35）可以近似为：

$$G_{ii\_NF\_ICFFS}(j2\pi 2f_{in}) \approx \frac{\left(\dfrac{D_y}{K}\right)^2 + s(r_s + r_d)C_{bus}K_N + \dfrac{H_v K_p K_{PWM}\left[(r_s + r_d)I_{Lf} + V_o\right]}{K}}{\dfrac{D_y}{K}s(r_s + r_d)C_{bus}} \tag{7.36}$$

式中，K_N 为带阻滤波器在 $2f_{in}$ 处的幅值。实际应用中，很难获得完全理想的带阻滤波器，因此 K_N 在 $2f_{in}$ 处的值不为零，本章实测 $K_N = 0.02$。

由式（7.36）可知，随着负载增大，那么 I_{Lf} 增大，$\left| G_{ii\_NF\_ICFFS}(j2\pi \cdot 2f_{in}) \right|$ 的值增大，在满载时 $\left| G_{ii\_NF\_ICFFS}(j2\pi \cdot 2f_{in}) \right|$ 有最大值。这意味着，随着负载的增大，移相控制全桥变换器中的二次谐波电流含量变大。因此，应在满载状况下设计闭环参数。

若限定二次谐波电流抑制比不大于 α_{SHC}，即 $I_{Lf\_SHC}/I_{Lf} \leqslant \alpha_{SHC}$。根据式（7.31）、式（7.34）和式（7.36），可以求解出满足二次谐波电流抑制要求的虚拟串联电阻的值为：

$$r_{s2} \geq \frac{D_y^2}{K^2} \frac{2}{2\pi A} \frac{\sqrt{\alpha_{SHC}^2 - K_N^2}\sqrt{1 + k^2}f_{in} + \sqrt{f_c^2 + A}}{\sqrt{1 + k^2}C_{bus}} - r_d \tag{7.37}$$

式中，

$$A = 4(\alpha_{SHC}^2 - K_N^2)f_{in}^2 - \frac{f_c^2}{1 + k^2} \tag{7.38}$$

3. 闭环参数设计步骤

基于前面的分析，移相控制全桥变换器的闭环参数的设计步骤可归纳如下：

步骤1：确定 PM 和 α_{SHC} 的要求。当 k 为定值时，将选定的 PM 和 α_{SHC} 代入式（7.33）和式（7.37），可以得到 r_{s1} 和 r_{s2} 关于 f_c 的约束曲线，进而可以得到 r_s 和 f_c 的可选区域。

根据表 7.3 所给样机参数，图 7.10 给出了 r_s 和 f_c 可选区域。这里，选取 PM = 45°，$\alpha_{SHC} = 0.05$。图中，PM 约束曲线下方满足 PM 约束，α_{SHC} 约束曲线上方满足二次谐波电流抑制的要求。电压环截止频率 f_c 越高，越有利于提高电压环环路增益的低频幅值，从而提升变换器的动态响应速度。从图 7.10 中可以看出，PM 约束曲线和 α_{SHC} 约束曲线的交点处电压环的截止频率最高，记为 f_{cmax}。

步骤2：确定 k 的取值。从图 7.10 可以看出，k 取值越小，f_{cmax} 越大，f_{cmax} 的增大的幅度很小。而 k 取值越小，PI 调节器的转折频率越低，这会降低电压环环路增益在低频段的幅值，不利于改善系统的动态响应。因此，折衷考虑，这里选取 $k = 1.6$，那么由图 7.10 可得 $f_c = 7.3$ Hz。

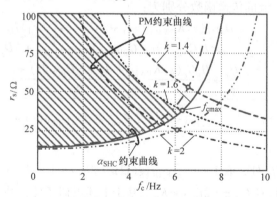

图 7.10　PM 和 α 的约束曲线

步骤3：根据选定的 k 和 f_c，计算 r_s、K_p 和 K_i。将 $k = 1.6$ 和 $f_c = 7.3$ Hz 代入式（7.33），可得 $r_s = 37\Omega$。接着，将 k、r_s 和 f_c 的值代入式（7.31），可得 $K_p = 0.47$。最后，根据式（7.28）和式（7.29），可得 $K_i = 30$。

步骤4：校验所设计参数是否满足设计要求。根据式（7.25），可以画出补偿前后移相控制全桥变换器电压环环路增益的伯德图，如图7.11所示。可以看出，补偿后电压环的截止频率为7.3Hz，相角裕度为45°，满足设计要求。

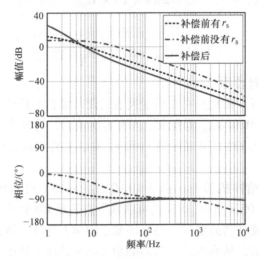

图 7.11　采用 NF – ICFFS 时电压环环路增益伯德图

7.4.3　BPF – OCFS 的闭环参数的设计方法

将式（7.25）和式（7.35）中的 r_s 用 $r_s G_{BPF}(s)$ 替代，并令 $G_N(s) = 0$，可以得到采用 BPF – OCFS 时全桥变换器电压环环路增益和 PFC 变换器输出电流至全桥变换器输出电流的传递函数分别为：

$$T_{v\_BPF\_OCFS}(s) = \frac{H_v G_v(s) K_{PWM} \left[(sL_f + r_s G_{BPF}(s) + r_d) I_{Lf} + V_o \right]/K}{s^2 L_f C_{bus} + s(r_s G_{BPF}(s) + r_d) C_{bus} + (D_y/K)^2} \quad (7.39)$$

$$G_{ii\_BPF\_OCFS}(s) = \frac{\dfrac{D_y}{K} + \dfrac{H_v G_v(s) K_{PWM} \left[(sL_f + r_s G_{BPF}(s) + r_d) I_{Lf} + V_o \right]}{D_y}}{(1 + T_{v\_NF\_ICFFS}(s)) \left[s^2 L_f C_{bus} + s(r_s G_{BPF}(s) + r_d) C_{bus} + \left(\dfrac{D_y}{K} \right)^2 \right]}$$

$$(7.40)$$

类似地，在 $2f_{in}$ 处，有 $1 + T_{v\_BPF\_OCFS}(j2\pi \cdot 2f_{in}) \approx 1$、$sL_f \ll r_s + r_d$、$2\pi \cdot 2f_{in} r_s C_{bus} \geq (D_y/K)^2$ 和 $G_v(j2\pi \cdot 2f_{in}) \approx K_p$。基于上述近似条件，并根据 $I_{Lf\_SHC}/I_{Lf} \leq \alpha_{SHC}$、式（7.34）和式（7.40），可以得到 K_p 的取值范围为：

$$K_p \leq \frac{2\alpha_{SHC} \pi f_{in}(r_s + r_d) C_{bus} - (D_y/K)^2}{H_v K_{PWM} \left[I_{Lf}(r_s + r_d) + V_o \right]/K} \quad (7.41)$$

将表7.3中参数和 $r_s = 37\Omega$ 代入式（7.41）中，可得 $K_p \leq 0.48$，实际选取 $K_p = 0.48$。令 $|T_{v\_BPF\_OCFS}(j2\pi f_c)| = 1$ 和 $PM = 45°$，可以解得 $f_c = 29Hz$ 和 $K_i =$

167。根据式（7.39），可以画出补偿前后移相控制全桥变换器电压环环路增益的伯德图，如图7.12所示。可以看出，补偿后电压环的截止频率为29Hz，相角裕度为45°，满足设计要求。由图7.11可知，由于r_s的阻尼作用，引入r_s会降低补偿前电压环环路增益在低频段的增益，从而降低电压环的截止频率。而引入带通滤波器$G_{BPF}(s)$可消除r_s在非$2f_{in}$处的影响，因此，与NC-ICFF相比，采用BPF-OCFS时，电压环的截止频率由7.3Hz提升至29Hz。

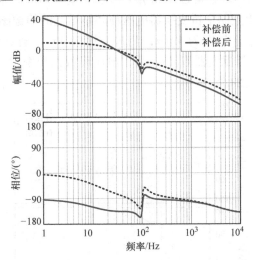

图7.12　采用BPF-OCFS时电压环路增益伯德图

7.4.4　NF-VR+ICFFS 的闭环参数的设计方法

将式（7.25）和式（7.35）中的$G_v(s)$用$G_v(s)G_N(s)$替代，可以得到采用NF-VR+ICFFS时，电压环的环路增益和PFC变换器输出电流至全桥变换器输出电流的传递函数分别为：

$$T_{v\_NF-VR}(s) = \frac{H_v G_v(s) G_N(s) K_{PWM}\left[(sL_f + r_s + r_d)I_{Lf} + V_o\right]/K}{s^2 L_f C_{bus} + s(r_s + r_d)C_{bus} + (D_y/K)^2} \quad (7.42)$$

$$G_{ii\_NF-VR}(s) = \frac{\left(\dfrac{D_y}{K}\right)^2 + s(r_s + r_d)C_{bus}G_N(s) + \dfrac{H_v G_v(s) G_N(s) K_{PWM}\left[(sL_f + r_s + r_d)I_{Lf} + V_o\right]}{K}}{\dfrac{D_y}{K}(1 + T_{v\_NF\_ICFFS}(s))\left[s^2 L_f C_{bus} + s(r_s + r_d)C_{bus} + \left(\dfrac{D_y}{K}\right)^2\right]}$$

$$(7.43)$$

类似地，在$2f_{in}$处，有$1 + T_{v\_NF-VR}(j2\pi \cdot 2f_{in}) \approx 1$、$sL_f \ll r_s + r_d$、$2\pi \cdot 2f_{in} r_s C_{bus} \geq (D_y/K)^2$和$G_v(j2\pi \cdot 2f_{in}) \approx K_p$。基于上述近似条件，并根据$I_{Lf\_SHC}/I_{Lf} \leq a$、式（7.34）和式（7.43），可以得到$K_p$的取值范围为：

$$K_p \leqslant \frac{2\pi\sqrt{\alpha_{\text{SHC}}^2 - K_N^2} f_{\text{in}}(r_s + r_d) C_{\text{bus}} - (D_y/K)^2}{H_v K_{\text{PWM}} K_N [(r_s + r_d) I_{Lf} + V_o]/K} \tag{7.44}$$

前面已经提到，采用 NF – VR + ICFFS 可获得更好的二次谐波电流抑制效果，因此这里选取 $a = 0.03$，比 0.05 小。将表 7.3 中的相关参数、$a = 0.03$ 及 $r_s = 37\Omega$ 代入式 (7.44) 中，可得 $K_p \leqslant 5.36$，实际选取 $K_p = 5$。令 $|T_{v\_\text{NF}-\text{VR}}(j2\pi f_c)| = 1$ 和 PM = 45°，可以解得 $f_c = 49\text{Hz}$，$K_i = 1400$。根据式 (7.43)，可以画出补偿前后移相控制全桥变换器电压环环路增益的伯德图，如图 7.13 所示。可以看出，电压环截止频率为 49Hz，相角裕度为 45°，满足设计要求。相比于 NF – ICFFS，引入带阻滤波器 $G_N(s)$ 后，电压环截止频率由 25Hz 进一步提升至 49Hz，可以改善系统的动态响应。

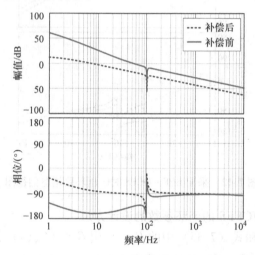

图 7.13 采用 NF – VR + ICFFS 时电压环路增益伯德图

7.5 实验验证

为了验证本章所提出的二次谐波电流抑制和动态性能改善方法的有效性，本节以图 7.9 给出的移相控制全桥变换器为例进行实验验证。其中，虚拟串联阻抗和闭环参数设计方法已在第 7.4 节中给出。前级采用 Boost PFC 变换器，样机的主要参数见表 7.3，图 7.14 给出了原理样机照片。

7.5.1 移相控制全桥变换器为 BCCC

参考图 7.9，当单刀双掷开关连接到端点 1 时，移相控制全桥变换器控制其输出电压，带电阻性负载，它是一个 BCCC。此时，中间母线电压由 Boost PFC 变换器控制。若限制流入全桥变换器的二次谐波电流含量不大于 2%，则根据式

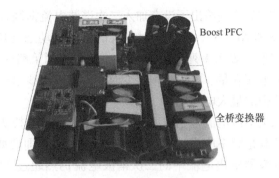

图 7.14 原理样机照片

(7.6) 可计算出所需中间母线电容的容量为 $C_{\text{bus}} \geqslant 1.82\text{mF}$，实际选取 $C_{\text{bus}} = 1.88\text{mF}$，采用 4 个 $450\text{V}/470\mu\text{F}$ 的电解电容并联，此时中间母线电压脉动量为 4%。

　　图 7.15 给出了上述系统在满载时的稳态实验波形。图中，波形从上至下依次是 Boost PFC 变换器输入整流电压 v_{rec}、Boost PFC 变换器升压电感电流 i_{Lb}、中间直流母线电压脉动量 Δv_{bus} 和全桥变换器输出滤波电感电流 i_{Lf}。可以看出，全桥变换器输出滤波电感电流 i_{Lf} 中的二次谐波电流含量为 0.1%，其值很小，这验证了理论分析的正确性。

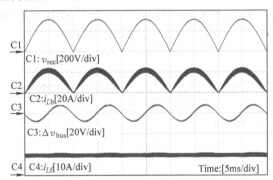

图 7.15 移相控制全桥变换控制其输出电压时的稳态实验波形

7.5.2 移相控制全桥变换器为 BVCC

　　在图 7.9 中，当单刀双掷开关连接到端点 2 时，负载为直流电压源，移相控制全桥变换器控制中间直流母线电压，工作在并网模式，它是一个 BVCC。此时，Boost PFC 变换器控制其输入电流，以实现最大功率点跟踪。值得注意的是，为了同时抑制后级 DC - DC 变换器和直流负载中的二次谐波电流，仍然需要采用较大的中间母线电容，以减小中间直流母线电压的脉动量，这里仍然选用 $C_{\text{bus}} = 1.88\text{mF}$。

图 7.16 和图 7.17 分别给出了没有加入二次谐波电流抑制方法和采用 BPF –
OCFS、NF – ICFFS 和 NF – VR + ICFFS 时系统的稳态和动态（10% 和 100% 满载
之间跳变）实验波形。表 7.4 列出了采用上述四种控制策略时，全桥变换器输
出电流中二次谐波电流含量、输入功率突变时中间直流母线电压的过冲和跌落的
大小和流经开关管中的最大电流。

当没有加入二次谐波电流抑制方法时，为了抑制流入全桥变换器中的二次谐
波电流，其电压环截止频率应设计得很低，这里为 6Hz。即便如此，从图 7.16a
可以看出，全桥变换器输出电流中的二次谐波电流仍然超过 27.6%。而且，在
输入功率跳变时，中间直流母线电压的脉动的过冲和跌落分别为 29.1V 和
29.9V，系统的动态性能较差。

从图 7.16b 可以看出，采用 BPF – OCFS 时，可将全桥变换器输出电流中的
二次谐波分量抑制到 5% 以内，输入功率跳变时中间母线电压的过冲和跌落分别
为 29.0V 和 31.2V。可见，引入虚拟串联阻抗 $Z_s(s)$ 可有效抑制全桥变换器中
的二次谐波电流。同时，由于仅增加了全桥变换器闭环输入阻抗在 $2f_{in}$ 处的幅
值，故没有恶化系统的动态性能。

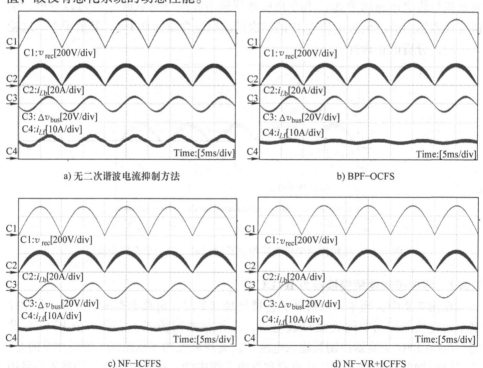

a) 无二次谐波电流抑制方法   b) BPF–OCFS

c) NF–ICFFS   d) NF–VR+ICFFS

图 7.16 移相控制全桥变换控制中间直流母线电压时，系统的稳态实验波形

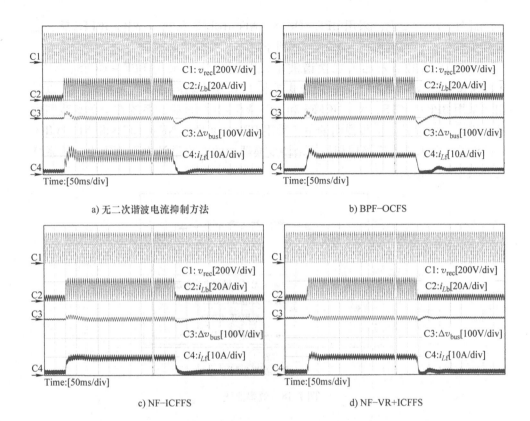

图 7.17　移相控制全桥变换控制中间直流母线电压时，系统的动态实验波形

表 7.4　不同控制策略下，二次谐波电流抑制效果和系统动态性能对比

分类	i_{Lf} 中二次谐波电流含量（%）	母线电压过冲/V	母线电压跌落/V	开关管中的最大电流/A
无抑制方法	27.6	29.1	29.9	14.8
BPF - OCFS	5.0	29.0	31.2	12.1
NF - ICFFS	5.0	14.2	17.8	12.1
NF - VR + ICFFS	3.0	10.0	8.3	11.9

　　从图 7.16c 可以看出，采用 NF - ICFFS 时，也可将二次谐波电流限制到 5%以内。由于引入了虚拟并联阻抗，因此在输入功率跳变时中间直流母线电压的过冲和跌落可分别减小至为 14.2V 和 17.8V，动态性能得到显著改善。

　　从图 7.16d 可以看出，采用 NF - VR + ICFFS 时，二次谐波电流抑制效果最好，仅为 3%。而且，在输入功率跳变时，中间直流母线电压的过冲和跌落可进一步减小至 10.0V 和 8.3V。这是由于引入带阻滤波器后，电压环截止频率进一步提升至 49Hz。

此外，可以发现，采用 BPF – OCFS、NF – ICFFS 和 NF – VR + ICFFS 后，流经开关管中的最大电流得到减小，有利于减小开关管的电流应力。

图 7.18 给出了未加入二次谐波电流抑制方法和采用 BPF – OCFS、NF – ICFFS 和 NF – VR + ICFFS 时，两级式单相 PFC 变换器的整体效率曲线。可以看出，采用 BPF – OCFS、NF – ICFFS 和 NF – VR + ICFFS 后，系统在全负载范围内的效率均有所提升。值得说明的是，采用 BPF – OCFS、NF – ICFFS 和 NF – VR + ICFFS 时，由于流入后级移相控制全桥变换器中的二次谐波电流都很小，故系统变换效率基本相同。

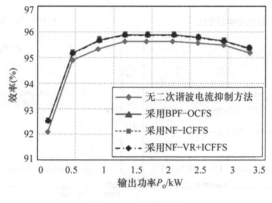

图 7.18　效率曲线

7.6　本章小结

本章系统阐述了两级式单相 PFC 变换器中 DC – DC 变换器在不同工作模式下的二次谐波电流抑制方法。具体工作如下：

1. 当后级 DC – DC 变换器工作在 BCCC 时，为了抑制其二次谐波电流，需增大电压环或电流环的控制带宽并需适当增大中间母线电容容量。

2. 当 DC – DC 变换器工作在 BVCC 时，为了抑制其二次谐波电流，并同时改善系统动态性能，可在 DC – DC 变换器输入或输出支路中串联一个虚拟阻抗，同时在中间母线电容上并联一个虚拟阻抗，并给出了虚拟串并联阻抗的选取和设计方法。在此基础上，提出了 BPF – OCFS、NF – ICFFS 和 NF – VR + ICFFS 三种二次谐波电流抑制方法。这三种方法均可有效抑制后级 DC – DC 变换器中的二次谐波电流，相比于 BPF – OCFS，NF – ICFFS 和 NF – VR + ICFFS 在抑制二次谐波电流的同时，可有效改善系统动态性能。

最后，在实验室研制了一台功率为 3.3kW 的两级式单相 PFC 变换器原理样机，实验验证了本章所提二次谐波电流抑制方法是有效的。

参 考 文 献

［1］HUANG X, RUAN X, ZHANG L, et al. Second harmonic current reduction schemes for dc－dc converter in two－stage PFC converters［J］. IEEE Transactions on Power Electronics, 2022, 37 (1): 332－343.

［2］LI B, LI Q, LEE F C, et al. A high－efficiency high－density wide－bandgap device－based bi-directional on－board charger［J］. IEEE Journal of Emerging and Selected Topics in Power Elec-tronics, 2018, 6 (3): 1627－1637.

［3］WANG S, RUAN X, YAO K, et al. A flicker－free electrolytic capacitor－less ac－dc LED driver. IEEE Transactions on Power Electronics, 2012, 27 (11): 4540－4548.

［4］ERICKSON R, MAKSIMOVIC D. Fundamentals of power electronics［M］. 3rd ed. Switzerland Cham: Springer International Publishing, 2020.

［5］TAN Y, PANDA S. Optimized wind energy harvesting system using resistance emulator and active rectifier for wireless sensor nodes［J］. IEEE Transactions on Power Electronics, 2011, 26 (1): 38－50.

［6］VLATKOVIC V, SABATE J, RIDLEY R, et al. Small－signal analysis of the phase－shifted PWM converter［J］. IEEE Transactions on Power Electronics, 1992, 7 (1): 128－135.

［7］ZHANG L, RUAN X, REN X. Second－harmonic current reduction for two－stage inverter with boost－derived front－end converter: Control schemes and design considerations［J］. IEEE Transactions on Power Electronics, 2018, 33 (7): 6361－6378.

第 8 章

AC-DC-AC变换器系统中DC-DC 变换器的二次谐波电流抑制方法

Chapter **8**

AC – DC – AC 变换器系统用于将一种电压或频率的交流电压变换为另一种电压或频率的交流电压，广泛用于轨道交通的辅助变流系统、风力发电系统、电机驱动电源系统等场合[1,2]。在 AC – DC – AC 变换器系统中，为了实现电气隔离和电压匹配，可以在 AC – DC 整流器和 DC – AC 逆变器之间加入隔离型 DC – DC 变换器，这样就构成了含有多级变换器的 AC – DC – AC 变换器系统。

第 2 ~ 7 章讨论了两级式单相变换器（包括两级式单相 DC – AC 逆变器和两级式单相 PFC 变换器）中抑制二次谐波电流的控制策略。与两级式单相变换器不同的是，在 AC – DC – AC 变换器系统中，DC – DC 变换器的输入侧和输出侧同时存在二次谐波电流，需要同时提高两个端口的阻抗，因此抑制二次谐波电流的控制策略也不相同。而且，在 AC – DC – AC 变换器系统中，当 DC – DC 变换器控制其输出电压时，从 DC – AC 逆变器端口看它是一个 BVCC，而从 AC – DC 整流器端口看它是一个 BCCC；当 DC – DC 变换器控制其输入电压时，从 DC – AC 逆变器端口看它是一个 BCCC，从 AC – DC 整流器端口看则是一个 BVCC。而 BVCC 和 BCCC 在抑制二次谐波电流时，对环路增益的要求是相反的，因此之前的控制策略将不再适用。为此，本章将分析 AC – DC – AC 变换器系统中二次谐波电流的传播机理，提出适用于该系统的二次谐波电流的抑制方法[3]。

8.1 AC –DC –AC 变换器系统中二次谐波电流的产生和传播机理

8.1.1 二次谐波电流的产生

图 8.1 给出了 AC – DC – AC 变换器系统的结构图，由 AC – DC 整流器、隔离型 DC – DC 变换器和 DC – AC 逆变器组成。单相 AC – DC – AC 变换器系统广泛应用于中小功率场合，本章以此进行分析。在分析之前，作如下假设：1）整流器和逆变器的变换效率均为 100%，其瞬时输入功率等于其输出功率；2）直流母线电容 C_{bus1} 和 C_{bus2} 较大，其电压 V_{bus1} 和 V_{bus2} 的脉动很小，可近似认为是恒定的。

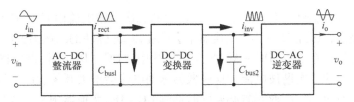

图 8.1　AC – DC – AC 变换器系统

以 v_{ac} 和 i_{ac} 表示交流输入（或输出）电压和电流，其表达式为：

$$v_{ac}(t) = \sqrt{2}V_{ac}\sin\omega_{ac}t \tag{8.1}$$

$$i_{ac}(t) = \sqrt{2}I_{ac}(\sin\omega_{ac}t - \theta) \tag{8.2}$$

式中，V_{ac} 和 I_{ac} 分别是 v_{ac} 和 i_{ac} 的有效值；$\omega_{ac} = 2\pi f_{ac}$ 为角频率；f_{ac} 为交流输入电压频率 f_{in} 或交流输出电压频率 f_o，θ 是 v_{ac} 和 i_{ac} 之间的相位差。

根据式（8.1）和式（8.2），可以推导出输入（或输出）瞬时功率的表达式为：

$$p(t) = v_{ac}(t)i_{ac}(t) = V_{ac}I_{ac}[\cos\theta - \cos(2\omega_{ac}t - \theta)] \tag{8.3}$$

由于前级 AC – DC 整流器一般实现 PFC 功能，因此 $\theta = 0$。用 $V_{in}I_{in}$ 和 ω_{in} 分别代替 $V_{ac}I_{ac}$ 和 ω_{ac}，并令 $\theta = 0$，可得 AC – DC 整流器输出电流的表达式为：

$$i_{rect}(t) = \frac{p(t)}{V_{bus1}} = \frac{V_{in}I_{in}}{V_{bus1}} - \frac{V_{in}I_{in}}{V_{bus1}}\cos2\omega_{in}t \triangleq I_{rect\_dc} + i_{rect\_SHC} \tag{8.4}$$

式中，$I_{rect\_dc} = \frac{V_{in}I_{in}}{V_{bus1}}$；$i_{rect\_SHC} = -\frac{V_{in}I_{in}}{V_{bus1}}\cos2\omega_{in}t$，是 AC – DC 变换器输出侧产生的二次谐波电流。

类似地，用 V_oI_o 和 ω_o 分别代替 $V_{ac}I_{ac}$ 和 ω_{ac}，可得 DC – AC 逆变器输入电流的表达式为：

$$i_{inv}(t) = \frac{p(t)}{V_{bus2}} = \frac{V_oI_o}{V_{bus2}}\cos\theta - \frac{V_oI_o}{V_{bus2}}\cos(2\omega_ot - \theta) \triangleq I_{inv\_dc} + i_{inv\_SHC} \tag{8.5}$$

式中，$I_{inv\_dc} = \frac{V_oI_o}{V_{bus2}}\cos\theta$；$i_{inv\_SHC} = -\frac{V_oI_o}{V_{bus2}}\cos(2\omega_ot - \theta)$，是 DC – AC 变换器输入侧产生的二次谐波电流。

可以看出，由于 AC – DC 整流器输入功率和 DC – AC 逆变器的输出功率都是脉动的，AC – DC 整流器输出电流中存在以 $2f_{in}$ 脉动的二次谐波电流，DC – AC 逆变器输入电流中存在以 $2f_o$ 脉动的二次谐波电流。

8.1.2　二次谐波电流的传播机理

从式（8.4）可以看出，忽略开关谐波分量时，AC – DC 整流器的输出电流中含有直流分量 I_{rect_dc} 和二次谐波电流分量 i_{rect_SHC}，其中的二次谐波电流分量由 C_{bus1} 和 DC – DC 变换器共同吸收，因此 DC – DC 变换器中存在以 $2f_{in}$ 脉动的二次谐波电流。从式（8.5）可以看出，DC – AC 逆变器的输入电流中包含有直流分

量 $I_{\text{inv\_dc}}$ 和二次谐波电流分量 $i_{\text{inv\_SHC}}$，其中的二次谐波电流由 C_{bus2} 和 DC – DC 变换器共同提供，因此 DC – DC 变换器中会存在以 $2f_{\text{o}}$ 脉动的二次谐波电流。

由此可见，在 AC – DC – AC 变换器系统中，DC – DC 变换器中同时存在以 $2f_{\text{in}}$ 和 $2f_{\text{o}}$ 脉动的二次谐波电流，这些低频脉动电流会增大开关管的电流应力，降低系统的变换效率。因此，有必要同时抑制 DC – DC 变换器中来自 AC – DC 整流器输出侧和 DC – AC 逆变器输入侧中的二次谐波电流。

8.2　抑制二次谐波电流的基本思路

在 AC – DC – AC 变换器系统中，根据不同的应用场合，DC – DC 变换器有着不同的工作方式。在轨道交通的辅助变流系统中，DC – DC 变换器需要控制其输出电压 V_{bus2}，其结构框图如图 8.2a 所示。在风力发电场合，AC – DC 整流器用来实现最大功率点跟踪（Maximum Power Point Tracking，MPPT），直流母线电压 V_{bus1} 由 DC – DC 变换器控制，其结构框图如图 8.2b 所示。下面分别介绍这两类 DC – DC 变换器中二次谐波电流的抑制思路。

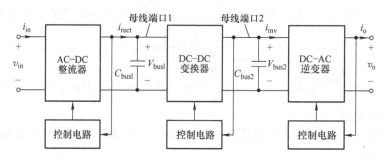

a) DC–DC变换器控制 V_{bus2}

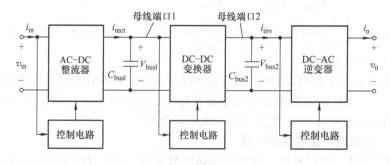

b) DC–DC变换器控制 V_{bus1}

图 8.2　AC – DC – AC 变换器系统结构框图

8.2.1 DC-DC 变换器控制 V_{bus2} 时二次谐波电流的抑制思路

当 DC-DC 变换器控制其输出电压 V_{bus2} 时，V_{bus1} 由前级 AC-DC 整流器控制。从直流母线端口 1 看，不论 AC-DC 整流器工作在哪种模式，都可以等效为直流源 I_{rect_dc} 和二次谐波电流源 i_{rect_SHC} 并联的形式；而对于 DC-DC 变换器来说，从直流母线端口 1 看，它是一个 BCCC，可利用诺顿定理将其等效为阻抗与电流源并联的形式。据此，可以画出直流母线端口 1 两侧的等效电路，如图 8.3a所示。类似地，从直流母线端口 2 看，DC-AC 逆变器也可以等效为 I_{inv_dc} 和 i_{inv_SHC} 两个电流源并联的形式；而 DC-DC 变换器是一个 BVCC，因此利用戴维南定理将其等效为电压源和阻抗串联的形式。据此，可以画出直流母线端口 2 两侧的等效电路，如图 8.3b 所示。

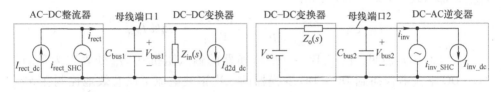

a) 直流母线端口1　　　　　　　　　　　　　b) 直流母线端口2

图 8.3　DC-DC 变换器控制 V_{bus2} 时系统的等效电路

对于 DC-DC 变换器，从直流母线端口 1 看是一个 BCCC，从直流母线端口 2 看是一个 BVCC。这两个端口的闭环阻抗，即输入闭环阻抗和输出闭环阻抗分别为[4]：

$$Z_{in\_CL}(s) = \left[\frac{1}{(1+T_v(s))Z_{in\_OL}(s)} - \frac{T_v(s)}{1+T_v(s)} \frac{P_o}{V_{bus1}^2} \right]^{-1} \tag{8.6}$$

$$Z_{o\_CL}(s) = \frac{Z_{o\_OL}(s)}{1+T_v(s)} \Big|_{C_{bus2}=0} \tag{8.7}$$

式中，$Z_{in\_OL}(s)$ 和 $Z_{o\_OL}(s)$ 分别为 DC-DC 变换器的开环输入阻抗和不含 C_{bus2} 的开环输出阻抗，$T_v(s)$ 为电压环的环路增益。

从式（8.6）和式（8.7）可以看出，DC-DC 变换器在 $2f_{in}$ 处的闭环输入阻抗和在 $2f_o$ 处的闭环输出阻抗不仅与环路增益有关，还与开环输入阻抗和开环输出阻抗有关。在不同的应用场合，f_{in} 和 f_o 的大小关系不同，下面分两种情况讨论其二次谐波电流的抑制思路。

情况 1：$f_{in} \ll f_o$

从图 8.3a 可以看出，为了抑制前级 AC-DC 整流器传播到 DC-DC 变换器的二次谐波电流，应增大 DC-DC 变换器在 $2f_{in}$ 处的闭环输入阻抗的幅值，使其远大于直流母线电容 C_{bus1} 的容抗。结合式 8.6 可以看出，此时应该提高 DC – DC 变换器的控制带宽 f_c，以增大 $T_v(s)$ 在 $2f_{in}$ 处的增益，那么应使 $f_c > 2f_{in}$，此时 DC – DC 变换器的闭环输入阻抗在控制带宽以内（包括 $2f_{in}$）为负阻[5]，其表达式为：

$$Z_{in\_CL}(s) \approx - V_{bus1}^2 / P_o, \quad f < f_c \tag{8.8}$$

式中，P_o 为输出功率。

那么 AC – DC 整流器传播到 DC – DC 变换器的二次谐波电流为：

$$I_{d2d\_SHC} = \frac{V_{bus1\_SHC}}{Z_{in\_CL}(s)} = - \frac{V_{bus1\_SHC}}{V_{bus1}^2 / P_o} \tag{8.9}$$

式中，V_{bus1_SHC} 为 V_{bus1} 中的二次脉动分量，在设计 C_{bus1} 时一般取 $V_{bus1} = 5\%$ V_{bus1}，那么式（8.9）可以写成：

$$I_{d2d\_SHC} = - \frac{5\% V_{bus1}}{V_{bus1}^2 / P_o} = - \frac{5\% P_o}{V_{bus1}} = - 5\% I_{d2d} \tag{8.10}$$

式（8.10）表明，由于 DC – DC 变换器的输入阻抗在 $2f_{in}$ 处表现为负阻，AC – DC 整流器传播到 DC – DC 变换器的二次谐波电流可以有效地控制在 5% 以内。

从图 8.3b 可以看出，为了抑制后级 DC – AC 逆变器传播到 DC – DC 变换器中的二次谐波电流，应增大 DC – DC 变换器在 $2f_o$ 处的闭环输出阻抗的幅值，使其远大于直流母线电容 C_{bus2} 的容抗。结合式（8.7）可以看出，此时应降低 DC – DC 变换器的控制带宽 f_c，以降低 $T_v(s)$ 在 $2f_o$ 处的增益，那么应使 $f_c < 2f_o$。

综上，当 $f_{in} \ll f_o$ 时，应从调节环路增益的角度出发，使 $2f_{in} < f_c < 2f_o$，保证 DC – DC 变换器的闭环输入阻抗在控制带宽内呈负阻特性，可以有效抑制前级 AC – DC 整流器传播到 DC – DC 变换器的二次谐波电流；此时，为了抑制后级 DC – AC 逆变器中传播到 DC – DC 变换器的二次谐波电流，仍可以采用第 3 章和第 4 章中的二次谐波电流抑制方法[6,7]。

情况 2：$f_{in} \geqslant f_o$ 或 f_{in} 略低于 f_o

当 $f_{in} \geqslant f_o$ 或 f_{in} 略小于 f_o 时，为了抑制后级 DC – AC 逆变器传播到 DC – DC 变换器中的二次谐波电流，只能使 $f_c < \min(2f_o, 2f_{in})$。这样，DC – DC 变换器的闭环输入阻抗在 $2f_{in}$ 处将不再是负阻，此时前级 AC – DC 整流器传播到 DC – DC 变换器的二次谐波电流取决于 DC – DC 变换器在 $2f_{in}$ 处的闭环输入阻抗和 C_{bus1} 容抗的大小关系。在这种情况下，由于 BCCC 和 BVCC 对控制带宽的要求是矛盾的，不能再通过控制带宽的方法来改变环路增益，以达到增大 DC – DC 变换器母线端口阻抗的目的。

从式（8.6）可以看出，为了增大 DC – DC 变换器在 $2f_{in}$ 处的输入阻抗，除了调整环路增益，也可以增大其开环输入阻抗 $Z_{in\_OL}(s)$；类似的，从式（8.7）

可以看出，为了增大 DC - DC 变换器在 $2f_o$ 处的输出阻抗，也可以增大其开环输出阻抗 $Z_{o\_OL}(s)$。因此，当 $f_{in} \geqslant f_o$ 或 f_{in} 略小于 f_o 时，只能使 $f_c < \min(2f_o, 2f_{in})$。此时，为了抑制 DC - DC 变换器中的二次谐波电流，应该提高 $|Z_{in\_OL}(j2\pi \cdot 2f_{in})|$ 和 $|Z_{o\_OL}(j2\pi \cdot 2f_o)|$ 的幅值。

8.2.2 DC - DC 变换器控制 V_{bus1} 时二次谐波电流的抑制思路

当 DC - DC 变换器控制其输入电压 V_{bus1} 时，V_{bus2} 由后级 DC - AC 逆变器控制。采用与第 8.2.1 节类似的等效方法，可以得到 DC - DC 变换器控制 V_{bus1} 时的等效电路，如图 8.4 所示。对比图 8.4 和图 8.3 可以看出，在 AC - DC - AC 变换器系统中，DC - DC 变换器控制 V_{bus1} 和 V_{bus2} 时的等效电路是完全对偶的，因此其二次谐波电流的抑制思路也是类似的，即：当 $f_{in} \gg f_o$ 时，应从调节环路增益的角度出发，使 $2f_{in} > f_c > 2f_o$；而当 $f_{in} \leqslant f_o$ 或 f_{in} 略大于 f_o 时，只能使 $f_c < \min(2f_o, 2f_{in})$，此时应从提高开环阻抗的角度出发，提高 $|Z_{in\_OL}(j2\pi \cdot 2f_{in})|$ 和 $|Z_{o\_OL}(j2\pi \cdot 2f_o)|$ 的幅值。其分析过程与第 8.2.1 节是类似的，这里不再赘述。

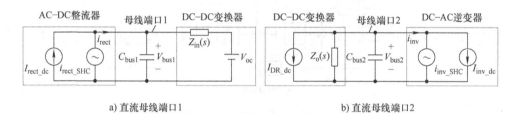

a) 直流母线端口1   b) 直流母线端口2

图 8.4   DC - DC 变换器控制 V_{bus1} 时系统的等效电路

8.3   抑制二次谐波电流的控制策略

8.3.1   基于虚拟串联阻抗的二次谐波电流抑制控制策略

在 AC - DC - AC 变换器系统中，DC - DC 变换器需具备电气隔离功能。LLC 谐振变换器可以在全负载范围内实现原边开关管的零电压开关和副边整流二极管的零电流开关，得到了广泛应用。第 5 章讲到，当负载变化范围较大时，可以令 LLC 谐振变换器工作在 DCX 方式，即采用预调节器 + LLC 变换器或 LLC + 后调节器[8]。由于两种结构类似，本章以预调节器 + LLC 变换器作为 DC - DC 变换器，并以 V_{bus2} 为控制对象，阐述抑制二次谐波电流的控制策略。

第 5 章推导了预调节器 + LLC 变换器的小信号模型[9]，为分析方便，这里重新给出，如图 8.5a 所示，其中 $M(D)$ 为预调节器的电压增益，$e(s)$ 和 $j(s)$ 分别为受控电压源和受控电流源的系数，L_e 为有效电感，C_b 为预调节器的滤波电容；N 为 LLC 谐振变换器的变压器匝比，$Z_{LLC}(s)$ 为 LLC 谐振变换器的等效阻抗。图 8.5b 给出了其控制框图，其中 $G_v(s)$ 为电压调节器的传递函数；H_v 为输出电压采样系数；K_{PWM} 为 PWM 调制器的增益，其表达式为 $1/V_M$，其中 V_M 为锯齿载波的幅值。

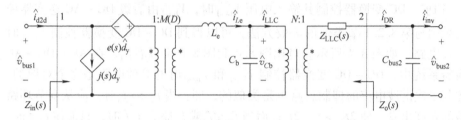

a) 小信号模型

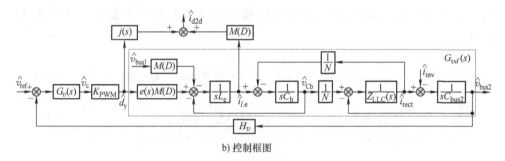

b) 控制框图

图 8.5　预调节器 + LLC 变换器的小信号模型及其控制框图

为了增大 DC – DC 变换器在 $2f_{in}$ 处的开环输入阻抗，可以在其输入侧串联一个虚拟阻抗 $Z_s(s)$，如图 8.6a 中位置 1# 所示。这样，DC – DC 变换器的开环输入阻抗和输出阻抗分别改变为：

$$Z_{in\_VI\_OL1}(s) = Z_s(s) + \frac{1}{M^2(D)}\left[sL_e + \frac{1}{sC_b}//N^2\left(Z_{LLC}(s) + \frac{1}{sC_{bus2}}\right)\right]$$

$$(8.11)$$

$$Z_{o\_VI\_OL1}(s) = \frac{1}{N^2}\left[(M^2(D)Z_s(s) + sL_e)//\frac{1}{sC_b}\right] + Z_{LLC}(s) \quad (8.12)$$

从式（8.11）和式（8.12）可以看出，在输入侧串联虚拟阻抗，不仅可以增大开环输入阻抗，也可以等效增大开环输出阻抗。

类似地，为了增大 DC – DC 变换器在 $2f_o$ 处的开环输出阻抗，也可以在其输出侧串联一个虚拟阻抗 $Z_s(s)$，如图 8.6a 中 2# 位置所示，此时 DC – DC 变换器的开环输入阻抗和输出阻抗分别改变为：

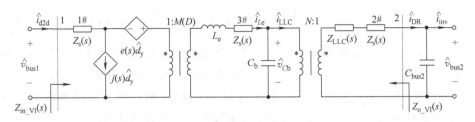

a) 虚拟串联阻抗的引入

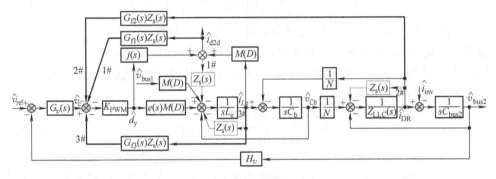

b) 虚拟串联阻抗的实现方式

图8.6　虚拟串联阻抗的引入及实现方式

$$Z_{\text{in\_VI\_OL2}}(s) = \frac{1}{M^2(D)}\Big[sL_e + \frac{1}{sC_b} /\!/ N^2\Big(Z_{\text{LLC}}(s) + Z_s(s) + \frac{1}{sC_{\text{bus2}}}\Big)\Big]$$

(8.13)

$$Z_{\text{o\_VI\_OL2}}(s) = \frac{1}{N^2}\Big(sL_e /\!/ \frac{1}{sC_b}\Big) + Z_{\text{LLC}}(s) + Z_s(s)$$ 　(8.14)

从式（8.13）和式（8.14）可以看出，在输出侧串联虚拟阻抗，可以同时增大开环输出阻抗和开环输入阻抗。

以上分析表明，虚拟串联阻抗可以放在输入侧，也可以放在输出侧，其效果是等效的，因此可以采用其中一个虚拟阻抗，同时抑制来自DC-DC变换器输入侧和输出侧的二次谐波电流。事实上，在本章采用的预调节器+LLC变换器中，虚拟阻抗也可以放在预调节器的有效电感支路，如图8.6a中3#位置所示。在该位置加入虚拟串联阻抗后，DC-DC变换器的开环输入阻抗和输出阻抗分别改变为：

$$Z_{\text{in\_VI\_OL3}}(s) = \frac{1}{M^2(D)}\Big[(Z_s(s) + sL_e) + \frac{1}{sC_b} /\!/ N^2\Big(Z_{\text{LLC}}(s) + \frac{1}{sC_{\text{bus2}}}\Big)\Big]$$

(8.15)

$$Z_{\text{o\_VI\_OL3}}(s) = \frac{1}{N^2}\Big[(Z_s(s) + sL_e) // \frac{1}{sC_b}\Big] + Z_{\text{LLC}}(s) \tag{8.16}$$

图 8.6b 给出了虚拟阻抗的实现方式。当虚拟阻抗放在 DC – DC 变换器的输入侧（即 1#位置）时，其可以通过反馈其输入电流 $\hat{i}_{\text{d2d}}$ 来实现，如图 8.6b 中 1#位置虚线所示。将 $\hat{i}_{\text{d2d}}$ 的反馈点前移到 K_{PWM} 的输入侧，并调整反馈函数，如图 8.6b 中 1#位置粗实线所示，图中反馈函数 $G_{\text{f1}}(s)$ 的表达式为：

$$G_{\text{f1}}(s) = \frac{1}{K_{\text{PWM}}[e(s)M(D) - j(s)Z_s(s)]} \tag{8.17}$$

当虚拟阻抗放在 DC – DC 变换器的输出侧（即 2#位置）时，其可以通过反馈其输出电流 $\hat{i}_{\text{DR}}$ 来实现，如图 8.6b 中 2#位置虚线所示。将 $\hat{i}_{\text{DR}}$ 的反馈点前移到 K_{PWM} 的输入侧，并调整反馈函数，如图 8.6b 中 2#位置粗实线所示，图中的反馈函数 $G_{\text{f2}}(s)$ 的表达式为：

$$G_{\text{f2}}(s) = \frac{N(1 + s^2 L_e C_b)}{K_{\text{PWM}}e(s)M(D)} \tag{8.18}$$

当虚拟阻抗放在等效电感支路（即 3#位置）时，其可以通过反馈有效电感电流 $\hat{i}_{\text{Le}}$ 来实现，如图 8.6b 中 3#位置虚线所示。将 $\hat{i}_{\text{Le}}$ 的反馈点前移到 K_{PWM} 的输入侧，并调整反馈函数，如图 8.6b 中 3#位置粗实线所示，图中的反馈函数 $G_{\text{f3}}(s)$ 的表达式为：

$$G_{\text{f3}}(s) = \frac{1}{K_{\text{PWM}}e(s)M(D)} \tag{8.19}$$

对比式（8.17）~ 式（8.19）可知，当虚拟串联阻抗放在输入侧时，反馈函数 $G_{\text{f1}}(s)$ 与 $Z_s(s)$ 有关，不利于虚拟串联阻抗的设计；虚拟串联阻抗放在输出侧时，反馈函数 $G_{\text{f2}}(s)$ 中含有二阶微分项，该项在反馈回路中会引入较大的高频干扰，导致系统不稳定；而虚拟串联阻抗放在有效电感支路时，反馈函数 $G_{\text{f3}}(s)$ 的形式最简单。由于三个位置串联虚拟阻抗的效果是相同的，因此这里选择在等效电感支路串联虚拟串联阻抗。

8.3.2　加入虚拟串联阻抗后的参数设计准则

在选取虚拟串联阻抗时，一方面需满足二次谐波电流抑制的需求，另一方面需满足稳定裕度的要求。根据这两个要求，图 8.7 给出了虚拟串联阻抗的参数设计准则。

为了不影响系统的稳定性和动态性能，$Z_s(s)$ 只需在 $2f_{\text{in}}$ 和 $2f_o$ 处阻抗较高，而在非 $2f_{\text{in}}$ 和 $2f_o$ 处阻抗很小，因此，$Z_s(s)$ 可以表示为：

$$Z_s(s) = r_s[G_{\text{BPF\_in}}(s) + G_{\text{BPF\_o}}(s)] \tag{8.20}$$

式中，r_s 为希望增加的电阻值；$G_{\text{BPF\_in}}(s)$ 和 $G_{\text{BPF\_o}}(s)$ 分别为中心频率为 $2f_{\text{in}}$ 和 $2f_o$ 的带通滤波器。

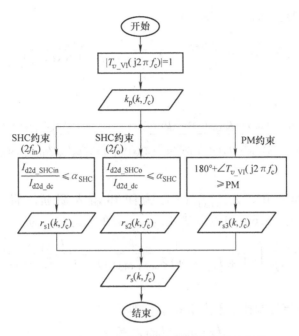

图8.7　加入虚拟串联阻抗后的参数设计准则

　　这里采用 PI 调节器作为电压调节器，其表达式为 $G_v(s) = K_p + K_i/s$，转折频率为 $f_L = K_i/(2\pi K_p) = kf_c$，$f_c$ 为电压环的截止频率。那么虚拟阻抗的参数设计方法如下：

　　步骤 1：第 5 章已推导得到电压环增益 $T_{v\_VI}(s)$ 的表达式，为：

$$T_{v\_VI}(s) = \frac{H_v G_v(s) K_{PWM} e(s) M(D) N}{N^2 [sC_b(sL_e + Z_s(s)) + 1](sC_{bus2} Z_{LLC}(s) + 1) + sC_{bus2}[sL_e + Z_s(s)]} \tag{8.21}$$

　　由于 $T_{v\_VI}(s)$ 在 f_c 处的增益为 1，将 f_L 的表达式代入式（8.21）可得 $k_p(k, r_s)$ 的值。

　　步骤 2：定义 I_{d2d_SHCin}/I_{d2d_dc} 和 I_{d2d_SHCo}/I_{d2d_dc} 分别为 AC – DC 整流器和 DC – AC 逆变器传播到 DC – DC 变换器中的二次谐波电流抑制比，其表达式分别为：

$$\frac{I_{d2d\_SHCin}}{I_{d2d\_dc}} = \frac{I_{d2d\_SHCin}}{I_{rect\_dc}} \frac{I_{rect\_dc}}{I_{d2d\_dc}} = |G_{ii\_rect}(j2\pi \cdot 2f_{in})| \tag{8.22}$$

$$\frac{I_{d2d\_SHCo}}{I_{d2d\_dc}} = \frac{I_{inv\_dc}}{I_{d2d\_dc}} \frac{I_{d2d\_SHCo}}{I_{inv\_dc}} = \frac{N}{M(D)} |G_{ii\_inv}(j2\pi \cdot 2f_o)| \tag{8.23}$$

其中，$G_{ii\_rect}(s)$ 为 AC – DC 整流器输出电流 i_{rect} 到 DC – DC 变换器输入电流 i_{d2d} 的传递函数，$G_{ii\_inv}(s)$ 为 DC – AC 逆变器输入电流 i_{inv} 到 DC – DC 变换器输入电

流 i_{d2d} 的传递函数，其表达式分别为：

$$G_{ii\_rect}(s) = \frac{\hat{i}_{d2d}}{\hat{i}_{rect}} = \frac{1/(sC_{bus1})}{Z_{in\_VI\_CL}(s) + 1/(sC_{bus1})} \tag{8.24}$$

$$G_{ii\_inv}(s) = \frac{\hat{i}_{d2d}}{\hat{i}_{inv}}$$

$$= sC_b \frac{M(D) + H_v C_v(s)K_{PWM}[(e(s)M^2(D) + Z_s(s)j(s) + sL_e j(s))(NsC_b Z_{LLC}(s) + 1/N) + NZ_{LLC}(s)j(s)]}{[H_v C_v(s)K_{PWM}e(s)M(D)sC_b] + N[(sL_e + Z_s(s))sC_b + 1](s^2 C_b C_{bus2}Z_{LLC}(s) + sC_{bus2}/N^2 + sC_b) - \frac{sC_{bus2}}{N}} \tag{8.25}$$

在式（8.24）中，$Z_{in\_VI\_CL}(s)$ 为闭环输入阻抗。将式（8.15）和式（8.21）代入式（8.6）可以得到 $Z_{in\_VI\_CL}(s)$ 的表达式，为：

$$Z_{in\_VI\_CL}(s) = \left[\frac{1}{(1 + T_{v\_VI}(s))Z_{in\_VI\_OL3}(s)} - \frac{T_{v\_VI}(s)}{1 + T_{v\_VI}(s)}\frac{P_o}{V_{bus1}^2}\right]^{-1} \tag{8.26}$$

二次谐波电流抑制比应不大于 α_{SHC}，即：

$$I_{d2d\_SHCin}/I_{d2d\_dc} \leq \alpha_{SHC} \tag{8.27}$$

$$I_{d2d\_SHCo}/I_{d2d\_dc} \leq \alpha_{SHC} \tag{8.28}$$

根据式（8.27）和式（8.28）可以得到两条 r_s 关于 k 和 f_c 的曲线，即为二次谐波电流的约束曲线。

步骤3：为保证稳定，在 f_c 处需要有足够的相位裕度 PM，一般是45°，那么有：

$$180° + \angle T_{v\_VI}(j2\pi f_c) \geq PM \tag{8.29}$$

根据式（8.29）可以得到第三条 r_s 关于 k 和 f_c 的曲线，即为相角裕度的约束曲线。

综上，在 Step2 和 Step3 中可以得到三条 r_s 关于 k 和 f_c 的曲线，利用工程计算软件即可画出 r_s 和 f_c 的可选域范围。这将在第 8.4.2 节的参数设计中详细给出。

8.4　实验结果

8.4.1　AC-DC-AC 变换器系统的实现

为了验证所提控制策略的有效性，以单相 PFC 变换器作为前级 AC-DC 整流器，Boost + LLC 变换器作为 DC-DC 变换器，单相逆变器作为后级 DC-AC 逆变器，搭建了一台 AC-DC-AC 变换器系统，其输入交流电压为220V，频率为50Hz，输出交流电压为220V，频率为 30～100Hz，系统的输出功率为3kVA。

图8.8给出了该系统的电路原理图，样机参数列于表8.1中，图8.9给出了样机照片。

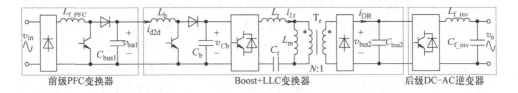

图 8.8　AC – DC – AC 变换器系统的电路原理图

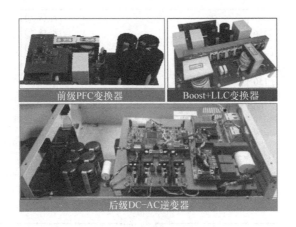

图 8.9　原理样机照片

表 8.1　原理样机的主要参数

	参数	数值	参数	数值
PFC 变换器	滤波电感 L_{f_PFC}	180μH	母线电容 C_{bus1}	1800μF
	输入电压频率 f_{in}	50Hz	开关频率 f_{s_PFC}	100kHz
Boost + LLC 变换器	升压电感 L_b	400μH	Boost 滤波电容 C_b	50μF
	谐振电感 L_r	3μH	谐振电容 C_r	600nF
	励磁电感 L_m	400μH	变压器匝比 N	1.2
	母线电容 C_{bus2}	1835μF	开关频率 f_{s_d2d}	100kHz
DC – AC 逆变器	输出滤波电感 L_{f_inv}	720μH	输出滤波电容 C_f	10μF
	输出电压频率 f_o	30 ~ 100Hz	开关频率 f_{s_inv}	10kHz

8.4.2 虚拟串联阻抗的参数设计

一般来说，DC – DC 变换器中的二次谐波电流含量 I_{d2d_SHC}/I_{d2d} 应不超过 5%，由于来自前级 PFC 变换器输出侧和后级 DC – AC 逆变器输入侧中的二次谐波电流在 DC – DC 变换器中叠加，且当交流输入电压和输出电压频率相等且相位相同时二次谐波电流含量最大，为了保证总的二次谐波电流含量不超过 5%，此处取 α_{SHC} 取 2.5%。k 可根据 DC – DC 变换器的截止频率和相角裕度综合选择，此处取 $k = 0.9$。根据以上参数，采用图 8.7 中的参数设计准则，利用 MathCAD 软件中画出 r_s 和 f_c 的可选域，如图 8.10 中阴影区域所示。为了兼顾二次谐波电流抑制效果和系统的动态性能，此处，取 $f_c = 9Hz$，$r_s = 90\Omega$。

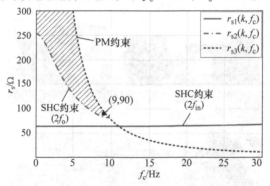

图 8.10　r_s 和 f_c 的可选域

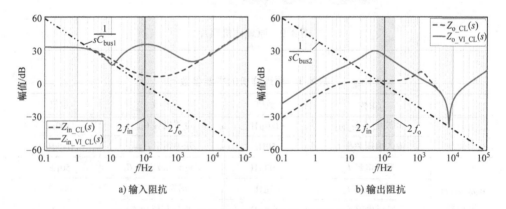

a) 输入阻抗　　　　　　　　　　　　b) 输出阻抗

图 8.11　Boost + LLC 变换器输入和输出阻抗的幅频特性

图 8.11 给出了采用二次谐波电流抑制控制策略前后的 Boost + LLC 变换器闭环输入阻抗和输出阻抗的幅频特性曲线。从图 8.11a 可以看出，加入虚拟串联阻抗前，$Z_{in\_CL}(s)$ 在 $2f_{in}$ 处的幅值较小，与直流母线电容 C_{bus1} 的容抗接近；加入虚拟串联阻抗后，$Z_{in\_VI\_CL}(s)$ 在 $2f_{in}$ 处的幅值大大提高，而在低频段的负阻特性基

本保持不变，说明该方法可以有效抑制 AC – DC 整流器中的二次谐波电流传播到 DC – DC 变换器。类似地，从图 8.11b 可以看出，加入虚拟串联阻抗前，$Z_{o\_CL}(s)$ 在 $2f_o$ 段的幅值较小，略大于直流母线电容 C_{bus2} 的容抗；加入虚拟串联阻抗后，$Z_{o\_VI\_CL}(s)$ 在 $2f_o$ 段的幅值大大提高，可有效抑制 DC – AC 逆变器中的二次谐波电流传播到 DC – DC 变换器。

8.4.3　实验结果

为了验证所提控制策略的有效性，对 AC – DC – AC 变换器系统进行了实验验证。图 8.12 ~ 图 8.14 为 AC – DC – AC 变换器系统的稳态实验结果。图中，i_{rect} 为 PFC 变换器的输出电流（滤除了开关频率分量），i_{Lb} 和 i_{Lr} 分别为 Boost + LLC 变换器的输入电流和谐振电流，Δv_{bus1} 和 Δv_{bus2} 分别为 PFC 变换器和 Boost + LLC 变换器的输出电压脉动，i_{inv} 为后级 DC – AC 逆变器滤除开关频率分量后的输入电流。表 8.2 给出了 Boost + LLC 变换器中二次谐波电流的含量。

图 8.12 给出了 $f_o = 50$Hz 时的稳态实验波形。可以看出，未加入二次谐波电流抑制控制策略时，由于前级 PFC 变换器输出电流和后级 DC – AC 逆变器输入电流中均含有 100Hz 的二次谐波电流，两者传播到 Boost + LLC 变换器中，并相互叠加，导致 i_{Lb} 和 i_{Lr} 中含有较大的二次谐波分量。加入二次谐波电流抑制控制策略后，i_{Lb} 和 i_{Lr} 中的二次谐波电流分量大大减小，其中 i_{Lb} 中的二次谐波电流含量从 61.3% 降到了 1.2%，验证了所提二次谐波电流抑制控制策略的有效性。

图 8.13 和图 8.14 分别给出了 $f_o = 30$Hz 和 $f_o = 100$Hz 的稳态实验波形。从图 8.13a 和图 8.14a 可以看出，当 f_{in} 和 f_o 不相等时，如果不加入二次谐波电流抑制控制策略，Boost + LLC 变换器中会同时存在脉动频率为 $2f_{in}$ 和 $2f_o$ 的谐波电流，这会大大增加 Boost + LLC 变换器开关器件的电流应力。从图 8.13b 和图 8.14b 可以看出，加入所提出的二次谐波电流抑制控制策略后，i_{Lb} 和 i_{Lr} 中的二次谐波电流分量大大减小。

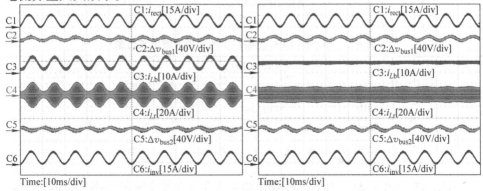

a) 加入控制策略前 　　　　　　　　　　　　　　b) 加入控制策略后

图 8.12　AC – DC – AC 变换器系统的稳态实验波形 （$f_{in} = f_o = 50$Hz）

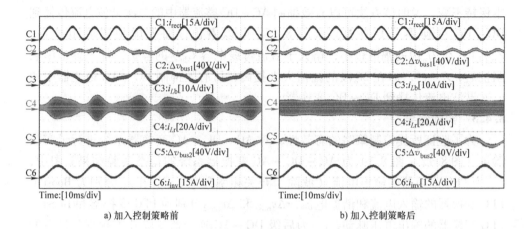

a) 加入控制策略前   b) 加入控制策略后

图 8.13　AC – DC – AC 变换器系统的稳态实验波形（$f_{in} = 50\text{Hz}$，$f_o = 30\text{Hz}$）

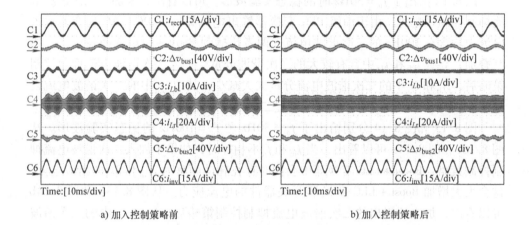

a) 加入控制策略前   b) 加入控制策略后

图 8.14　AC – DC – AC 变换器系统的稳态实验波形（$f_{in} = 50\text{Hz}$，$f_o = 100\text{Hz}$）

表 8.2　Boost + LLC 变换器中的二次谐波电流含量

I_{Lb_SHC}/I_{Lb}		加入控制策略前		引入虚拟阻抗	
		$2f_{in}$	$2f_o$	$2f_{in}$	$2f_o$
$f_{in} = 50\text{Hz}$	$f_o = 50\text{Hz}$	61.3%		1.2%	
	$f_o = 30\text{Hz}$	24.4%	49.9%	0.1%	3.6%
	$f_o = 100\text{Hz}$	24.4%	26.2%	0.2%	0.8%

图 8.15 给出了 AC – DC – AC 变换器系统在负载跳变时的动态实验波形。可以看出，当负载在半载和满载之间跳变时，采用所提方法可以在不同负载范围内

有效抑制 Boost + LLC 变换器中的二次谐波电流，并且 Boost + LLC 变换器中的电流和电压的波动很小，不受二次谐波电流抑制控制策略的影响。

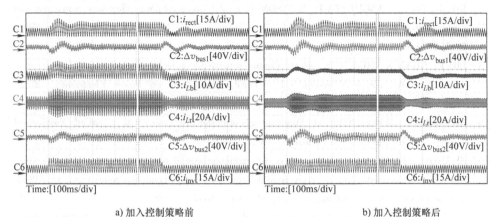

a) 加入控制策略前　　　　　　　　　　　　　　b) 加入控制策略后

图 8.15　负载跳变时 AC - DC - AC 变换器系统的动态实验波形（$f_{in} = f_o = 50\mathrm{Hz}$）

实验结果表明，在 Boost + LLC 变换器中引入针对 $2f_{in}$ 和 $2f_o$ 的虚拟阻抗可以有效抑制其中的二次谐波电流，这与理论分析是一致的，验证了所提二次谐波电流抑制控制策略的有效性。

8.5　本章小结

在 AC - DC - AC 变换器系统中，前级 AC - DC 整流器的输出侧和后级 DC - AC 逆变器的输入侧均存在二次谐波电流，该电流将会传播到 DC - DC 变换器中，导致其性能降低，因此有必要抑制 DC - DC 变换器中的二次谐波电流。本章首先分析了 AC - DC - AC 变换器系统中二次谐波电流的产生和传播机理，指出 DC - DC 变换器中以 $2f_{in}$ 和 $2f_o$ 脉动的谐波电流会相互叠加。接着，针对控制其输入电压和输出电压的 DC - DC 变换器，分别从控制带宽和输入/输出阻抗的角度提出了抑制二次谐波电流的基本思路。然后，以预调节器 + LLC 变换器作为 DC - DC 变换器，采用虚拟串联阻抗的方式提高其输入和输出阻抗，并提出了虚拟串联阻抗的实现方式和设计准则。最后，搭建了一台 AC - DC - AC 变换器系统并进行了实验验证，实验结果验证了本章所提出的二次谐波电流抑制控制策略的有效性。

参 考 文 献

[1] LEE D C, KIM Y S. Control of single - phase - to - three - phase ac/dc/ac PWM converters for

induction motor drives [J]. IEEE Transactions on Industrial Electronics, 2007, 54 (2): 797 – 804.

[2] BIFARETTI S, ZANCHETTA P, WATSON A, et al. Advanced power electronic conversion and control system for universal and flexible power management [J]. IEEE Transactions on Smart Grid, 2011, 2 (2): 231 – 243.

[3] LIU F, RUAN X, HUANG X, et al. Control scheme for reducing second harmonic current in AC – DC – AC converter system [J]. IEEE Transactions on Power Electronics, 2022, 37 (3): 2593 – 2605.

[4] ERICKSON R, MAKSIMOVIC D. Fundamentals of Power Electronics [M]. 3rd ed. Switzerland Cham: Springer International Publishing, 2020.

[5] ZHANG L, RUAN X. Control schemes for reducing second harmonic current in two – stage single – phase converter: An overview from dc – bus port – impedance characteristics [J]. IEEE Transactions on Power Electronics, 2019, 34 (10): 10341 – 10358.

[6] ZHANG L, RUAN X, REN X. Second harmonic current reduction and dynamic performance improvement in the two – stage inverters: An output impedance perspective [J]. IEEE Transactions on Industrial Electronics, 2015, 62 (1): 394 – 404.

[7] ZHANG L, RUAN X, REN X. Second – harmonic current reduction for two – stage inverter with boost – derived front – end converter: Control schemes and design considerations [J]. IEEE Transactions on Power Electronics, 2018, 33 (7): 6361 – 6378.

[8] LIU F, ZHOU G, RUAN X, et al. An input – series – output – parallel converter system exhibiting natural input – voltage – sharing and output – current – sharing [J]. IEEE Transactions on Industrial Electronics, 2021, 68 (2): 1166 – 1177.

[9] LIU F, RUAN X, HUANG X, et al. Second harmonic current reduction for two – stage inverter with DCX – LLC resonant converter in front – end dc – dc converter: Modeling and control [J]. IEEE Transactions on Power Electronics, 2021, 36 (4): 4597 – 4609.

二次谐波电流补偿器的电流基准前馈控制

第 2 ~ 8 章已阐述了两级式单相变换器（包括两级式单相 DC – AC 逆变器和两级式单相 PFC 变换器）的二次谐波电流抑制方法。当 DC – DC 变换器和直流电压源（或直流负载）中的二次谐波电流得到有效抑制后，后级 DC – AC 逆变器或前级 PFC 变换器产生的二次谐波电流将流入中间母线电容。由于二次谐波电流的频率很低，为 100Hz 或 120Hz（输入或输出交流电压频率为 50Hz 或 60Hz），为了减小中间母线电压的二次谐波分量，需要较大容量的中间母线电容，一般采用电解电容。而电解电容的使用寿命较短，是限制单相变换器寿命的主要元件，因此需要消除电解电容。第 2 章已提出加入二次谐波电流补偿器（Second Harmonic Current Compensator, SHCC），以专门处理单相变换器中的脉动功率。为了使 SHCC 的端口电流准确补偿 DC – AC 逆变器输入端或 PFC 变换器输出端的二次谐波电流，需要研究 SHCC 的端口电流控制方法。

本章首先简要介绍 SHCC 的工作原理，然后给出 SHCC 的电压电流双闭环控制策略[1]，并分析端口电流产生跟踪误差的原因。接着，提出 SHCC 的电流基准前馈控制，通过波形运算来合成 SHCC 完全补偿二次谐波电流时所需的调制电压，大幅提高端口电流的补偿能力[2]。在电流基准前馈控制中，运算电路较复杂，为此，本章进一步对其进行近似简化[3]。最后，设计并制作了一台 33.6W 的加入 SHCC 的无电解电容 LED 驱动器原理样机，对所提出的 SHCC 端口电流控制方法进行实验验证。

9.1 无电解电容 SHCC 的工作原理

图 9.1 给出了 SHCC 的结构图和主要工作波形。图中，C_s 是 SHCC 中的储能电容，其电压为 v_{Cs}；i_{SHCC} 是 SHCC 的直流母线端口电流；SHCC 的直流母线端口电压脉动较小，可认为是恒定的，用 V_{bus} 表示。由于没有电气隔离要求，SHCC 可选用 Buck 型、Boost 型和 Buck – Boost 型双向变换器，如图 9.2 所示。

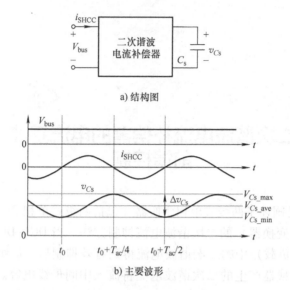

a) 结构图

b) 主要波形

图 9.1 SHCC 的结构图及其关键波形

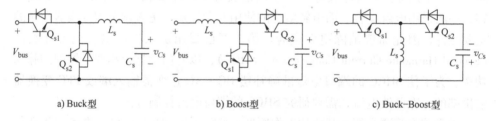

a) Buck 型　　　　　　　b) Boost 型　　　　　　c) Buck-Boost 型

图 9.2 SHCC 的基本拓扑

为补偿 DC - AC 逆变器输入端的二次谐波电流 i_{SHC}，i_{SHCC} 需等于 $-i_{SHC}$；为补偿 PFC 变换器输出端的二次谐波电流 i_{SHC}，i_{SHCC} 需等于 i_{SHC}。i_{SHC} 的表达式已在第 1 章给出，为：

$$i_{SHC} = -\frac{V_{ac}I_{ac}}{V_{bus}}\cos(2\omega_{ac}t - \theta) \tag{9.1}$$

式中，V_{ac} 和 I_{ac} 分别是交流端口电压和电流的有效值；$\omega_{ac} = 2\pi f_{ac}$ 是交流电压角频率，f_{ac} 是交流电压频率；θ 是 v_{ac} 和 i_{ac} 之间的相位差。因此，i_{SHCC} 可表示为：

$$i_{SHCC} = \mathrm{Mod} \cdot i_{SHC} = \mathrm{Mod}\left(-\frac{V_{ac}I_{ac}}{V_{bus}}\cos(2\omega_{ac}t - \theta)\right) \tag{9.2}$$

其中，对于两级式单相 DC - AC 逆变器，$\mathrm{Mod} = -1$；对于两级式单相 PFC 变换器，$\mathrm{Mod} = 1$。

在 $[t_0, t_0 + T_{ac}/4]$（$T_{ac} = 1/f_{ac}$，为交流电压周期）时段内，$i_{SHCC} > 0$，C_s

被充电，所吸收的能量 $\Delta E_{Cs}(t)$ 可表示为：

$$\Delta E_{Cs}(t) = \int_{t_0}^{t} V_{bus} i_{SHCC} dt = \int_{t_0}^{t} V_{ac} I_{ac} \sin 2\omega_{ac}(t-t_0) dt = \frac{S}{2\omega_{ac}}(1 - \cos 2\omega_{ac}(t-t_0))$$

(9.3)

式中，$S = V_{ac} I_{ac}$，是 DC‑AC 逆变器或 PFC 变换器的视在功率。

根据电容储能和其电压的关系，$\Delta E_{Cs}(t)$ 还可表示为：

$$\Delta E_{Cs}(t) = \frac{1}{2} C_s v_{Cs}^2(t) - \frac{1}{2} C_s V_{Cs\_min}^2$$

(9.4)

式中，V_{Cs_min} 为储能电容电压的最小值。

联立式（9.3）和式（9.4），可得储能电容电压的瞬时表达式为：

$$v_{Cs}(t) = \sqrt{V_{Cs\_min}^2 + \frac{S}{\omega_{ac} C_s}(1 - \cos 2\omega_{ac}(t-t_0))}$$

(9.5)

令 $t = t_0 + T_{ac}/4$，根据式（9.5）可得储能电容电压的最大值 V_{Cs_max} 为：

$$V_{Cs\_max} = \sqrt{V_{Cs\_min}^2 + \frac{2S}{\omega_{ac} C_s}}$$

(9.6)

储能电容电压的平均值 V_{Cs_av} 可近似为 $(V_{Cs\_max} + V_{Cs\_min})/2$，故 V_{Cs_av} 可表示为：

$$V_{Cs\_av} = \frac{V_{Cs\_max} + V_{Cs\_min}}{2} = \frac{1}{2}\left(V_{Cs\_min} + \sqrt{V_{Cs\_min}^2 + \frac{2S}{\omega_{ac} C_s}}\right)$$

(9.7)

联立式（9.5）和式（9.7），并消去 V_{Cs_min}，可得：

$$v_{Cs}(t) = \sqrt{V_{Cs\_av}^2 - \frac{S}{\omega_{ac} C_s}\cos 2\omega_{ac}(t-t_0) + \left(\frac{S}{2\omega_{ac} C_s V_{Cs\_av}}\right)^2}$$

(9.8)

根据上述推导可知，$i_{SHCC} = i_{SHC}$ 等价于 v_{Cs} 满足式（9.8）。

9.2　SHCC 的电压电流双闭环控制

为了使 SHCC 准确补偿二次谐波电流，可提取 DC‑AC 逆变器输入端或 PFC 变换器输出端的二次谐波电流作为电流基准 i_{ref}，并直接控制 SHCC 的端口电流 i_{SHCC}，使其跟踪 i_{ref}，如图9.3所示。为了保证 SHCC 稳定工作，需要使储能电容电压稳定。为此，加入一个储能电容电压控制闭环，并将电压调节器的输出 v_r 叠加到 i_{ref} 上，形成新的电流基准 i'_{ref}，如图9.3所示。为避免在 i'_{ref} 中引入其他谐波分量，储能电容电压控制环的带宽通常较低。这样，当 v_{Cs} 降低时，电压调节器输出一个正的直流偏置，使 i'_{ref} 增大，以补偿 SHCC 产生的损耗。可以看到，储能电容电压控制环和端口电流控制环分别形成电压闭环和电流闭环，因此称这种控制为 SHCC 的电压电流双闭环控制[1]。

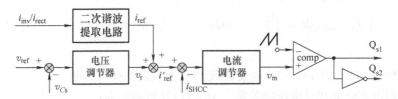

图 9.3 SHCC 的电压电流双闭环控制

理想情况下，若电流调节器在 $2f_{ac}$ 处的增益无穷大，则 SHCC 的端口电流可准确跟踪二次谐波电流。但是，实际的电流调节器在 $2f_{ac}$ 处的增益是有限的，这就会导致 SHCC 的端口电流无法完全补偿 DC – AC 逆变器输入端或 PFC 变换器输出端的二次谐波电流[2]。

下面以 Boost SHCC（见图 9.2b）为例，定量分析电流调节器的增益对电压电流双闭环控制性能的影响。为方便计算，选择 Boost SHCC 中的 Q_{s2} 作为主控管。

根据 Boost 变换器的输入输出电压关系，当 v_{Cs} 满足式（9.7）时，Q_{s2} 的占空比为：

$$d_{Qs2}(t) = \frac{V_{bus}}{v_{Cs}(t)} = V_{bus}\left[\sqrt{V_{Cs\_av}^2 - \frac{S}{\omega_{ac}C_s}\cos2\omega_{ac}(t - t_0) + \left(\frac{S}{2\omega_{ac}C_s V_{Cs\_av}}\right)^2}\right]^{-1}$$

(9.9)

对式（9.9）进行傅里叶分解，可得：

$$d_{Qs2}(t) = \frac{a_0}{2} + \sum_{m=1}^{\infty}(a_m\cos2m\omega_{ac}t + b_m\sin2m\omega_{ac}t)$$

(9.10)

其中，

$$a_0 = \frac{4}{T_{ac}}\int_0^{T_{ac}/2}d_{Qs2}(t)\,\mathrm{d}t$$

(9.11)

$$a_m = \frac{4}{T_{ac}}\int_0^{T_{ac}/2}d_{Qs2}(t)\cos2m\omega_{ac}t\mathrm{d}t$$

(9.12)

$$b_m = \frac{4}{T_{ac}}\int_0^{T_{ac}/2}d_{Qs2}(t)\sin2m\omega_{ac}t\mathrm{d}t$$

(9.13)

因此，SHCC 的占空比中第 m 次谐波分量为：

$$D_m = \sqrt{a_m^2 + b_m^2}$$

(9.14)

将第 9.5 节中的表 9.1 中的相关参数代入式（9.11）~ 式（9.14），可作出 D_m 随 C_s 变化的曲线，如图 9.4 所示。可以看出，D_m 中不仅有直流和二次谐波分量，还含有二次谐波的倍数次谐波分量，而且二次谐波及其倍数次谐波的含量随储能电容的减小而增大。第 9.1 节已指出，$i_{SHCC} = i_{SHC}$ 等价于 v_{Cs} 满足式（9.8）。

因此，当 $i_{SHCC} = i_{SHC}$ 时，占空比 d_{Qs2} 中同时含有直流分量、二次谐波分量和二次谐波的倍数次分量。

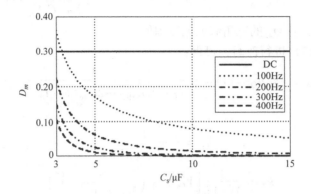

图 9.4　D_m 随 C_s 变化的曲线

事实上，SHCC 的占空比是其调制波与载波交截产生的。因此，当 $i_{SHCC} = i_{SHC}$ 时，SHCC 的调制波中也需同时含有直流分量、二次谐波分量和二次谐波的倍数次分量。从图 9.3 可知，采用电压电流双闭环控制时，电流调节器的输出是 SHCC 的调制波。这意味着，电流调节器需在二次谐波及其倍数次分量处均具有很高的增益，以提供调制波中相应频次的谐波电压。特别是储能电容容量较小时，调制电压中所需的二次谐波及其倍数次谐波的含量更大，电流调节器的设计面临更大的挑战。为了保证 SHCC 稳定，电流调节器在二次谐波及其倍数次分量处增益有限，导致 SHCC 的端口电流存在补偿误差。

综上所述，SHCC 的电压电流双闭环控制可实现其端口电流对二次谐波电流基准的跟踪，但由于电流调节器在二次谐波及其倍数次分量处增益有限，端口电流难以精确补偿二次谐波电流，而且补偿误差随储能电容容量的减小而增大。

9.3　SHCC 的电流基准前馈控制

根据第 9.2 节的分析，为了提高 SHCC 的端口电流跟踪精度，需要在 SHCC 的占空比中加入二次谐波的倍数次谐波分量。为此，需要改变 SHCC 的调制波。本节仍以 Boost SHCC 为例，来讨论如何通过波形运算来合成 SHCC 完全补偿二次谐波电流时所需的调制电压。

当 v_{Cs} 满足式（9.8）时，SHCC 的调制电压为：

$$v_{\mathrm{m}}(t) = d_{\mathrm{Qs2}}(t)V_{\mathrm{M}}$$

$$= V_{\mathrm{M}}V_{\mathrm{bus}}\left[\sqrt{V_{Cs\_av}^2 - \frac{S}{\omega_{\mathrm{ac}}C_{\mathrm{s}}}\cos2\omega_{\mathrm{ac}}(t-t_0) + \left(\frac{S}{2\omega_{\mathrm{ac}}C_{\mathrm{s}}V_{Cs\_av}}\right)^2}\right]^{-1} \qquad (9.15)$$

式中，V_{M} 是开关管 Q_{s2} 的三角载波电压幅值。

对式（9.15）进行改写，可得：

$$v_{\mathrm{m}}(t) = d_{\mathrm{Qs2}}(t)V_{\mathrm{M}} = \frac{1}{\sqrt{-k_1 I_{\mathrm{SHC}}\cos2\omega_{\mathrm{ac}}(t-t_0) + k_2}} \qquad (9.16)$$

式中，

$$k_1 = \frac{1}{\omega_{\mathrm{ac}}C_{\mathrm{s}}V_{\mathrm{bus}}V_{\mathrm{M}}^2} \qquad (9.17)$$

$$k_2 = \frac{1}{V_{\mathrm{bus}}^2 V_{\mathrm{M}}^2}\left[V_{Cs\_av}^2 + \left(\frac{S}{2\omega_{\mathrm{ac}}C_{\mathrm{s}}V_{Cs\_av}}\right)^2\right] \qquad (9.18)$$

显然，当取定 ω_{ac}、C_{s}、V_{bus}、V_{Cs_av} 和 V_{M} 后，k_1 是一个常数，而 k_2 是一个与视在功率 S 相关的直流量，可由电流调节器提供。

根据式（9.16）~式（9.18），本章提出了 SHCC 的电流基准前馈控制，其控制框图如图9.5所示。它在电压电流双闭环控制的基础上，先对 SHCC 的电流基准进行移相，得到 $-I_{\mathrm{SHC}}\cos2\omega_{\mathrm{ac}}t$，然后放大 k_1 倍得到前馈量 v_{ff}。接着，将 v_{ff} 和电流调节器的输出相加，得到 v_x，再对 v_x 依次进行求倒数和开方运算，得到式（9.15）所需的调制电压。可以看出，SHCC 的电流基准前馈控制通过改变调制波，等效在 SHCC 的占空比中注入了所需的高次谐波分量，从而实现提高 SHCC 端口电流补偿能力的目的。

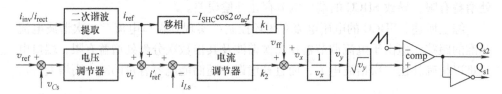

图9.5　SHCC 的电流基准前馈控制

根据图9.5，可得到实现电流基准前馈控制的控制电路，如图9.6所示，图中，单刀双掷开关连接至端点 A 处。它主要由电压调节器、电流调节器、移相器、加法器、减法器、倒数运算电路和开方运算电路组成。电压调节器实现储能电容电压调节，由运放 OP1、电阻 R_1、R_2 和电容 C_1 组成，其输入分别是储能电容电压基准和储能电容电压反馈信号，其输出连接至电流调节器同相输入端的电阻 R_8。减法器由运放 OP2 和电阻 $R_3 \sim R_6$ 组成，其输入分别是二次谐波电流基准和 SHCC 的端口电流反馈，其输出是电流误差信号，连接至电流调节器反相输入

端的电阻 R_7。电流调节器实现 SHCC 的端口电流调节，由运放 OP3、电阻 R_7 ~ R_{10} 和电容 C_2 组成，其输出是与视在功率 S 相关的直流量 k_2，连接至加法器同相输入端的电阻 R_{16}。移相器由运放 OP4、电阻 R_{11} ~ R_{13} 和电容 C_3 组成，对二次谐波电流基准进行移相和放大，得到电流基准的前馈量 v_{ff}，输出至加法器同相端的电阻 R_{15}。加法器由运放 OP5 和电阻 R_{14} ~ R_{18} 组成，将 v_{ff} 和 k_2 相加后得到 v_x，并送至倒数运算电路中乘法器的一个输入端。倒数运算电路由运放 OP6、电阻 R_{19}、R_{20} 和乘法器组成，用来对 v_x 求倒数，得到 v_y。开方运算电路由运放 OP7、电阻 R_{21}、R_{22} 和乘法器组成，对 v_y 进行开方运算，并最终得到式（9.16）所需要的调制电压 v_m。v_m 再与载波电压交截后，产生开关管的驱动信号。

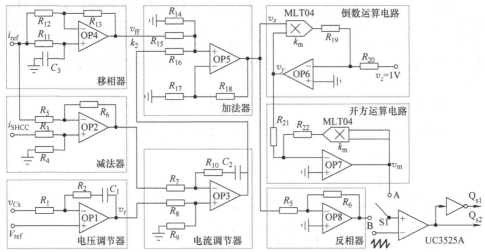

图 9.6 实现 SHCC 电流基准前馈控制的控制电路

9.4 SHCC 的简化电流基准前馈控制

尽管 SHCC 的电流基准前馈控制可有效提高 SHCC 的端口电流补偿能力，但需要较复杂的运算电路来合成 SHCC 所需要的调制电压。为降低控制电路的复杂度，本节将对调制电压的表达式进行简化。

为了便于阐述，定义：

$$x = V_{Cs\_av}^2 - \frac{S}{\omega_{ac}C_s}\cos 2\omega_{ac}(t - t_0) + \left(\frac{S}{2\omega_{ac}C_s V_{Cs\_av}}\right)^2 \tag{9.19}$$

那么，式（9.15）可以表示为：

$$v_m(x) = \frac{V_M V_{bus}}{\sqrt{x}} \tag{9.20}$$

对 $1/\sqrt{x}$ 进行泰勒展开，并忽略其中的高阶项，可得：

$$\frac{1}{\sqrt{x}} = \frac{1}{\sqrt{x_0}} - \frac{1}{2x_0\sqrt{x_0}}(x-x_0) + \frac{3}{8x_0^2\sqrt{x_0}}(x-x_0)^2 + \cdots \approx -\frac{1}{2\sqrt{x_0^3}}x + \frac{3}{2\sqrt{x_0}}$$

$$(9.21)$$

忽略高次项后产生的拟合误差为：

$$e(x) = \frac{1}{\sqrt{x}} - \left(-\frac{1}{2\sqrt{x_0^3}}x + \frac{3}{2\sqrt{x_0}} \right) \qquad (9.22)$$

对 $e(x)$ 求导可以得到：

$$e'(x) = \frac{1}{2\sqrt{x_0^3}} - \frac{1}{2\sqrt{x^3}} \qquad (9.23)$$

由式（9.23）可以看出，当 $x > x_0$ 时，$e'(x) > 0$；而当 $x < x_0$ 时，$e'(x) < 0$。因此，在 $x = x_0$ 点，$e(x)$ 取得最小值，将 $x = x_0$ 代入式（9.22），可得 $e(x)$ 的最小值 $e_{\min}(x) = 0$。因而，$e(x)$ 恒大于等于 0，即 $e(x) \geqslant 0$。由于拟合误差恒大于 0，为兼顾全电压范围内的误差，可在 x 取值范围内对拟合误差进行积分，然后求取使积分值最小的 x_0 的值。

根据式（9.22），在 x 取值范围内，对误差进行积分可以得到：

$$e_{\text{int}}(x_0) = \int_{x_{\min}}^{x_{\max}} e(x)\,\mathrm{d}x = 2(\sqrt{x_{\max}} - \sqrt{x_{\min}}) + \frac{1}{4\sqrt{x_0^3}}(x_{\max}^2 - x_{\min}^2) -$$

$$\frac{3}{2\sqrt{x_0}}(x_{\max} - x_{\min}) \qquad (9.24)$$

式中，$x_{\min}$ 和 $x_{\max}$ 分别为 x 取值的最大值和最小值。根据其定义，可得：

$$x_{\min} = V_{Cs\_\min}^2, \ x_{\max} = V_{Cs\_\max}^2 \qquad (9.25)$$

对 $e_{\text{int}}(x_0)$ 进行求导，可以得到：

$$e'_{\text{int}}(x_0) = \frac{3}{4\sqrt{x_0^5}}(x_{\max} - x_{\min})\left(x_0 - \frac{x_{\max} + x_{\min}}{2} \right) \qquad (9.26)$$

由式（9.26）可以看出，当 $x_0 > (x_{\max} + x_{\min})/2$ 时，$e_{\text{int}}(x_0) > 0$；当 $x_0 < (x_{\max} + x_{\min})/2$ 时，$e_{\text{int}}(x_0) < 0$。因此，在 $x_0 = (x_{\max} + x_{\min})/2$ 处，$e_{\text{int}}(x_0)$ 取得最小值。此时，由式（9.22）得到的近似结果与 $1/\sqrt{x}$ 的累积误差最小。也就是说，x_0 的取值为：

$$x_0 = \frac{x_{\min} + x_{\max}}{2} = \frac{V_{Cs\_\min}^2 + V_{Cs\_\max}^2}{2} \qquad (9.27)$$

将式（9.19）代入式（9.21），可以得到拟合后的调制电压的表达式为：

$$v_{\text{m\_fit}}(t) = \frac{V_{\text{bus}}V_{\text{M}}}{2\sqrt{x_0}} - \frac{V_{\text{bus}}V_{\text{M}}}{2\sqrt{x_0^3}}\left[V_{Cs\_\text{av}}^2 - \frac{S}{\omega_{\text{ac}}C_s}\cos2\omega_{\text{ac}}(t-t_0) + \left(\frac{S}{2\omega_{\text{ac}}C_sV_{Cs\_\text{av}}} \right)^2 \right]$$

$$= \frac{V_{\text{bus}}V_{\text{M}}}{2\sqrt{x_0^3}}\frac{S}{\omega_{\text{ac}}C_s}\cos2\omega_{\text{ac}}(t-t_0) + \frac{V_{\text{bus}}V_{\text{M}}}{2\sqrt{x_0}} - \frac{V_{\text{bus}}V_{\text{M}}}{2\sqrt{x_0^3}}\left[V_{Cs\_\text{av}}^2 + \left(\frac{S}{2\omega_{\text{ac}}C_sV_{Cs\_\text{av}}} \right)^2 \right]$$

$$\triangleq k'_1 I_{\text{SHC}}\cos2\omega_{\text{ac}}(t-t_0) + k'_2 \qquad (9.28)$$

式中，

$$k_1' = \frac{V_{\text{bus}}^2 V_{\text{M}}}{2\sqrt{x_0^3}\,\omega_{\text{ac}} C_{\text{s}}} \qquad (9.29)$$

$$k_2' = \frac{V_{\text{bus}} V_{\text{M}}}{2\sqrt{x_0}} - \frac{V_{\text{bus}} V_{\text{M}}}{2\sqrt{x_0^3}}\left[V_{Cs\_av}^2 + \left(\frac{S}{2\omega_{\text{ac}} C_{\text{s}} V_{Cs\_av}}\right)^2 \right] \qquad (9.30)$$

显然，当取定 ω_{ac}、C_{s}、V_{bus}、V_{Cs_av}、V_{Cs_min}、V_{Cs_max} 和 V_{M} 后，k_1' 是一个常数，而 k_2' 是一个与视在功率 S 相关的直流量，可由电流调节器提供。

根据式（9.28）~式(9.30)，可以得到 SHCC 的简化电流基准前馈控制，其控制框图如图 9.7 所示。它在电流基准前馈控制的基础上，去除了求倒数和开方运算电路，从而大幅简化了控制电路的实现。根据图 9.7，可得到实现简化电流基准前馈控制的控制电路，如图 9.6 所示，此时单刀双掷开关连接至端点 B 处。此时，电流调节器的输出提供 k_2' 以及拟合过程中产生的误差量。将其与前馈项的输出相加并反相，即可得到所需的调制电压 v_{m}。

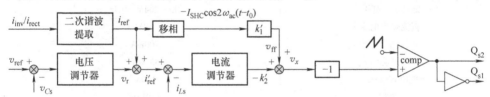

图 9.7　SHCC 的简化电流基准前馈控制

9.5　实验验证

为了验证电流基准前馈控制的有效性，在实验室搭建了一台 33.6W 无电解电容 LED 驱动器实验样机，其电路原理图和样机图片分别如图 9.8 和图 9.9 所示。其中，PFC 变换器采用 DCM 反激变换器，SHCC 采用 Boost 型双向变换器。表 9.1 给出了实验样机的主要参数。

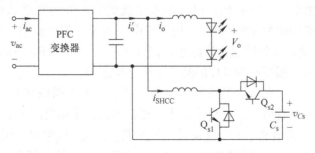

图 9.8　无电解电容 LED 样机的电路原理图

图 9.9　33.6W 无电解电容 LED 原理样机

表 9.1　原理样机的参数

参　数	数　值
交流输入电压 V_{ac}	90~264V/50Hz
直流输出电压 V_o	48V
直流输出电流 I_o	700mA
输出功率 P_o	33.6W
储能电容电压 V_{Cs_av}	160V
开关频率 f_s	140kHz
储能电容 C_s	4.7μF
载波幅值 V_M	3V

　　图 9.10 给出了采用电压电流双闭环控制时无电解电容 LED 驱动器在不同工作条件下的实验波形。图中，v_{ac} 是交流输入电压，i'_o 是 PFC 变换器输出电流，i_{SHCC} 是 SHCC 的端口电流，i_o 是 LED 驱动电流，v_{Cs} 是 SHCC 中的储能电容电压。可以看出，LED 驱动电流的峰 – 峰值在满载和半载工作条件下分别是其平均值的 22% 和 18%。由于驱动电流的脉动较大，因而 LED 会出现频闪。

　　图 9.11 给出了采用电流基准前馈控制时无电解电容 LED 驱动器在不同工作条件下的实验波形。可以看出，LED 驱动电流的峰 – 峰值在满载和半载工作条件下分别是其平均值的 8% 和 6%。相比于电压电流双闭环控制，电流基准前馈控制使 LED 驱动电流的脉动大幅减小，因而可消除 LED 频闪。这表明采用电流基准前馈控制可大幅提高 SHCC 的端口电流补偿能力。

　　图 9.12a 和 b 分别给出了满载和半载条件下采用不同控制方法时 LED 驱动电流的频谱。可以看出，在全交流输入电压范围内，采用电流基准前馈控制均大幅减小了 LED 驱动电流中的二次谐波电流及其倍数次谐波电流。相比于电压电流双闭环控制，电流基准前馈控制使 LED 驱动电流的峰 – 峰值降低近 2/3。

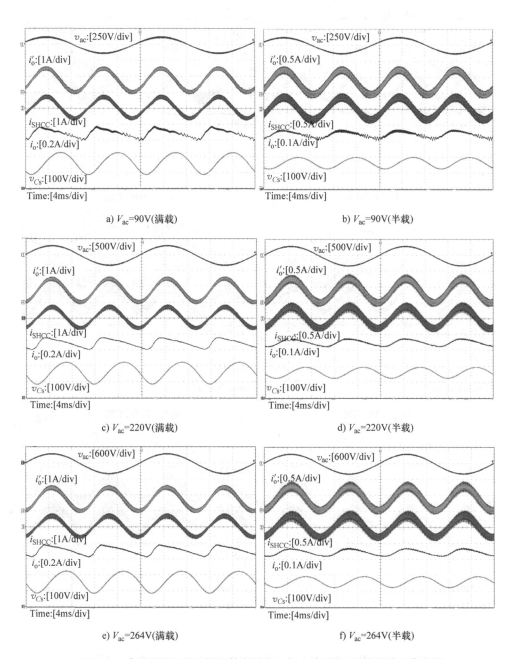

a) V_{ac}=90V(满载)

b) V_{ac}=90V(半载)

c) V_{ac}=220V(满载)

d) V_{ac}=220V(半载)

e) V_{ac}=264V(满载)

f) V_{ac}=264V(半载)

图9.10 采用电压电流双闭环控制时无电解电容 LED 驱动器的工作波形

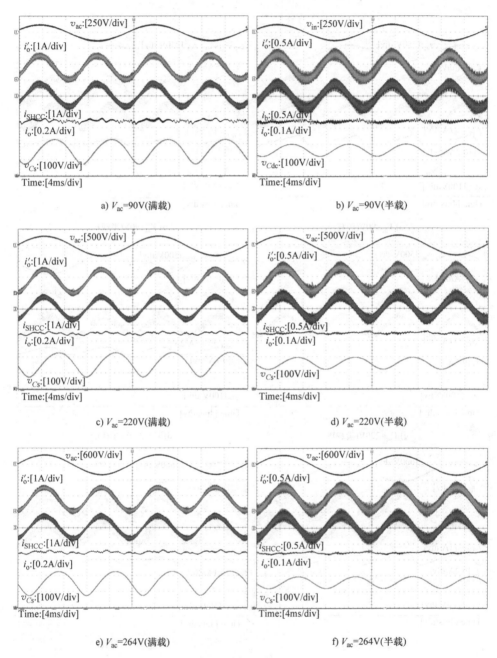

a) V_{ac}=90V(满载)

b) V_{ac}=90V(半载)

c) V_{ac}=220V(满载)

d) V_{ac}=220V(半载)

e) V_{ac}=264V(满载)

f) V_{ac}=264V(半载)

图9.11 采用电流前馈控制时无电解电容 LED 驱动器的工作波形

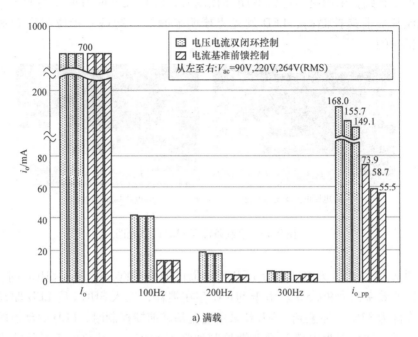

a) 满载

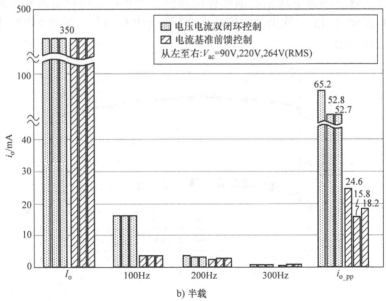

b) 半载

图 9.12 LED 驱动电流的频谱

图 9.13a 和 b 分别给出了满载工作条件下采用不同控制方法时 LED 的发光图。可以看到，采用电压电流双闭环控制时，LED 发光时有明显的光栅；而采用电流基准前馈控制时，LED 发光光栅明显减弱。这进一步说明后者消除了 LED 的频闪。

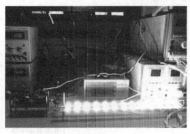

a) 电压电流双闭环控制   b) 电流基准前馈控制

图 9.13   满载条件下 LED 的发光图

图 9.14 给出了无电解电容 LED 驱动器的效率曲线。不加入 SHCC 时，LED 驱动器的效率约为 90.5%。由于 SHCC 存在损耗，加入 SHCC 后 LED 驱动器的效率降低为 87%。注意到，SHCC 采用电流基准前馈控制时，LED 驱动器的效率略有降低。这是因为电流基准前馈控制加强了 SHCC 的端口电流补偿能力，使 PFC 变换器输出端的二次谐波电流几乎全部被 SHCC 吸收，导致 SHCC 中元器件的导通损耗增加。

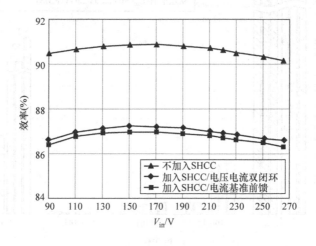

图 9.14   无电解电容 LED 驱动器的效率曲线

9.6　本章小结

本章主要阐述 SHCC 的端口电流控制方法。分析了电压电流双闭环控制存在的问题，指出其电流调节器在二次谐波及其倍数次分量处增益有限，导致 SHCC 的端口电流难以精确补偿 DC – AC 逆变器输入端或 PFC 变换器输出端的二次谐波电流，而且补偿误差随储能电容容量的减小而增大。为提高端口电流的跟踪精度，本章提出了 SHCC 的电流基准前馈控制，通过波形运算来合成 SHCC 完全补偿二次谐波电流时所需的调制电压，等效在 SHCC 的占空比中注入了所需的二次谐波及其倍数次分量，大幅提高了端口电流补偿能力。在此基础上，进一步对调制电压的表达式进行简化，提出了简化的基准电流前馈控制，既保留了端口电流的高精度跟踪，又降低了控制电路的复杂度。最后，设计了一台 33.6W 加入 SHCC 的无电解电容 LED 驱动器。实验结果表明，电流基准前馈控制提高了 SHCC 的端口电流补偿能力，使 LED 驱动电流平直，消除了 LED 的发光频闪。

参 考 文 献

［1］WANG S, RUAN X, YAO K, et al. A flicker – free electrolytic capacitor – less ac – dc LED driver［J］. IEEE Transactions on Power Electronics, 2012, 27（11）: 4540 – 4548.

［2］YANG Y, RUAN X, ZHANG L, et al. A feed – forward scheme for an electrolytic capacitor – less ac – dc LED driver to reduce output current ripple［J］. IEEE Transactions on Power Electronics, 2014, 29（10）: 5508 – 5517.

［3］HUANG X, RUAN X, DU F, et al. A pulsed power supply adopting active capacitor converter for low – voltage and low – frequency pulsed load［J］. IEEE Transactions on Power Electronics, 2018, 33（11）: 9219 – 9230.

第 10 章

二次谐波电流补偿器的单周期控制

第 1 章已指出，在无电解电容 SHCC 中，储能电容容量较小，其电压脉动较大，可能降低 SHCC 的电流补偿能力[1]。尽管第 9 章提出的电流基准前馈控制大幅提高了 SHCC 的端口电流补偿能力，但是前馈系数和储能电容容量成反比。这样，储能电容容量的容差或偏差会引起前馈系数误差，从而导致 SHCC 的端口电流补偿能力下降。单周期控制可使被控量在一个开关周期内的平均值准确跟踪其基准，与元器件的容差和偏差无关[2]。因此，本章研究 SHCC 的单周期控制。

根据 SHCC 端口电流的方向，本章将 SHCC 的工作模式分为充电和放电两种。为使 SHCC 稳定工作，并准确补偿二次谐波电流，提出一种混合型单周期控制策略[3]。为了实现充电和放电模式间的无缝切换，进一步提出加直流电流偏置的单周期控制策略[3]。最后，研制了一台 1kVA 加入无电解电容 SHCC 的两级式单相 DC – AC 逆变器原理样机，对所提出的单周期控制策略进行实验验证。

10.1 无电解电容 SHCC 的基本电路拓扑

为了阐述方便，这里再次给出 SHCC 的结构图和主要工作波形，如图 10.1 所示。图中，i_{SHCC} 是 SHCC 的直流母线端口电流，C_s 是 SHCC 中的储能电容，其电压为 v_{Cs}。SHCC 的直流母线端口电压脉动较小，可认为是恒定的。

从图 10.1b 可以看出，当 $i_{SHCC} > 0$ 时，储能电容 C_s 充电，v_{Cs} 升高，此时 SHCC 工作在充电模式；当 $i_{SHCC} < 0$ 时，C_s 放电，v_{Cs} 降低，此时 SHCC 工作在放电模式。

由于没有电气隔离要求，从中间直流母线侧看，SHCC 可选用 Buck 型、Boost 型和 Buck – Boost 型双向变换器，如图 10.2 所示。Buck 型 SHCC 的开关管电压应力为 V_{bus}，为保证正常工作，v_{Cs} 需始终低于 V_{bus}。Boost 型 SHCC 的开关管电压应力为 v_{Cs} 的最大值，为保证正常工作，v_{Cs} 需始终高于 V_{bus}。Buck – Boost 型 SHCC 的开关管电压为 V_{bus} 与 v_{Cs} 之和，v_{Cs} 既可高于也可低于 V_{bus}。为后文叙

— 186 —

述方便，定义图 10.2 中 Q_{s1} 为主开关管，Q_{s2} 为辅开关管，Q_{s1} 和 Q_{s2} 互补导通。主管电流 i_{Qs1}、辅管电流 i_{Qs2} 以及滤波电感电流 i_{Ls} 的参考方向如图 10.2 所示。

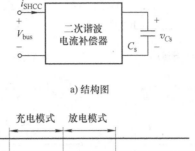

a) 结构图

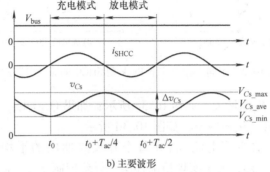

b) 主要波形

图 10.1　SHCC 的结构图及主要工作波形

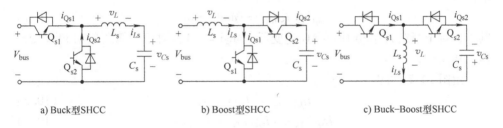

a) Buck型SHCC　　　　b) Boost型SHCC　　　　c) Buck-Boost型SHCC

图 10.2　SHCC 的基本拓扑

10.2　SHCC 的单周期控制策略

10.2.1　单周期控制的基本原理

本节以 Buck 型 SHCC 为例，讨论 SHCC 的端口电流控制方法。

当 Buck 型 SHCC 工作在充电模式时，如果 Q_{s1} 导通，则电感电流 i_{Ls} 正向增大，如图 10.3a 所示；如果 Q_{s1} 关断，则 i_{Ls} 通过 Q_{s2} 的反并二极管续流，正向减小，如图 10.3b 所示。

当 Buck 型 SHCC 工作在放电模式时，如果 Q_{s1} 导通，则储能电容电压加在电

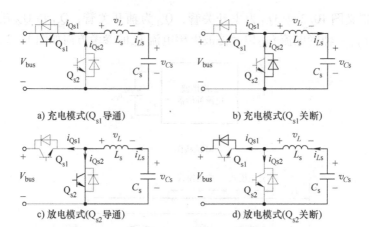

a) 充电模式(Q_{s1} 导通) b) 充电模式(Q_{s1} 关断)

c) 放电模式(Q_{s2} 导通) d) 放电模式(Q_{s2} 关断)

图 10.3 不同工作模式下 Buck 型 SHCC 的等效电路图

感上, 电感电流 i_{Ls} 负向增大, 如图 10.3c 所示; 如果 Q_{s2} 关断, 则电感电流 i_{Ls} 流过二极管的反并二极管, 负向减小, 如图 10.3d 所示。

Buck 型 SHCC 的主管电流 i_{Qs1} 在每个开关周期内的平均值 $\langle i_{Qs1} \rangle_{Ts}$ 等于 i_{SHCC}。由图 10.1a 可知, 为了实现精确补偿, 只要控制 $\langle i_{Qs1} \rangle_{Ts}$, 使之跟踪 DC – AC 逆变器输入端或 PFC 变换器输出端的二次谐波电流。那么, $\langle i_{Qs1} \rangle_{Ts}$ 的基准 i_{ref1} 为:

$$i_{ref1} = i_{SHCC} = \text{Mod} \cdot i_{SHC} \tag{10.1}$$

其中, 对于两级式单相 DC – AC 逆变器, $\text{Mod} = -1$; 对于两级式单相 PFC 变换器, $\text{Mod} = 1$。

由图 10.2a 可得:

$$\langle i_{Qs1} \rangle_{Ts} = d_{y1} \langle i_{Ls} \rangle_{Ts} \tag{10.2}$$

$$\langle i_{Qs1} \rangle_{Ts} + \langle i_{Qs2} \rangle_{Ts} = \langle i_{Ls} \rangle_{Ts} \tag{10.3}$$

式中, $\langle i_{Qs1} \rangle_{Ts}$、$\langle i_{Qs2} \rangle_{Ts}$ 和 $\langle i_{Ls} \rangle_{Ts}$ 分别是主管电流 i_{Qs1}、辅管电流 i_{Qs2} 及电感电流 i_{Ls} 在一个开关周期内的平均值, d_{y1} 是主管 Q_{s1} 的占空比, 其表达式为:

$$d_{y1} = v_{Cs}/V_{bus} \tag{10.4}$$

由式 (10.2) ~式(10.4), 可得:

$$\langle i_{Qs2} \rangle_{Ts} = \left(\frac{1}{d_{y1}} - 1 \right) \langle i_{Qs1} \rangle_{Ts} = \left(\frac{V_{bus}}{v_{Cs}} - 1 \right) \langle i_{Qs1} \rangle_{Ts} \tag{10.5}$$

由此可知, 通过控制 $\langle i_{Qs2} \rangle_{Ts}$ 可间接控制 $\langle i_{Qs1} \rangle_{Ts}$, 也可使 SHCC 准确补偿二次谐波电流。此时, $\langle i_{Qs2} \rangle_{Ts}$ 的基准 i_{ref2} 为:

$$i_{ref2} = \left(\frac{V_{bus}}{v_{Cs}} - 1 \right) i_{ref1} = \left(\frac{V_{bus}}{v_{Cs}} - 1 \right) \text{Mod} \cdot i_{SHC} \tag{10.6}$$

为直接或间接控制 $\langle i_{Qs1} \rangle_{Ts}$, 本章提出 $\langle i_{Qs1} \rangle_{Ts}$ 或 $\langle i_{Qs2} \rangle_{Ts}$ 的单周期控制方法。

图 10.4 给出了直接控制 i_{Qs1} 的平均值的单周期控制原理图。它由单周期控制器、模式判别器和模拟选通开关组成。单周期控制器包含积分器、比较器和 RS 触发器，其中，积分器由反向积分器和反向器组成。反向积分器由积分电阻 R_{int}、积分电容 C_{int} 和复位开关 S_r 构成。当 i_{Qs1} 的积分值 i_{int} 等于基准 i_{refl} 时，S_r 将 C_{int} 两端的电压复位，使得 i_{Qs1} 在每个开关周期的起始时刻均从 0 开始积分。需要注意的是，i_{Qs1} 是双向流动的。在充电模式，i_{Qs1} 和 i_{refl} 均大于 0；在放电模式，i_{Qs1} 和 i_{refl} 均小于 0。为使单周期控制器正常工作，充电模式时 RS 触发器应在 $i_{int} > i_{refl}$ 时复位，放电模式时 RS 触发器应在 $i_{int} < i_{refl}$ 时复位。这样，单周期控制器内需要两套比较器和 RS 触发器。其中，比较器 1 的同相和反相输入端分别连接 i_{int} 和 i_{refl}，比较器 2 的同相和反相输入端分别连接 i_{refl} 和 i_{int}。充电模式时，积分器、比较器 1 和 RS 触发器 1 共同工作；放电模式时，积分器、比较器 2 和 RS 触发器 2 共同工作。模式判别器通过带通滤波器提取 i_{rect} 或 i_{inv} 中的二次谐波电流，并根据其正负极性产生选通信号 SEL，控制模拟开关的选通。当 $i_{SHC} > 0$ 时，SEL = 1，SHCC 工作于充电模式；当 $i_{SHC} < 0$ 时，SEL = 0，SHCC 工作于放电模式。单周期控制器的关键工作波形如图 10.5 所示。

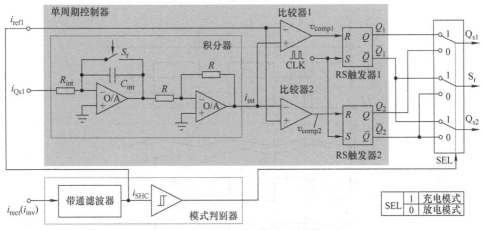

图 10.4　基本单周期控制的控制框图

由图 10.4 和图 10.5 可知，当时钟信号 CLK 的上升沿到来时，Q_{s1} 开通，Q_{s2} 和 S_r 关断，积分器从 0 开始对 i_{Qs1} 积分，其输出为：

$$i_{int}(t) = \frac{1}{R_{int}C_{int}}\int_0^t i_{Qs1}(t)\,\mathrm{d}t \qquad (10.7)$$

为使积分器的输出反映 i_{Qs1} 在一个开关周期内的平均值，设计时取 $R_{int}C_{int} = T_s$，其中 T_s 为 SHCC 中开关管的开关周期。由此，可得：

$$i_{int}(t) = \frac{1}{T_s}\int_0^t i_{Qs1}(t)\,\mathrm{d}t \qquad (10.8)$$

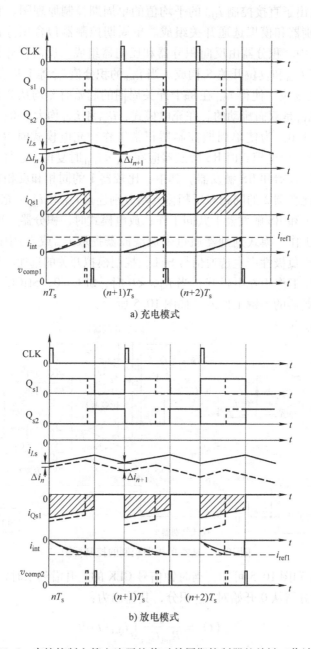

a) 充电模式

b) 放电模式

图 10.5　直接控制主管电流平均值时单周期控制器的关键工作波形

当 $i_{\mathrm{int}}(t)$ 与 i_{ref1} 相等时，即：

$$i_{\mathrm{int}}(d_{y1}T_s) = \frac{1}{T_s}\int_0^{d_{y1}T_s} i_{Qs1}(t)\,\mathrm{d}t = i_{\mathrm{ref1}} \tag{10.9}$$

比较器 1 或 2 的输出从低电平变为高电平，使 RS 触发器复位。此时，Q_{s1} 关断，Q_{s2} 和 S_r 开通，积分器的输出复位到 0，直至下一个时钟周期到来。

i_{Qs1} 在一个开关周期内的平均值为：

$$\langle i_{Qs1} \rangle_{T_s} = \frac{1}{T_s}\int_0^{T_s} i_{Qs1}(t)\,\mathrm{d}t = \frac{1}{T_s}\int_0^{d_{y1}T_s} i_{Qs1}(t)\,\mathrm{d}t \tag{10.10}$$

由式（10.9）和式（10.10）可得：

$$\langle i_{Qs1} \rangle_{T_s} = i_{\mathrm{ref1}} \tag{10.11}$$

由此可知，单周期控制可使主开关管电流 i_{Qs1} 在每个开关周期的平均值准确跟踪二次谐波电流。值得说明的是，单周期控制不需要电流调节器。

前面已提到，通过控制 $\langle i_{Qs2} \rangle_{T_s}$ 可间接控制 $\langle i_{Qs1} \rangle_{T_s}$。基于此，用 i_{Qs2} 和 i_{ref2} 分别代替图 10.4 中的 i_{Qs1} 和 i_{ref1}，并交换 Q_{s1} 和 Q_{s2} 的驱动信号，可得到间接控制 $\langle i_{Qs1} \rangle_{T_s}$ 时的控制框图，其关键波形如图 10.6 所示，其工作原理与直接控制 $\langle i_{Qs1} \rangle_{T_s}$ 类似，不再赘述。

事实上，当直接控制 i_{Qs1} 的平均值时，若在充电模式下，i_{Ls} 在 $t = nT_s$ 时刻受到扰动正向增大，则 i_{Qs1} 随之增大，使得其积分值提前到达 i_{ref1}，如图 10.5a 中虚线所示。这样，Q_{s1} 提前关断，使 i_{Ls} 流过 Q_{s2} 的时间变长，其下降量变大，在下一个开关周期到来时，i_{Ls} 将接近稳态值。当 SHCC 工作于放电模式时，若 i_{Ls}

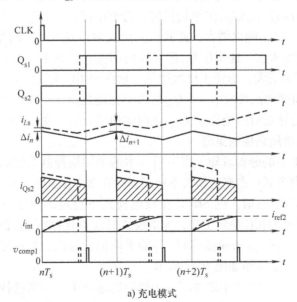

a) 充电模式

图 10.6　间接控制主管电流平均值时单周期控制器的关键工作波形

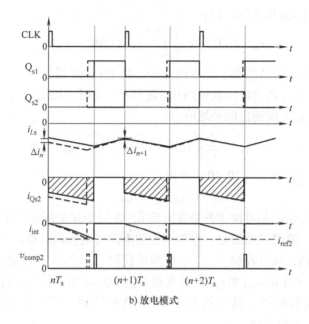

b) 放电模式

图 10.6　间接控制主管电流平均值时单周期控制器的关键工作波形（续）

在 $t = nT_s$ 时刻受到扰动负向增大，则 Q_{s1} 也会随 i_{Qs1} 负向增大而提前关断，如图 10.5b 中虚线所示。由于 Q_{s1} 提前关断，Q_{s2} 的导通时间变长，使得 i_{Ls} 的负向增长量变大，形成一个正反馈过程，导致 SHCC 无法稳定工作。

　　类似地，当间接控制 i_{Qs1} 的平均值时，若充电模式下，i_{Ls} 在 $t = nT_s$ 时刻受到扰动正向增大，则 i_{Qs2} 随之增大，使其积分值提前达到 i_{ref2}，导致 Q_{s2} 提前关断，如图 10.6a 中虚线所示。这将使 Q_{s1} 的导通时间变长，在下一个开关周期到来之前，i_{Ls} 进一步正向增大，形成正反馈过程，导致 SHCC 无法稳定工作。在放电模式下，若 i_{Ls} 受到扰动而负向增大，Q_{s2} 的占空比随之减小，如图 10.6b 中虚线所示。这样，Q_{s1} 的导通时间变长，使 i_{Ls} 负向增加量减小，并逐渐恢复稳态值。

10.2.2　混合型单周期控制策略

　　由第 10.2.1 节的分析可知，当采用基本的单周期控制策略时，若直接控制 i_{Qs1} 的平均值，则 SHCC 在充电模式下稳定，而在放电模式下不稳定；与之相反，若间接控制 i_{Qs1} 的平均值，则 SHCC 在放电模式下稳定，而在充电模式下不稳定。因此，为保证 SHCC 稳定工作，充电模式时应直接控制 i_{Qs1} 的平均值，而放电模式时应通过控制 i_{Qs2} 来间接控制 i_{Qs1} 的平均值。为此，本章提出混合型单周期控制策略，其控制框图如图 10.7 所示。

　　相比图 10.6，图 10.7 中增加了一个模拟选通开关，用来选择积分器和比较器的输入信号。当 $i_{SHC} > 0$ 时，SHCC 工作在充电模式，需要直接控制 i_{Qs1} 的平均

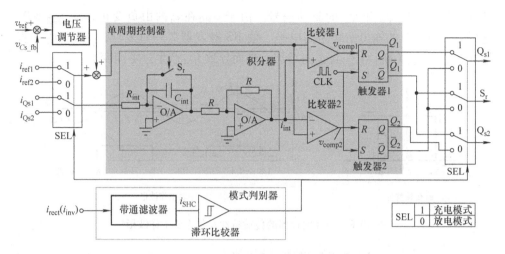

图 10.7　混合型单周期控制策略的控制框图

值，此时 i_{Qs1} 和 i_{ref1} 被分别选作积分器和比较器的输入。当 $i_{SHC} < 0$ 时，SHCC 工作在放电模式，需要间接控制 i_{Qs1} 的平均值（即直接控制 i_{Qs2} 的平均值），此时 i_{Qs2} 和 i_{ref2} 被分别选作积分器和比较器的输入。此外，为了稳定储能电容电压 v_{Cs}，图 10.7 中还增加了电压调节器，其输出叠加到 i_{ref1} 或 i_{ref2} 上。当 v_{Cs} 降低时，电压调节器输出一个正的偏置电压，使 i_{ref1} 或 i_{ref2} 增大，以补偿 SHCC 产生的损耗。需要注意的是，单周期控制器输出端的模拟选通开关的接线方式也有相应改变。充电模式时，直接控制 i_{Qs1} 的平均值，故 Q_1 作为 Q_{s1} 的驱动信号，$\overline{Q_1}$ 作为 Q_{s2} 和 S_r 的驱动信号。放电模式时，直接控制 i_{Qs2} 的平均值，故 Q_2 作为 Q_{s2} 的驱动信号，$\overline{Q_2}$ 作为 Q_{s1} 和 S_r 的驱动信号。

　　混合型单周期控制可保证 SHCC 在充电和放电模式下均稳定工作。为避免 SHCC 的工作模式在电流过零点附近反复切换，模式判别器中加入了滞环比较器。图 10.8a 给出了滞环比较器的传输特性。图中，ΔI 和 $-\Delta I$ 分别是滞环比较器的上门限电流和下门限电流。当且仅当 i_{SHC} 高于 ΔI 时，SEL 由低电平变为高电平；当且仅当 i_{SHC} 低于 $-\Delta I$ 时，SEL 由高电平变为低电平。图 10.8b 给出了滞环比较器的主要工作波形。可以看出，受到滞环的影响，SHCC 的模式切换点相对 i_{SHC} 的过零点有 t_d 的滞后时间。当 SHCC 从充电模式过渡到放电模式时，在 t_d 内，积分器、比较器 1 和 RS 触发器 1 仍然共同工作来产生 Q_{s1} 和 Q_{s2} 的驱动信号。而 i_{SHC} 在该时段内已由正变负，那么 $i_{ref1} < 0$。此时，比较器 1 的输出始终为高电平，使 RS 触发器 1 一直复位。这样，在 t_d 内，Q_{s1} 将一直关断，Q_{s2} 一直导通，使得电感电流 i_{Ls} 一直负向增加，导致 i_{Qs1} 产生过零畸变。类似地，当 SHCC 从放电模式过渡到充电模式时，在 t_d 内，积分器、比较器 2 和 RS 触发器 2 仍然

共同工作来产生 Q_{s1} 和 Q_{s2} 的驱动信号。由于 i_{SHC} 在 t_d 内由负变正，使 $i_{ref2} > 0$。这样，比较器 2 的输出始终为高电平，使 RS 触发器 2 一直复位，导致 Q_{s1} 一直导通，Q_{s2} 一直关断，i_{Ls} 一直正向增加，进而导致 i_{Qs1} 产生过零畸变。

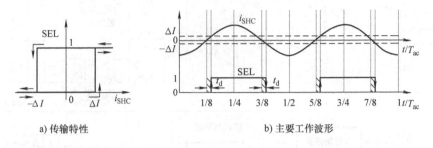

a) 传输特性   b) 主要工作波形

图 10.8   滞环比较器的传输特性及其主要工作波形

图 10.9 给出了混合型单周期控制策略的仿真波形。图中，i_{Qs1} 和 i_{Qs1_LPF} 分别是滤除开关次谐波分量前后的主管电流波形。可以看出，SHCC 可稳定工作于充电和放电模式，但在这两种工作模式切换时，主管电流 i_{Qs1} 在 i_{SHC} 的过零点附近存在畸变。注意到，i_{Qs1} 的负向过零畸变比正向过零畸变严重。其原因是：当 SHCC 从充电模式过渡到放电模式时，在 t_d 时间内，储能电容电压 v_{Cs} 一直加在电感 L_s 上，电感电流的负向增长率为 v_{Cs}/L_s；当 SHCC 从放电模式过渡到充电模式时，在 t_d 时间内，中间直流母线电压 V_{bus} 和储能电容电压 v_{Cs} 之差，即 $V_{bus} - v_{Cs}$，一直加在电感 L_s 上，电感电流的正向增长率为 $(V_{bus} - v_{Cs})/L_s$；而 $v_{Cs}/L_s >$ $(V_{bus} - v_{Cs})/L_s$，导致 i_{Qs1} 的负向过零畸变更加严重。

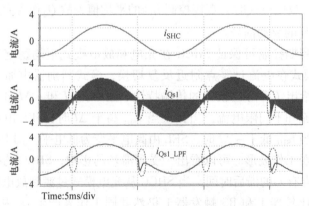

图 10.9   混合型单周期控制策略的仿真波形

10. 2. 3   加直流电流偏置的单周期控制策略

混合型单周期控制可使 SHCC 在充电和放电模式下均稳定工作，但在这两种

工作模式切换时 i_{Qs1} 存在过零畸变。如果分别在 i_{Qs1} 和 i_{ref1} 中加入适当的偏置电压 I_{Q_bias} 和 I_{ref_bias}，使 $i_{Qs1} + I_{Q\_bias}$ 和 $i_{ref1} + I_{ref\_bias}$ 均恒大于0，并将它们分别作为积分器和比较器的输入，则可省去模式判别器、模拟选通开关、比较器2和RS触发器2。图10.10给出了在 i_{Qs1} 和 i_{ref1} 中加入偏置电压后单周期控制器的关键工作波形。从图10.10a可见，当 $i_{Qs1} > 0$ 时，SHCC可稳定工作于充电模式，其工作原理与基本单周期控制策略类似，此处不再赘述。当 $i_{Qs1} < 0$ 时，SHCC工作于放电模式，如图10.10b所示。若 i_{Ls} 在 $t = nT_s$ 时刻受到扰动而负向增大，则 $i_{Qs1} + I_{Q\_bias}$ 将正向减小，使 $i_{Qs1} + I_{Q\_bias}$ 的积分值延迟到达基准，那么 Q_{s1} 的占空比增大，Q_{s2} 的占空比减小，使 i_{Ls} 的负向增加量减小，并逐渐恢复稳态值。显然，在 i_{Qs1} 和 i_{ref1} 中分别加入直流偏置后，SHCC在充电模式和放电模式均可稳定工作，且可实现充电和放电模式间的无缝切换。本章称这种方法为加直流电流偏置的单周期控制策略。下面给出 I_{Q_bias} 和 I_{ref_bias} 的选取依据。

根据图10.10b，为使 $i_{Qs1} + I_{Q\_bias}$ 在任意时刻都大于0，需满足：

$$i_{Ls} + I_{Q\_bias} > 0 \tag{10.12}$$

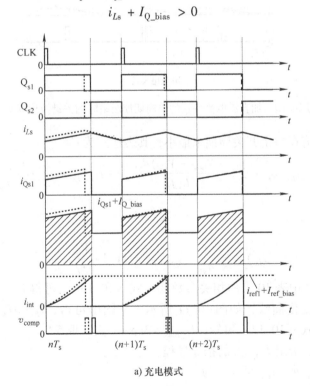

a) 充电模式

图10.10 加直流电流偏置的单周期控制策略的关键波形

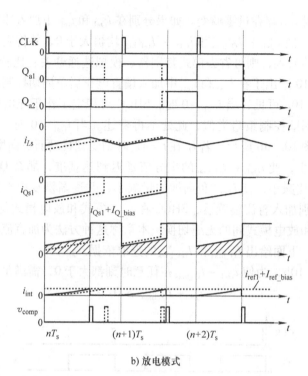

b) 放电模式

图 10.10 加直流电流偏置的单周期控制策略的关键波形（续）

电感电流值在每个开关周期末最小，其表达式为：

$$I_{Ls}(nT_s) = \langle i_{Ls} \rangle_{Ts} - \frac{1}{2} \cdot \frac{(V_{bus} - V_{Cs})d_{y1}}{L_s f_s} = \langle i_{Ls} \rangle_{Ts} - \frac{1}{2} \cdot \frac{V_{bus} - V_{Cs}}{L_s f_s} \frac{V_{Cs}}{V_{bus}}$$

(10.13)

式中，

$$\langle i_{Ls} \rangle_{Ts} = \frac{1}{d_{y1}} \langle i_{Qs1} \rangle_{Ts} = Mod \cdot \frac{V_{bus}}{v_{Cs}} i_{SHC}$$

(10.14)

将第 9.4 节中表 10.1 的相关参数代入式（10.13），可得 $I_{Ls}(nT_s)$ 在半个工频周期内的变化曲线，如图 10.11 所示。从图中可得，$I_{Ls}(nT_s)$ 的最小值为 $-3.5A$。根据式（10.12）可知，$I_{Q\_bias} > 3.5A$，实际取 $5A$。

下面进一步给出 I_{ref_bias} 的推导过程。

加入 I_{Q_bias} 前，i_{ref1} 可表示为：

$$i_{ref1} = \frac{1}{T_s} \int_{nT_s}^{nT_s + d_{y1}T_s} i_{Qs1}(t)\,dt$$

(10.15)

加入 I_{Q_bias} 后，$i_{ref1} + I_{ref\_bias}$ 可表示为：

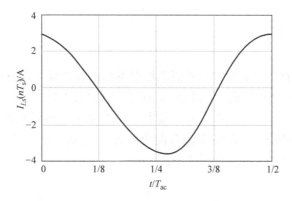

图 10.11　I_{Ls}（nT_s）在半个工频周期内的变化曲线

$$i_{\text{ref1}} + I_{\text{ref\_bias}} = \frac{1}{T_s} \int_{nT_s}^{nT_s + d_{y1}T_s} (i_{\text{Qs1}}(t) + I_{\text{Q\_bias}}) \, dt \qquad (10.16)$$

将式（10.15）代入式（10.16），可得：

$$I_{\text{ref\_bias}} = d_{y1} I_{\text{Q\_bias}} = \frac{v_{Cs}}{V_{\text{bus}}} I_{\text{Q\_bias}} \qquad (10.17)$$

图 10.12 给出了加直流电流偏置的单周期控制策略的控制框图，其工作原理如下：在 i_{Qa1} 的采样信号中加入 $I_{\text{Q\_bias}}$ 后，作为被积分量送至积分器；采样 i_{rect} 或 i_{inv}，并提取其中的二次谐波电流，得到 i_{Qs1} 的电流基准 i_{ref1}；分别采样中间直流母线电压和储能电容电压，并根据式（10.17）得到 $I_{\text{ref\_bias}}$；将 i_{ref1}、$I_{\text{ref\_bias}}$ 以及电压调节器的输出电压 $v_{\text{Cs\_EA}}$ 相加，得到合成后的基准 i'_{ref}，作为比较器的输入。对比图 10.12 和图 10.7 可以发现，采用加直流电流偏置的单周期控制策略省去了模式判别器、模拟选通开关、比较器 2 和 RS 触发器 2，控制电路要简洁一些。

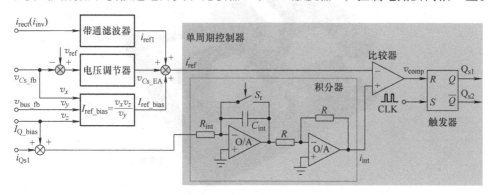

图 10.12　加直流电流偏置的单周期控制策略的控制框图

10.3 实验验证

为了验证加直流电流偏置的单周期控制策略的有效性，在实验室搭建了一台 1kVA 的加入 SHCC 的两级式单相 DC – AC 逆变器原理样机，其电路原理图和照片分别如图 10.13 和图 10.14 所示。其中，前级 Boost 变换器和后级全桥逆变器与第 4 章相同，SHCC 采用 Buck 型双向变换器。表 10.1 和表 10.2 分别给出了原理样机的主要性能指标和主电路参数。

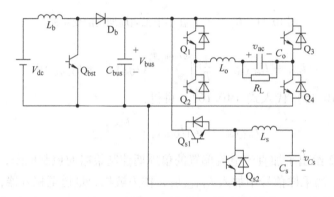

图 10.13   原理样机的主电路图

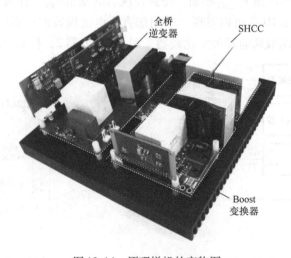

图 10.14   原理样机的实物图

表 10.1　原理样机的主要性能指标

参数	数值
输入电压 V_{dc}	110（1±10%）V
输出电压的有效值 V_{ac}	220V
输出频率 f_o	50Hz
视在功率 S	1kVA
中间直流母线电压 V_{bus}	380V

表 10.2　原理样机的主电路参数

	参数	数值
Boost 变换器	升压电感 L_b	330μH
	母线电容 C_{bus}	50μF
逆变器	滤波电感 L_o	1.8mH
	滤波电容 C_o	1.5μF
SHCC	滤波电感 L_s	2.0mH
	储能电容 C_s	100μF
	储能电容电压平均值 V_{Cs_av}	310V
	电压调节器 $G_v(s)$	$0.1 + 100/s$

图 10.15 给出了满载时采用加直流电流偏置的单周期控制策略的稳态工作波形。图中，i'_{ref}（ $= i_{ref1} + I_{ref\_bias} + v_{Cs\_EA}$）和 i_{int} 分别是电流基准和积分器的输出波形，v_{gs1} 是 Q_{s1} 的驱动电压波形。可以看出，SHCC 在充电模式和放电模式均稳定工作，而且充电和放电模式可无缝切换，i_{Qs1} 在过零点没有畸变。无论 i_{Qs1} 的正负极性如何，i'_{ref} 和 i_{int} 始终大于 0，这与第 10.2.3 节中的理论分析相符。

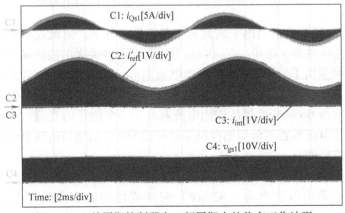

图 10.15　单周期控制器在工频周期内的稳态工作波形

图 10.16a 和 b 分别给出了充电模式和放电模式下单周期控制器在开关周期内的工作波形。可以看出，当 Q_{s1} 开通时，积分器从零开始积分，当积分值 i_{int} 与电流基准 i'_{ref} 相等时，Q_{s1} 关断，这与图 10.10 给出的理论工作波形一致。

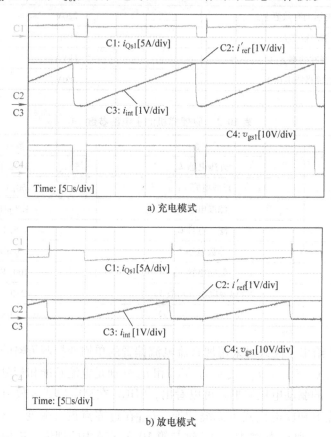

图 10.16 单周期控制器在开关周期内的稳态工作波形

图 10.17a 和 b 分别给出了满载和半载工作条件下，两级式单相 DC – AC 逆变器的主要工作波形。图中，i_{inv} 和 i_{d2d} 分别是滤除开关次谐波分量后后级逆变器的输入电流和前级 Boost 变换器的输出电流波形，i_{SHCC} 和 i_{SHCC_LPF} 分别是滤除开关次谐波分量前后 SHCC 的端口电流波形。从图中可见，SHCC 准确补偿了二次谐波电流，前级 Boost 变换器的输出电流基本为一个恒定的直流。由此说明，所提出的加直流电流偏置的单周期控制策略可使 SHCC 的端口电流具有很高的二次谐波电流跟踪精度。

图 10.18 给出了两级式单相 DC – AC 逆变器的整机效率曲线。图中，实线是中间母线电容采用电解电容（820μF）时逆变器的效率曲线，点划线是加入 SHCC 后逆变器的效率曲线。当中间母线电容采用电解电容时，逆变器的整机最

高效率约 95.2%。由于 SHCC 存在一定的损耗，加入 SHCC 后逆变器的整机最高效率降低约 1%。

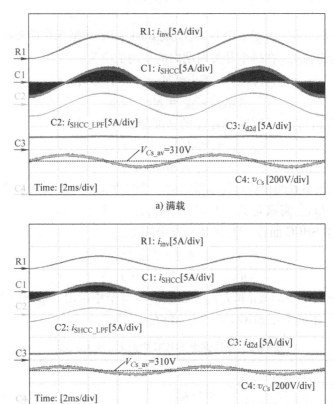

图 10.17 加入 SHCC 的两级式单相 DC – AC 逆变器的主要工作波形

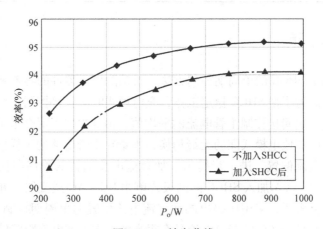

图 10.18 效率曲线

10.4 加直流电流偏置的单周期控制策略在其他 SHCC 中的推广

根据图 10.2b 和 c，若采用 Boost 型或 Buck – Boost 型 SHCC 来补偿二次谐波电流，则主管电流 i_{Qs1} 在每个开关周期内的平均值应为：

$$\langle i_{Qs1} \rangle_{Ts\_bst} = d_{y1} i_{Ls} = \text{Mod}(1 - V_{bus}/v_{Cs}) i_{SHC} \tag{10.18}$$

$$\langle i_{Qs1} \rangle_{Ts\_bb} = \text{Mod} \cdot i_{SHC} \tag{10.19}$$

由此，可得 $\langle i_{Qs1} \rangle_{Ts\_bst}$ 和 $\langle i_{Qs1} \rangle_{Ts\_bb}$ 的基准分别为：

$$i_{ref1\_bst} = \text{Mod}(1 - V_{bus}/v_{Cs}) i_{SHC} \tag{10.20}$$

$$i_{ref1\_bb} = \text{Mod} \cdot i_{SHC} \tag{10.21}$$

采用加电流偏置的单周期控制策略时，需要在主管电流及其基准中加入直流偏置。其中，I_{Q_bias} 需满足式（10.12），I_{ref_bias} 需等于 $d_{y1} I_{Q\_bias}$。对 Boost 型和 Buck – Boost 型 SHCC 而言，Q_{s1} 的占空比分别为：

$$d_{y1\_bst} = 1 - V_{bus}/v_{Cs} \tag{10.22}$$

$$d_{y1\_bb} = v_{Cs}/(V_{bus} + v_{Cs}) \tag{10.23}$$

Buck 型 SHCC 中的 i_{ref1} 和 I_{ref_bias} 已在第 10.2 节中给出。根据以上推导结果，表 10.3 给出了不同类型 SHCC 中的 i_{ref1} 和 I_{ref_bias}。

表 10.3　不同类型 SHCC 中的 i_{ref1} 和 I_{ref_bias}

	i_{ref1}	I_{ref_bias}
Buck	$\text{Mod} \cdot i_{SHC}$	$v_{Cs} I_{Q\_bias}/V_{bus}$
Boost	$\text{Mod}(1 - V_{bus}/v_{Cs}) i_{SHC}$	$(1 - V_{bus}/v_{Cs}) I_{Q\_bias}$
Buck – Boost	$\text{Mod} \cdot i_{SHC}$	$v_{Cs} I_{Q\_bias}/(V_{bus} + v_{Cs})$

10.5 本章小结

本章提出了 SHCC 的单周期控制方法，可消除由元器件的容差和偏差导致的电流跟踪误差。为了使 SHCC 稳定工作，充电模式时应直接控制主管电流的平均值，放电模式时应间接控制主管电流的平均值，由此提出了混合型单周期控制方法。为实现充电和放电模式间的无缝切换，本章在主管电流的采样信号和电流基准中分别加入直流偏置，进一步提出了加直流电流偏置的单周期控制策略。最后，研制了一台 1kVA 加入 SHCC 的两级式单相 DC – AC 逆变器，并进行了实验验证。实验结果表明，采用所提出的加直流电流偏置的单周期控制策略，SHCC 可稳定工作，而且 SHCC 的端口电流具有很高的二次谐波电流跟踪精度。

参 考 文 献

［1］ YANG Y, RUAN X, ZHANG L, et al. Feed – forward scheme for an electrolytic capacitor less ac – dc LED driver to reduce output current ripple ［J］. IEEE Transactions on Power Electronics, 2014, 29 (10): 5508 – 5517.

［2］ SMEDLEY M K, CUK S. One – cycle control of switching converters ［J］. IEEE Transactions on Power Electronics, 1995, 10 (6): 625 – 633.

［3］ ZHANG L, RUAN X, REN X. One – cycle control for electrolytic capacitor – less second harmonic current compensator ［J］. IEEE Transactions on Power Electronics, 2018, 33 (2): 1724 – 1739.

第 11 章

Chapter

基于虚拟并联阻抗的二次谐波电流
补偿器的控制策略

采用二次谐波电流补偿器（SHCC）补偿两级式单相变换器中的二谐波电流，可以去除寿命较短的电解电容。在第 9 章和第 10 章中，SHCC 是直接控制其母线端口电流，使其跟踪 PFC 变换器输出电流或 DC – AC 逆变器输入电流中的二次谐波分量。为了获取母线端口电流基准，需要将电流霍尔或电流互感器等电流采样电路嵌入到 PFC 变换器的输出端或 DC – AC 逆变器的输入端中，因而 SHCC 不是一个真正意义上的独立模块。为了将 SHCC 设计为独立模块，需要去除该电流采样电路。为此，本章从母线端口阻抗的角度出发，给出一种基于虚拟并联阻抗的二次谐波电流补偿方法[1]，并指出该虚拟并联阻抗应表现为电容特性，同时引入一个虚拟电阻与该虚拟电容并联以保证系统稳定。该虚拟并联阻抗通过前馈 SHCC 的母线端口电压来实现，因此 SHCC 仅有母线端口与原两级式单相变换器相连，是一个独立的模块。最后，研制一台 3.3kW 两级式单相 PFC 变换器样机，对所提出的控制方法进行了实验验证。

11.1　基于虚拟并联阻抗的二次谐波电流补偿方法

11.1.1　基本控制方法的提出

由于两级式单相 DC – AC 逆变器和两级式单相 PFC 变换器在结构上是对称的，本章以后级 DC – DC 变换器工作在 BCCC 的两级式单相 PFC 变换器为例，讨论 SHCC 的二次谐波电流补偿方法。为了便于阅读，这里重新给出了该变换器的电路图，如图 11.1 所示。图中，前级为 Boost PFC 变换器，后级 DC – DC 变换器采用移相控制全桥变换器。由于没有电气隔离要求，从中间直流母线侧看，SHCC 可选用 Buck 型、Boost 型和 Buck – Boost 型双向变换器，本章以采用 Boost 型双向变换器的 SHCC 为例进行分析。Boost PFC 变换器采用平均电流控制，控制电感电流以实现 PFC，而电压外环控制中间直流母线电压，它是 BVCC；移相控制全桥变换器采用单电压环控制其输出电压，它是 BCCC。请注意，为了保证

SHCC 正常工作，需使 SHCC 的储能电容 C_s 的最低电压高于中间直流母线电压，因此需要加入一个电压环对 SHCC 的储能电容电压平均值进行控制。

根据图 11.1，图 11.2 给出两级式单相 PFC 变换器的等效电路图。其中，Boost PFC 变换器等效为一个理想电压源 V_{oc} 和不包含中间母线电容的母线端口阻抗 $Z_{bus}(s)$ 串联并与二次谐波电流源 i_{SHC} 和中间母线电容 C_{bus} 并联的电路；移相控制全桥变换器用其母线端口阻抗 $Z_{in\_FB}(s)$ 来表示；SHCC 也用其母线端口阻抗 $Z_{in\_S}(s)$ 来表示。

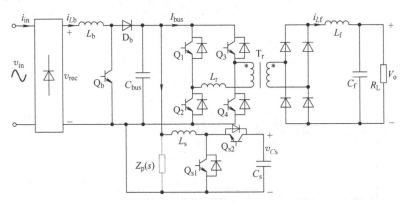

图 11.1　两级式单相 PFC 变换器主电路图

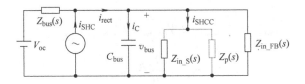

图 11.2　两级式单相 PFC 变换器的等效电路

为了实现 PFC，Boost PFC 变换器的电压外环控制带宽设计的很低，这使得 $Z_{bus}(s)$ 在 $2f_{in}$ 处的阻抗幅值很大，因此流入 $Z_{bus}(s)$ 中的二次谐波电流很小，可以忽略。因此，二次谐波电流由 $Z_{in\_S}(s)$、中间母线电容 C_{bus} 和 $Z_{in\_FB}(s)$ 共同吸收。由图 11.2 可知，流入 $Z_{in\_S}(s)$ 的二次谐波电流取决于 $Z_{in\_S}(s)$、C_{bus} 和 $Z_{in\_FB}(s)$ 在 $2f_{in}$ 处阻抗幅值的相对大小。因此，为了使得二次谐波电流尽可能流入 SHCC，应使 $Z_{in\_S}(s)$ 在 $2f_{in}$ 处的幅值远小于中间母线电容 C_{bus} 和 $Z_{in\_FB}(s)$ 在 $2f_{in}$ 的阻抗幅值，为二次谐波电流提供一个低阻抗通路。

11.1.2　SHCC 原始端口阻抗特性

基于状态空间平均法，可得 Boost 型 SHCC 的交流小信号等效电路，如图 11.3a 所示。图中，$\hat{v}_{bus}$ 为中间直流母线电压扰动，$\hat{v}_{Cs}$ 为储能电容电压扰动，$\hat{i}_{SHCC}$ 为 SHCC 母线端口电流扰动，$D'_{y\_S} = 1 - D_{y\_S}$，D_{y_S} 为开关管 Q_{s1} 的占空比，$\hat{d}_y$

为占空比扰动。根据图 11.3a，图 11.3b 给出了 SHCC 的控制框图，图中，$K_{PWM} = 1/V_M$，V_M 为三角载波幅值，V_{Cs_av} 为储能电容电压平均值，$G_{v\_S}(s)$ 为储能电容电压调节器，H_{v_S} 为储能电容电压采样系数。需要说明的是，为阻尼 SHCC 中电感 L_s 和储能电容 C_s 引起的谐振峰，这里加入了电感电流反馈有源阻尼，其中 r_d 为电感电流反馈系数，亦为阻尼电阻。

根据图 11.3a，可以得到：

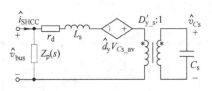

a) 交流小信号等效电路

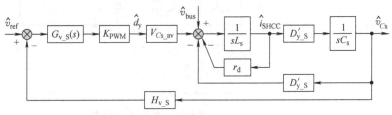

b) 控制框图

图 11.3　SHCC 的交流小信号等效电路和控制框图

$$\hat{i}_{SHCC} = (\hat{v}_{bus} + \hat{d}_y V_{Cs\_av} - D'_{y\_S}\hat{v}_{Cs}) \frac{1}{sL_s + r_d} \qquad (11.1)$$

$$\hat{v}_{Cs} = \frac{D'_{y\_S}}{sC_s}\hat{i}_{SHCC} \qquad (11.2)$$

令 $\hat{v}_{ref} = 0$，根据图 11.3b，可得 $\hat{d}_y$ 的表达式为：

$$\hat{d}_y = -H_{v\_S}G_{v\_S}(s)K_{PWM}\hat{v}_{Cs} \qquad (11.3)$$

根据式(11.1)~式(11.3)，可以推导出 SHCC 母线端口阻抗的表达式，为：

$$Z_{in\_S}(s) = \frac{\hat{v}_{bus}}{\hat{i}_{SHCC}} = sL_s + r_d + \frac{D'^2_{y\_S}}{sC_s} + H_{v\_S}G_{v\_S}(s)K_{PWM}V_{Cs\_av}\frac{D'_{y\_S}}{sC_s} \qquad (11.4)$$

根据图 11.3b，可以推导出电压环的环路增益为：

$$T_{v\_S}(s) = H_{v\_S}G_{v\_S}(s)K_{PWM}V_{Cs\_av}D'_{y\_S}\frac{1}{L_sC_s s^2 + r_dC_s s + D'^2_{y\_S}} \qquad (11.5)$$

根据式（11.4）和式（11.5），SHCC 的母线端口阻抗可以重新列写为：

$$Z_{in\_S}(s) = (1 + T_{v\_S}(s))\left(sL_s + r_d + \frac{D'^2_{y\_S}}{sC_s}\right) \qquad (11.6)$$

由式（11.6）可以看出，减小电压环环路增益在 $2f_{in}$ 处的幅值

$\left|T_{v\_S}(\mathrm{j}\cdot 2\pi\cdot 2f_{\mathrm{in}})\right|$，可以减小 $\left|Z_{\mathrm{in\_S}}(\mathrm{j}\cdot 2\pi\cdot 2f_{\mathrm{in}})\right|$ 的幅值。当 $\left|T_{v\_S}(\mathrm{j}\cdot 2\pi\cdot 2f_{\mathrm{in}})\right| = 0$ 时，$\left|Z_{\mathrm{in\_S}}(\mathrm{j}\cdot 2\pi\cdot 2f_{\mathrm{in}})\right|$ 最小，其表达式为：

$$\left|Z_{\mathrm{in\_S}}(\mathrm{j}\cdot 2\pi\cdot 2f_{\mathrm{in}})\right|_{\min} = \left| \mathrm{j}2\pi 2f_{\mathrm{in}}L_{\mathrm{s}} + r_{\mathrm{d}} + \frac{D_{y\_S}^{'2}}{\mathrm{j}2\pi 2f_{\mathrm{in}}C_{\mathrm{s}}} \right| \tag{11.7}$$

由于电感 L_{s} 是按开关频率电流纹波来设计，其感值较小，故其在 $2f_{\mathrm{in}}$ 处的感抗较小。此外，r_{d} 一般较小。因此，在低于 $2f_{\mathrm{in}}$ 的频率处，可作如下近似：

$$\left|Z_{\mathrm{in\_S}}(\mathrm{j}\cdot 2\pi\cdot 2f_{\mathrm{in}})\right|_{\min} \approx \frac{D_{y\_S}^{'2}}{2\pi 2f_{\mathrm{in}}C_{\mathrm{s}}} \tag{11.8}$$

为了避免使用电解电容，储能电容容量 C_{s} 取值较小。因此，$\left|Z_{\mathrm{in\_S}}(\mathrm{j}\cdot 2\pi\cdot 2f_{\mathrm{in}})\right|$ 的幅值仍然较大，故通过降低电压环环路增益来减小 SHCC 母线端口阻抗在 $2f_{\mathrm{in}}$ 处幅值的效果是有限的。

将第 11.6 节表 11.1 中给出的样机相关参数代入式（11.4），可以得到 SHCC 储能电容电压环截止频率 $f_{\mathrm{cv\_S}}$ 分别为 800Hz、20Hz 和 10Hz 时 $Z_{\mathrm{in\_S}}(s)$ 的伯德图，如图 11.4 所示。可以看出，随着电压环截止频率 $f_{\mathrm{cv\_S}}$ 降低，SHCC 母线端口阻抗在 $2f_{\mathrm{in}}$（为 100Hz）处的幅值 $\left|Z_{\mathrm{in\_S}}(\mathrm{j}\cdot 2\pi\cdot 2f_{\mathrm{in}})\right|$ 逐渐减小，但当 $f_{\mathrm{cv\_S}}$ 下降至一定值时，$\left|Z_{\mathrm{in\_S}}(\mathrm{j}\cdot 2\pi\cdot 2f_{\mathrm{in}})\right|$ 的幅值减小很小。

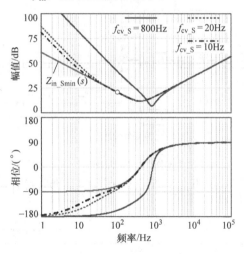

图 11.4　SHCC 母线端口阻抗的伯德图

11.1.3　虚拟并联阻抗的引入和实现

根据上面的分析可知，降低电压环环路增益幅值来减小 SHCC 母线端口阻抗 $Z_{\mathrm{in\_S}}(s)$ 在 $2f_{\mathrm{in}}$ 处幅值的效果是有限的。为了进一步减小 $Z_{\mathrm{in\_S}}(s)$ 在 $2f_{\mathrm{in}}$ 处的阻抗幅值，可引入一个并联阻抗 $Z_{\mathrm{p}}(s)$，如图 11.3a 所示。基于图 11.3b，图 11.5a 给出了引入 $Z_{\mathrm{p}}(s)$ 的控制框图。可以看出，$Z_{\mathrm{p}}(s)$ 可以通过前馈中间直流母线电

压来实现。根据式（11.4）的定义，图11.5a 中虚线框内的部分可用导纳
$1/Z_{\text{in}\_S}(s)$ 来表示。将支路 $1/Z_{\text{p}}(s)$ 的输出端前移至 V_{Cs} 的输出侧，并调整相应的前馈系数，图11.5a 所示的控制框图可等效变换为图11.5b。进一步，将图11.5b 中前馈通路输出端前移至电压调节器 $G_{\text{v}\_S}(s)$ 的输出端，最终得到图11.5c 的控制框图，此时对应的前馈系数调整为：

$$G_{\text{ff}}(s) = \frac{Z_{\text{in}\_S}(s)}{Z_{\text{p}}(s)V_{Cs\_av}K_{\text{PWM}}} = \frac{1 + T_{\text{v}\_S}(s)}{Z_{\text{p}}(s)V_{Cs\_av}K_{\text{PWM}}}\left(sL_{\text{s}} + r_{\text{d}} + \frac{D_{\text{y}\_S}^{\prime 2}}{sC_{\text{s}}}\right) \quad (11.9)$$

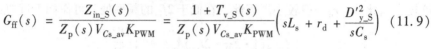

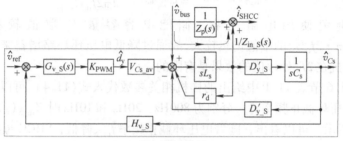

a) 基本的控制框图

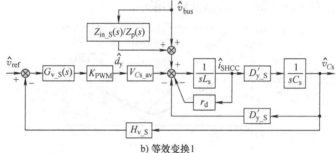

b) 等效变换1

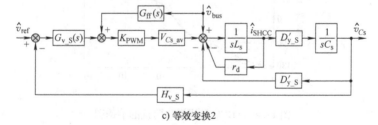

c) 等效变换2

图 11.5　基于虚拟并联阻抗的 SHCC 的控制框图

11.2　虚拟并联阻抗的选取

理论上，$Z_{\text{p}}(s)$ 可以为电容、电阻或电感。当 $Z_{\text{p}}(s)$ 为电容时，它等效增大

了中间母线电容的容量；当 $Z_p(s)$ 为电阻时，二次谐波电流流将在该电阻上引起功率损耗；而当 $Z_p(s)$ 为电感时，它会与中间母线电容产生谐振，可能导致系统不稳定。因此，这里选择虚拟并联阻抗 $Z_p(s)$ 为电容，以 C_p 表示。第 11.3 节中将会提到，引入虚拟并联电容会对系统稳定性产生影响，为此再引入一个虚拟电阻 r_p 与虚拟并联电容 C_p 并联。那么最终的虚拟并联阻抗的表达式为：

$$Z_p(s) = \frac{1}{sC_p} // \frac{r_p}{G_{HPF}(s)} = \frac{r_p}{G_{HPF}(s) + sr_pC_p} \qquad (11.10)$$

请注意，式（11.10）中引入了一个一阶高通滤波器 $G_{HPF}(s) = s/(s + 2\pi f_{HPF})$，其中 f_{HPF} 为其转折频率，这里选择为 1Hz。$G_{HPF}(s)$ 在直流点的幅值非常小，因此 $r_p/G_{HPF}(s)$ 在直流工作点的值近似为无穷大，这样就避免了 SHCC 吸收直流电流。虽然部分二次谐波电流流经 r_p 会导致 SHCC 吸收有功功率，造成储能电容电压 v_{Cs} 上升，但通过储能电容电压环的调节作用，将这部分有功功率以直流的形式回馈到中间直流母线上，从而保持 v_{Cs} 的平均值恒定。

将式（11.10）代入式（11.9），可以得到对应的前馈系数为：

$$G_{ff}(s) = \frac{1 + T_{v\_S}(s)}{V_{Cs\_av}K_{PWM}}\left(sL_s + r_d + \frac{D'^2_{y\_S}}{sC_s}\right)\frac{G_{HPF}(s) + sC_pr_p}{r_p} \qquad (11.11)$$

由于 sL_s 在 $2f_{in}$ 频率附近处的幅值远小于 $D'^2_{y\_S}/(sC_s)$ 的幅值，且在高于电压环截止频率处，电压环环路增益的幅值远小于 1，即 $|T_{v\_S}(s)| << 1$，因此式（11.11）可近似为：

$$G_{ff}(s) = \frac{1}{V_{Cs\_av}K_{PWM}}\left(r_d + \frac{D'^2_{y\_S}}{sC_s}\right)\frac{G_{HPF}(s) + sC_pr_p}{r_p} \qquad (11.12)$$

由式（11.12）可以看出，由于存在 r_d，前馈系数中包含微分项，它会放大高频噪声，可能造成系统不稳定。因此，这里可将式（11.12）中的 r_d 移除，但这会使得前馈系数 $G_{ff}(s)$ 偏小。由式（11.9）可知，$G_{ff}(s)$ 和 $Z_p(s)$ 成反比关系，因此 $G_{ff}(s)$ 偏小则使 $Z_p(s)$ 偏大，进而会削弱二次谐波电流补偿效果。为了避免这个问题，这里限制 $r_d + D'^2_{y\_S}/(sC_s)$ 在 $2f_{in}$ 处的值不大于 1.1 倍 $D'^2_{y\_S}/(sC_s)$ 在 $2f_{in}$ 处的值，根据表 11.1 给出的相关样机参数，可以计算出阻尼电阻 r_d 的值应不大于 5.2Ω。故前馈系数可以进一步简化为：

$$G_{ff}(s) \approx \frac{D'^2_{y\_S}}{C_sV_{Cs\_av}K_{PWM}}\left(\frac{G_{HPF}(s)}{sr_p} + C_p\right) \qquad (11.13)$$

将式（11.13）代入式（11.9），可得实际实现的虚拟并联阻抗为：

$$Z_p(s) = \frac{(1 + T_{v\_S}(s))}{D'^2_y/(sC_s)}\left(sL_s + r_d + \frac{D'^2_{y\_S}}{sC_s}\right)\frac{r_p}{G_{HPF}(s) + sC_pr_p} \qquad (11.14)$$

为了便于描述，记 L_s 和 $C_s/D'^2_{y\_S}$ 的谐振频率为：

$$f_{r\_S} = \frac{1}{2\pi\sqrt{L_s C_s / D_y'^2}} \tag{11.15}$$

当 $f \leqslant f_{r\_S}$ 时，$sL_s + r_d + D_{y\_S}'^2/(sC_s)$ 可以近似为 $r_d + D_{y\_S}'^2/(sC_s)$；而当 $f > f_{r\_S}$ 时，$sL_s + r_d + D_{y\_S}'^2/(sC_s)$ 可以近似为 $sL_s + r_d$。此外，当 $f > f_{r\_S}$ 时，r_p 远大于 C_p 的容抗，因此有 $1/(sC_p)//r_p \approx 1/(sC_p)$。与此同时，SHCC 储能电容电压环的控制带宽很低，因此有 $f_{cv\_S} < f_{r\_S}$。故当 $f > f_{r\_S}$ 时，$T_{v\_S}(s) \ll 1$。根据上面的近似条件，实际的虚拟并联阻抗可近似为：

$$Z_p(s) \approx \begin{cases} (1 + T_{v\_S}(s)) \dfrac{1}{D_{y\_S}'^2} \dfrac{(sr_d C_s + D_{y\_S}'^2) r_p}{G_{HPF}(s) + sr_p C_p} & f \leqslant f_{r\_S} \\[3mm] \dfrac{C_s}{D_{y\_S}'^2 C_p}(sL_s + r_d) & f > f_{r\_S} \end{cases} \tag{11.16}$$

11.3 虚拟并联阻抗的设计

引入 SHCC 后，两级式单相变换器系统变为一个多变换器系统。为了保证系统稳定，也需要对 SHCC 的母线端口阻抗进行约束。本节将给出详细的虚拟阻抗的设计方法，以在补偿二次谐波电流的同时保证系统稳定。

11.3.1 PFC 变换器和移相控制全桥变换器的母线端口阻抗特性

参考文献［2］的研究表明，Boost PFC 变换器的小信号模型与输入输出电压恒定的 Boost 变换器是相同的，其对应的直流工作点为各个状态变量对应的有效值。由于 Boost 变换器工作在 BVCC，参考文献［3］指出，其母线端口阻抗特性与 LC 滤波器的输出阻抗特性类似，且 LC 滤波器的谐振频率近似为 Boost PFC 变换器的电压环截止频率 f_{cv_PFC}。因此，$Z_{o\_PFC}(s)$ 可以表示为：

$$Z_{o\_PFC}(s) = \begin{cases} sL_e & f < f_{cv\_PFC} \\ 1/(sC_{bus}) & f \geqslant f_{cv\_PFC} \end{cases} \tag{11.17}$$

式中，L_e 为等效电感，其表达式为：

$$L_e = \frac{1}{(2\pi f_{cv\_PFC})^2 C_{bus}} \tag{11.18}$$

根据表 11.1 所给的样机参数，如果将中间直流母线电压脉动量限制在 4% 以内，则不加入 SHCC 时所需的中间母线电容容量为 $C_{bus} = 1.88$ mF。根据参考文献［4］给出的设计方法，为了将交流输入电流的畸变限制在 0.75% 以下，Boost PFC 变换器电压环的截止频率设计为 11.7Hz。加入 SHCC 后，在保证相同中间直流母线电压脉动的前提下，中间母线电容容量可减小为 $C_{bus} = 40\mu F$。此时，若保证 Boost PFC 变换器不包含中间母线电容的端口阻抗 $Z_{bus}(s)$ 不变，则流入它的二次谐波电流保持不变，交流输入电流中的谐波含量也不变。为此，当减小储能电容后，本章保持 Boost PFC 变换器的电压环调节器参数不变，以使得 $Z_{bus}(s)$ 不变。由参考文献［4］可知，当电压调节器参数不变时，电压环的截止频率与 $\sqrt{C_{bus}}$ 成反比。因此，当中间母线电容由 1.88mF 减小至 40μF 时，Boost PFC 变换器的电压环的截止频率由 11.7Hz 增加至 80Hz。图 11.6 中点划线给出了 $Z_{o\_PFC}(s)$ 的伯德图的示意图，图中，f_{ci_PFC} 为 Boost PFC 变换器电流环截止频率，其值远高于 f_{cv_PFC}。

移相控制全桥变换器母线端口阻抗的表达式为：

$$Z_{in\_FB}(s) = \left[\frac{1}{1 + T_{v\_FB}(s)} \frac{1}{Z_{in\_FB\_OL}(s)} - \frac{T_{v\_FB}(s)}{1 + T_{v\_FB}(s)} \frac{1}{V_{bus}^2 / P_o} \right]^{-1}$$

(11.19)

式中，$T_{v\_FB}(s)$ 为移相控制全桥变换器电压环环路增益，$Z_{in\_FB\_OL}(s)$ 为移相控制全桥变换器母线端口开环输入阻抗。在移相控制全桥变换器的电压环截止频率 f_{v_FB} 以内，$|T_{v\_FB}(s)| \gg 1$；而当 $f > f_{v\_FB}$ 时，$|T_{v\_FB}(s)| \ll 1$。因此，在低于 f_{v_FB} 的频率处，$Z_{in\_FB}(s)$ 表现为负阻特性，其值为 $-V_{bus}^2 / P_o$；在高于 f_{v_FB} 的频率处，$Z_{in-FB-CL}(s)$ 表现为其母线端口开环输入阻抗 $Z_{in\_FB\_OL}(s)$ 的特性，图 11.6 给出了 $Z_{in\_FB}(s)$ 的波特图的示意图。通常，为保证较好的动态性能，移相控制全桥变换器电压环的控制带宽较高，一般远高于 $2f_{in}$，因此在 $2f_{in}$ 及附近频率处 $Z_{in\_FB}(s)$ 表现为负阻特性。

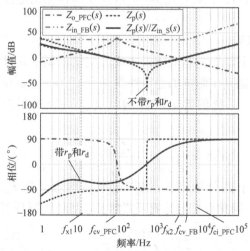

图 11.6　$Z_{o\_PFC}(s)$、$Z_{in\_FB}(s)$、$Z_p(s)$ 和 $Z_p(s)//Z_{in\_S}(s)$ 的伯德图

11.3.2　C_p 的设计

第 2.3.5 节中提到，为了抑制流入后级移相控制全桥变换器中的二次谐波电

流，需要减小中间直流母线电压脉动，因此中间母线电容可根据式（7.6）进行计算。由于虚拟并联阻抗为电容 C_p，因此其值也可通过式（7.6）进行计算，即：

$$C_p \geqslant \sqrt{\frac{1 - \alpha_{SHC}^2}{\alpha_{SHC}^2} \frac{P_o}{2\pi 2f_{in}V_{bus}^2}} \qquad (11.20)$$

式中，α_{SHC} 为二次谐波电流抑制比，为后级 DC – DC 变换器输入电流中的二次谐波电流分量的幅值 I_{bus_SHC} 与直流分量 I_{bus} 之比。

根据式（11.20），可以得到 C_p 在 $2f_{in}$ 处的容抗幅值为：

$$\frac{1}{2\pi 2f_{in}C_p} = \sqrt{\frac{\alpha_{SHC}^2}{1 - \alpha_{SHC}^2} \frac{V_{bus}^2}{P_o}} \qquad (11.21)$$

一般来说，α_{SHC} 需远小于 1，那么根据式（11.21）可以看出，在 $2f_{in}$ 处，C_p 的容抗远小于 V_{bus}^2/P_o。上一节已提到，在 $2f_{in}$ 频率附近，$Z_{in\_FB}(s) \approx - V_{bus}^2/P_o$，因此有如下关系：

$$|Z_p(j \cdot 2\pi \cdot 2f_{in})| << |Z_{in\_FB}(j \cdot 2\pi \cdot 2f_{in})| \qquad (11.22)$$

引入 SHCC 后，C_{bus} 根据开关纹波电流分量设计，其容量较小，故在 $2f_{in}$ 处其容抗远大于 C_p 的容抗，即：

$$|Z_p(j \cdot 2\pi \cdot 2f_{in})| << |1/(j \cdot 2\pi \cdot 2f_{in}C_{bus})| \qquad (11.23)$$

根据式（11.22）和式（11.23）可知，引入虚拟并联电容为二次谐波电流提供了一个低阻抗通路，进而迫使 Boost PFC 变换器输出电流中的二次谐波电流流入 SHCC 中。

11.3.3 r_p 和 r_d 的设计

SHCC 直接控制其储能电容电压，实质上间接控制了其母线端口电流，因此它是一个 BCCC。根据基于阻抗的稳定性判据[5]，为了保证带 SHCC 的两级式单相变换器系统稳定，系统的等效环路增益 $T_m(s)$ 应满足奈奎斯特稳定判据。$T_m(s)$ 的表达式为：

$$T_m(s) = \frac{Z_{o\_PFC}(s)}{Z_{in\_S}(s)//Z_p(s)//Z_{in\_FB}(s)} \qquad (11.24)$$

根据第 11.3.2 节的分析可知，在 $2f_{in}$ 频率附近，有 $Z_p(s) << Z_{in\_S}(s)$ 和 $Z_p(s) << Z_{in\_FB}(s)$，因此系统的等效环路增益 $T_m(s)$ 可以近似为：

$$T_m(s) = \frac{Z_{o\_PFC}(s)}{Z_{in\_S}(s)//Z_p(s)//Z_{in\_FB}(s)} \approx \frac{Z_{o\_PFC}(s)}{Z_p(s)} \qquad (11.25)$$

未引入 r_p 和 r_d 时，即令 $r_p = +\infty$（其与虚拟并联电容 C_p 并联）和 $r_d = 0$（其与升压电感 L_s 串联），可以画出 $Z_p(s)$ 的伯德图，如图 11.6 中的虚线所示。由于 C_p 远大于 C_{bus}，因此 $Z_p(s)$ 和 $Z_{o\_PFC}(s)$ 和之间必定存在两个交截点，分别记为

f_{x1} 和 f_{x2}。由图 11.6 可以看出，f_{x1} 必定小于 f_{cv_PFC}，而 f_{x2} 必定大于 f_{r_S}。

根据上面的分析可知，在阻抗交截点 f_{x1} 处，$Z_p(s)$ 表现为电容特性，即 $Z_p(s) \approx 1/(sC_p)$，而 $Z_{o\_PFC}(s)$ 呈现为电感特性，即 $Z_{o\_PFC}(s) \approx sL_e$。因此，$|\angle Z_{o\_PFC} - \angle Z_p| = 180°$，这意味着等效环路增益 $T_m(s)$ 的相位裕度为 $0°$，系统临界稳定。由式（11.16）可知，引入 r_d 会增大 $Z_p(s)$ 的相位，进而提升 $T_m(s)$ 的相位裕度。然而，注意到，f_{x1} 的频率很低，且 r_d 的值很小，因此在 f_{x1} 处，r_d 的值远小于 $D'^2_{y\_S}/(sC_s)$ 的值，因此 r_d 对 $T_m(s)$ 的相位裕度的改善作用是有限的。为此，这里引入一个虚拟电阻 r_p 与 C_p 并联，以改善 $T_m(s)$ 的相位裕度。由于 $G_{HPF}(s)$ 的转折频率为 $1\,\mathrm{Hz}$，其值远小于 f_{x1}，故在 f_{x1} 处，$r_p/G_{HPF}(s) \approx r_p$。请注意，$f_{cv\_S}$ 也应低于 f_{x1}，以减小其对虚拟并联阻抗 $Z_p(s)$ 的影响。在阻抗交截点处 f_{x1}，$|Z_p(s)| = |Z_{o\_PFC}(s)|$，基于上述近似条件，可以得到以下关系：

$$1/(2\pi f_{x1}C_p) = 2\pi f_{x1}L_e \tag{11.26}$$

将式（11.18）代入式（11.26），可以计算出在引入 r_p 之前阻抗的交截频率 f_{x1} 为：

$$f_{x1} = \sqrt{\frac{C_{bus}}{C_p}}f_{cv\_PFC} \tag{11.27}$$

加入 r_p 后，环路增益 $T_m(s)$ 在 f_{x1} 处的相位裕度为：

$$PM_{fx1} = 180° - \left[\angle(j2\pi f_{x1}L_e) - \angle\left(r_p // \frac{1}{j2\pi f_{x1}C_p}\right)\right] = 90° - \arctan(2\pi f_{x1}r_pC_p) \tag{11.28}$$

将式（11.27）代入式（11.28），可以得到：

$$r_p = \frac{1}{2\pi f_{v\_PFC}\sqrt{C_pC_{bus}}\tan(PM_{fx1})} \tag{11.29}$$

在阻抗交截点 f_{x2} 处，由于 r_d 的阻尼作用，$Z_p(s)$ 的相位略低于 $90°$，且 $Z_{o\_PFC}(s) \approx 1/(sC_{bus})$，因此有 $|\angle(Z_{o\_PFC}) - \angle(Z_p)| < 180°$。显然，$r_d$ 不仅可以阻尼谐振峰，还具有增大环路增益在 f_{x2} 处的相位裕度的作用。在 f_{x2} 处，有 $|Z_p(s)| = |Z_{o\_PFC}(s)|$。令 $r_d = 0$，根据式（11.16），可以得到：

$$\frac{1}{2\pi f_{x2}C_{bus}} = 2\pi f_{x2}\frac{C_s}{D'^2_{y\_S}C_p}L_s \tag{11.30}$$

求解式（11.30），可以得到阻抗的交截频率 f_{x2} 为：

$$f_{x2} = \frac{1}{2\pi\sqrt{C_sC_{bus}L_s/(D'^2_{y\_S}C_p)}} \tag{11.31}$$

加入 r_d 后，环路增益 $T_m(s)$ 在 f_{x2} 处的相位裕度可以表示为：

$$PM_{fx2} = 180° - \left[\angle(r_d + j2\pi f_{x2}L_s) - \angle\frac{1}{j2\pi f_{x2}C_{bus}}\right] = 90° - \arctan(2\pi f_{x2}L_s/r_d) \tag{11.32}$$

将式 (11.31) 代入式 (11.32) 可以得到:

$$r_d = \tan(\mathrm{PM}_{fx2}) \sqrt{\frac{D_{y\_S}'^2 C_p}{C_{bus}}} \sqrt{\frac{L_s}{C_s}} \tag{11.33}$$

11.4 SHCC 闭环参数设计

本章选用 PI 调节器作为 SHCC 储能电容电压环的调节器，其表达式为:

$$G_{v\_S}(s) = K_p + K_i/s \tag{11.34}$$

式中，K_p 为比例系数，K_i 为积分系数。PI 调节器的转折频率为:

$$f_L = K_i/(2\pi K_p) \tag{11.35}$$

令 $G_v(s) = 1$ 和 $r_d = 0$，将表 11.1 所给样机参数代入式 (11.5)，可以得到补偿前 SHCC 电压环环路增益的伯德图，如图 11.7 所示。可以发现，在 f_{r_S} 处，补偿前电压环环路增益的幅频曲线上存在一个向上的谐振峰，相频曲线存在 $-180°$ 相位跳变。因此，在 f_{r_S} 处，补偿后的环路增益会穿越 0dB，从而导致系统不稳定，如图 11.7 中的实线所示。因此，有必要对该谐振峰进行抑制，以防止 $|T_{v\_S}(s)|$ 穿越 0dB，即应保证 $|T_{v\_S}(\mathrm{j}2\pi f_{r\_S})| < 1$。为此，本章引入了阻尼电阻 r_d，以阻尼该谐振峰。此时，将 (11.34) 和式 (11.35) 代入式 (11.5)，可以得到以下关系:

$$|T_{v\_S}(\mathrm{j}2\pi f_{r\_S})| = K_p \sqrt{1 + \left(\frac{f_L}{f_{r\_S}}\right)^2} H_{v\_S} K_{PWM} V_{Cs\_av} D_{y\_S}' \frac{1}{2\pi f_{r\_S} r_d C_s} \leqslant 1 \tag{11.36}$$

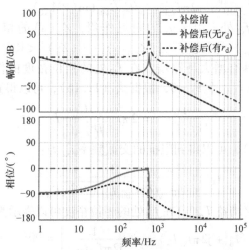

图 11.7 补偿前后，电压环环路增益 $T_{v\_S}(s)$ 的伯德图

将式 (11.15) 代入式 (11.36)，可以得到:

$$r_\mathrm{d} \geqslant K_\mathrm{p} \sqrt{1 + (2\pi f_\mathrm{L})^2 \frac{L_\mathrm{s} C_\mathrm{s}}{D_{\mathrm{y\_S}}'^2}} H_\mathrm{v\_S} K_\mathrm{PWM} V_{\mathrm{Cs\_av}} D_\mathrm{y\_S}' \sqrt{\frac{L_\mathrm{s}}{C_\mathrm{s}}} \tag{11.37}$$

需要注意的是，为了很好地阻尼谐振峰并保证环路增益 $T_\mathrm{m}(s)$ 在 f_{x2} 处具有足够的相位裕度，r_d 应该取式 (11.33) 和式 (11.37) 计算结果的最大值。

由于 $f_{\mathrm{cv\_S}}$ 远小于 $f_{\mathrm{r\_S}}$，r_d 远小于 $D_\mathrm{y\_S}'^2/(sC_\mathrm{s})$ 的阻抗幅值，因此 $sL_\mathrm{s} + r_\mathrm{d} + D_\mathrm{y\_S}'^2/(sC_\mathrm{s}) \approx D_\mathrm{y\_S}'^2/(sC_\mathrm{s})$。在电压环截止频率处，环路增益 $T_\mathrm{v\_S}(s)$ 的幅值等于 1，即:

$$|T_\mathrm{v\_S}(\mathrm{j}2\pi f_{\mathrm{cv\_S}})| \approx \sqrt{K_\mathrm{p}^2 + \left(\frac{K_\mathrm{i}}{2\pi f_{\mathrm{cv\_S}}}\right)^2} H_\mathrm{v\_S} K_\mathrm{PWM} V_{\mathrm{Cs\_av}} D_\mathrm{y\_S}' \frac{1}{D_\mathrm{y\_S}'^2} = 1 \tag{11.38}$$

将 (11.35) 代入式 (11.38)，可以解得:

$$K_\mathrm{p} = \frac{1}{\sqrt{1 + (f_\mathrm{L}/f_{\mathrm{cv\_S}})^2}} \frac{D_\mathrm{y\_S}'}{H_\mathrm{v\_S} K_\mathrm{PWM} V_{\mathrm{Cs}}} \tag{11.39}$$

将 $sL_\mathrm{s} + r_\mathrm{d} + D_\mathrm{y\_S}'^2/(sC_\mathrm{s}) \approx D_\mathrm{y\_S}'^2/(sC_\mathrm{s})$ 和式 (11.34) 代入式 (11.5)，可得截止频率处的相位裕度为:

$$\mathrm{PM} = 180° + \angle T_\mathrm{v\_S}(\mathrm{j}2\pi f_{\mathrm{cv\_S}}) \approx 180° + \angle \left[\frac{H_\mathrm{v\_S} K_\mathrm{PWM} V_{\mathrm{Cs}}}{D_\mathrm{y\_S}'}\left(K_\mathrm{p} + \frac{K_\mathrm{i}}{\mathrm{j}2\pi f_{\mathrm{cv\_S}}}\right)\right]$$

$$\approx 90° + \tan \frac{2\pi f_{\mathrm{cv\_S}} K_\mathrm{p}}{K_\mathrm{i}} \tag{11.40}$$

由式 (11.40) 可以看出，SHCC 电压环的相位裕度 PM 始终大于 90°，这意味着采用 PI 调节器时，SHCC 电压环一定是稳定的。

此外，由式 (11.14) 可知，对于给定的前馈系数，为了保证虚拟并联阻抗在 $2f_\mathrm{in}$ 处的阻抗幅值 $|Z_\mathrm{p}(s)|$ 足够小，电压环在 $2f_\mathrm{in}$ 处的幅值应远小于 1，即 $|T_\mathrm{v\_S}(\mathrm{j} \cdot 2\pi \cdot 2f_\mathrm{in})| \ll 1$。这里，假设 $|T_\mathrm{v\_S}(\mathrm{j} \cdot 2\pi \cdot 2f_\mathrm{in})| = b$，其中 b 为远小于 1 的常数，因此有:

$$|T_\mathrm{v\_S}(\mathrm{j}2\pi 2f_\mathrm{in})| \approx \sqrt{K_\mathrm{p}^2 + \left(\frac{K_\mathrm{i}}{2\pi 2f_\mathrm{in}}\right)^2} H_\mathrm{v\_S} K_\mathrm{PWM} V_{\mathrm{Cs\_av}} D_\mathrm{y\_S}' \frac{1}{D_\mathrm{y\_S}'^2} = b \tag{11.41}$$

由式 (11.41) 可以解得:

$$f_\mathrm{L} = \sqrt{\frac{1 - b^2}{\left(\frac{b}{f_{\mathrm{cv\_S}}}\right)^2 - \left(\frac{1}{2f_\mathrm{in}}\right)^2}} \tag{11.42}$$

根据表 11.1 所给出的样机参数，SHCC 闭环参数的设计步骤如下：将表 11.1 中的参数代入式（11.27），得到 $f_{x1}=11.7\mathrm{Hz}$。SHCC 电压环的控制带宽应远小于 f_{x1}，因此本章选择 $f_{cv\_S}=2\mathrm{Hz}$。同时，为了保证 $|Z_p(\mathrm{j}\cdot 2\pi\cdot 2f_{in})|$ 较小，选取 $a=0.05$。将它们代入式（11.42），得到 $f_L=43.6\mathrm{Hz}$。将 $f_L=43.6\mathrm{Hz}$ 与表 11.1 中的参数代入式（11.39），得到 $K_p=0.022$。然后，根据式（11.35）得到 $K_i=6.2$。根据式（11.37），可以计算出 $r_d=0.18\ \Omega$；而根据式（11.33），为了保证在 f_{x2} 处足够的相位裕度，$r_d=5.3\Omega$。因此，本章选择 $r_d=5.3\Omega$。根据所设计的参数，可以画出 $T_{v\_S}(s)$ 的伯德图，如图 11.7 中的虚线所示，可以看出系统是稳定的。

11.5　实验验证

为验证本章提出控制方法及参数设计方法的有效性，在实验室搭建了一台功率为 3.3kW 的两级式单相 PFC 原理样机，主功率电路图如图 11.1 所示，主要样机参数如表 11.1 所示。

图 11.8 给出了 SHCC 的控制电路，包含四个部分。在子电路 A 中，中间直流母线电压的采样信号 v_{bus_f} 首先送入一个由 R_b、C_b 和运算放大器 A_1 组成的一阶有源高通滤波器，然后送入由 R_1、R_2、C_1 和运算放大器 A_2 组成的积分电路以实现虚拟并联电阻 r_p。v_{bus_f} 直接叠加到电压调节器的输出用于实现 C_p。子电路 B 为储能电容电压调节器，用于控制储能电容电压平均值，其由电阻 R_4 和 R_5、电容 C_2 和运算放大器 A_3 组成。电路 C 是一个加法器，由 R_3、$R_7\sim R_{11}$ 和运算放大器 A_4 组成，将电压调节器的输出加上 v_{bus_f} 并减去运算放大器 A_2 的输出和 SHCC 电感电流采样 i_{s_f}，得到最终的调制信号，其中减去 i_{s_f} 用来实现阻尼电阻 r_d。电路 D 是一个快速电压调节器，这里采用比例调节器，用来限制 SHCC 储能电容电压最大值，以保护 SHCC 中的功率器件。电阻 R_6 和二极管 D_1 用来实现两个电压环之间的平滑切换，工作原理图下：当系统稳态工作时，储能电容电压采样信号 v_{Cs_f} 小于电压基准 V_{ref_max}，此时快速电压环的输出近似为饱和，因此二极管 D_1 截止；而当 v_{Cs_f} 超过电压基准 V_{ref_max} 时，相比于正常电压环，快速电压环的输出可以快速下降，当快速电压环输出小于正常电压环时，二极管 D_1 自然导通。最后，加法器电路 C 的输出与三角载波进行比较，产生两路互补的驱动信号 Q_{s1} 和 Q_{s2}。

表 11.1 两级式单相 PFC 变换器样机参数

	参数	值	参数	值
	v_{in}	220V	L_b	120μH
	f_{ac}	50Hz	C_{bus}（采用 SHCC）	500V/40μF × 1
Boost PFC 变换器	V_{bus}	380V		
	P_o	3.3kW	C_{bus}（采用电解电容）	450V/470μF × 4
	f_s	100kHz		
	$G_{v\_PFC}(s)$	0.019 + 1.9/s	$G_{i\_PFC}(s)$	24 + 1.24 × 10⁶/s
移相控制全桥变换器	$K(N_p/N_s)$	13/15	C_f	40μF
	L_r	10μF	L_f	180μH
	V_{Cs_av}	640V	L_s	0.8mH
Boost 型 SHCC	f_s	100kHz	H_{v_S}	2.5/640
	C_s	1200V/50μF	r_d	5.3Ω
	$G_{HPF}(s)$	$s/(s+2\pi)$	$G_{v\_S}(s)$	0.022 + 6.2/s

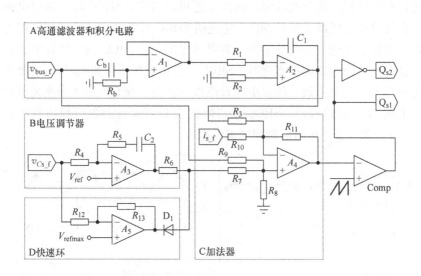

图 11.8 基于虚拟并联阻抗的 SHCC 的控制电路

图 11.9a 和 b 分别给出了中间母线电容为 1.88mF 电解电容时，两级式单相 PFC 变换器在半载和满载时的实验波形。图中，v_{rect} 是输入交流整流后的电压，

i_{Lb}是 Boost 电感电流，Δv_{bus}是中间直流母线电压脉动量。可以看出，在半载和满载时，母线电压脉动分别为 8.3V 和 16.8V。

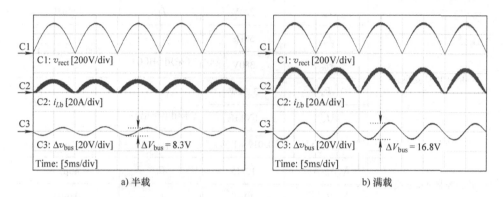

图 11.9　采用电解电容时 PFC 变换器的工作波形

图 11.10a 和 b 分别给出了半载和满载时，加入 SHCC 后两级式单相 PFC 变换器的稳态工作波形。图中，v_{Cs}为 SHCC 储能电容电压，i_s为 SHCC 母线端口电流。可以看出，在半载和满载时，中间直流母线电压的脉动分别为 8.5V 和 17V，这与图 11.9 所给的采用电解电容时的实验结果是一致的，这表明加入虚拟并联阻抗可以有效补偿二次谐波电流。此外，还可以看出，SHCC 母线端口电流超前于中间直流母线电压脉动量约 90°，这说明 SHCC 母线端口在 $2f_{\text{in}}$ 处呈现为电容的特性，验证了理论分析的正确性。需要注意的是，SHCC 端口电流中含有高次谐波分量，这是因为在模拟实现时，SHCC、全桥变换器和 Boost PFC 变换器三者的开关频率不是完全一致，故在中间直流母线上会出现它们开关频率差的谐波分量，而由图 11.6 可以看出，SHCC 端口阻抗在数 kHz 处的阻抗幅值较小，故在 SHCC 端口电流中会产生对应频率的谐波电流。

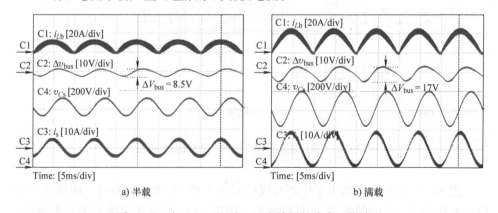

图 11.10　加入 SHCC 后 PFC 变换器的稳态工作波形

图11.11a 给出了加入 SHCC 后负载在 10%满载和 90%满载之间跳变时的动态波形。可以看出，负载突增时输出电压跌落为 36.2%，负载突减时输出电压过冲为 2%。可见加入 SHCC 后，两级式单相 PFC 变换器的动态特性较差，原因可解释如下：相比与中间母线电容以及 Boost PFC 变换器的输出阻抗，SHCC 母线端口呈现出低阻抗特性，因此当负载突增时，储能电容 C_s 将首先提供能量，其电压 v_{Cs} 快速下降。当 v_{Cs} 下降至 V_{bus} 时，中间母线电容电压开始下降，而由于中间母线电容 C_{bus} 的容量很小且 Boost PFC 变换器电压环控制带宽很低，因此中间直流母线电压会出现较大跌落，进而导致全桥变换器的直流输出电压出现大幅

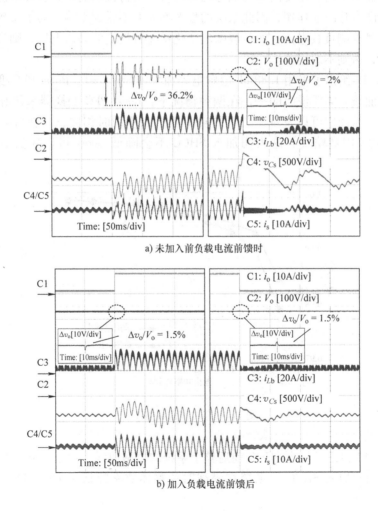

a) 未加入前负载电流前馈时

b) 加入负载电流前馈后

图 11.11　加入 SHCC 后系统的动态工作波形

跌落。当负载突减时，Boost PFC 变换器输出电流不能立即下降至最终的稳态电流，该多余的能量将由 SHCC 吸收。由于 SHCC 储能电容电压环控制带宽很低，故储能电容电压 v_{C_s} 会出现较大过冲，甚至可能会损坏开关器件。为此，本章加入快速电压环将储能电容电压最大值限制在 1.1kV。

由上面的分析可以发现，如果 Boost PFC 变换器能够快速响应负载电流的变化，则 SHCC 仅用于滤除二次谐波电流分量，整个系统的动态性能将得到改善。为了改善系统的动态响应速度，前级 Boost PFC 变换器可采用参考文献［6］提出的负载电流前馈控制方法，图 11.11b 给出了相应的动态波形。可以看出，加入负载电流前馈后，系统的动态响应明显改善。值得说明的是，负载电流前馈仅在负载阶跃变化时起作用，因此系统的稳态性能并不受到影响。为了实现这一方法，可通过检测负载电流，如负载电流变化量超过设定的阈值电压，则启用负载电流前馈，否则不启用。

图 11.12 给出了采用 1.88mF 电解电容和采用 SHCC 时，Boost PFC 变换器的功率因数曲线。需要说明的是，在两种情况下，Boost PFC 变换器采用相同的电压环参数。从图中可以发现，二者的功率因数在重载时相同，而在轻载时采用 SHCC 时功率因数略高，这表明加入 SHCC 不会降低 Boost PFC 变换器的功率因数。

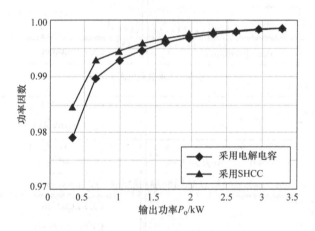

图 11.12　功率因数曲线

图 11.13 给出了加入 SHCC 前后整个系统的效率曲线。由于 SHCC 存在额外的损耗，因此加入 SHCC 后系统在满载时的整体效率降低了 1%，这是可以接受的。

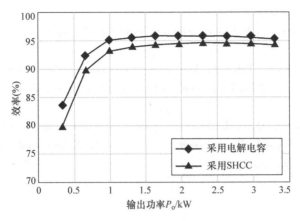

图 11.13　效率曲线

11.6　本章小结

本章阐述了一种基于虚拟并联阻抗的二次谐波电流补偿方法，具体工作如下：

1. 从阻抗的角度出发，指出 SHCC 母线端口阻抗在 $2f_{in}$ 处的幅值应呈现低阻抗特性，以为二次谐波电流提供一个低阻抗通路。并指出，SHCC 的原始端口阻抗在 $2f_{in}$ 处的幅值很大，不利于补偿二次谐波电流；

2. 提出在 SHCC 的母线端口并联一个虚拟阻抗，并指出该阻抗应表现为电容并联电阻的特性，以有效补偿二次谐波电流，并提高系统的稳定裕度。本质上，虚拟并联阻抗可通过前馈 SHCC 母线端口电压来实现，因此 SHCC 仅母线端口与原单相变换器相连，实现了 SHCC 的模块化。

最后，在实验室研制了一台功率为 3.3kW 的两级式单相 PFC 变换器样机，验证了所提出控制策略的有效性。

参 考 文 献

[1] HUANG X, RUAN X, FANG J, et al. A virtual impedance based control scheme for modular electrolytic capacitor – less second harmonic current compensator ［J］. IEEE Transactions on Industrial Electronics, 2021, 68（1）: 198 – 209

[2] HULIEHEL F A, LEE F C, CHO B H. Small – signal modeling of the single – phase boost high power factor converter with constant frequency control ［C］. Proc. IEEE Power Electronics Specialists Conference, 1992: 475 – 482.

[3] ZHANG X, RUAN X, KIM H, et al. Adaptive active capacitor converter for improving stability of cascaded dc power supply system ［J］. IEEE Transactions on Power Electronics, 2013,

28，（4）：1807 – 1816.

［4］TODD P. UC3854 controlled power factor correction circuit design. U – 134 ［Z］, TI Application Note.

［5］ZHANG X, RUAN X, TSE C K. Impedance – based local stability criterion for dc distributed power systems ［J］. IEEE Transactions on Circuits and Systems I：Regular Papers, 2015, 62 （3）：916 – 925.

［6］BAI L, REN X. HUI Q, et al. Dynamic response optimization for interleaved boost PFC converter with improved dual feedforward control ［C］. Proc. IEEE Energy Conversion Congress and Exposition（ECCE）, 2017：5280 – 5286.

Chapter **12**

减小SHCC损耗的储能电容电压
自适应控制

第 9 章已指出，SHCC 存在损耗，为保证其稳定工作，需加入储能电容电压环，以使储能电容电压稳定。在第 9~11 章中，储能电容电压环控制的是储能电容电压的平均值，其大小按满载工况来选取，以保证 SHCC 正常工作[1,2]。需要注意的是，当储能电容电压的平均值一定时，储能电容电压脉动正比于系统输出功率。因此，储能电容电压在轻载时脉动较小，其与中间直流母线电压相差较大。当母线端口电压一定时，对 Buck 型 SHCC 来讲，其损耗随储能电容电压减小而增大；对 Boost 型 SHCC 来讲，其损耗随储能电容电压增加而下降。因此，无论是 Buck 型还是 Boost 型 SHCC，储能电容电压与中间直流母线电压之间较大的电压差都会导致轻载损耗增大。

为了减小 SHCC 的轻载损耗，本章讨论储能电容电压的自适应控制[3]。具体来讲，对于 Buck 型 SHCC，采用储能电容电压的最大值控制，以使其平均值随负载减轻而自适应升高；对于 Boost 型 SHCC，采用储能电容电压的最小值控制，以使其平均值随负载减轻而自适应下降。这样，在全负载范围内，储能电容电压与中间直流母线电压之间的电压差保证最小，从而减小 SHCC 的损耗。最后，分别研制了一台加入 Buck 型 SHCC 的无电解电容单相逆变器和一台加入 Boost 型 SHCC 的无电解电容 LED 驱动器原理样机，对储能电容电压自适应控制的有效性进行实验验证。

12.1　无电解电容 SHCC 中的重要数量关系

图 12.1a 和 b 分别给出了 SHCC 的结构图和主要工作波形。图中，i_{SHCC} 是 SHCC 的直流母线端口电流，C_s 是 SHCC 中的储能电容，其电压为 v_{Cs}。SHCC 的直流母线端口电压脉动较小，可认为是恒定的，用 V_{bus} 表示。

为补偿 DC – AC 逆变器输入端的二次谐波电流 i_{SHC}，i_{SHCC} 需等于 $-i_{SHC}$；为补偿 PFC 变换器输出端的二次谐波电流 i_{SHC}，i_{SHCC} 需等于 i_{SHC}。i_{SHC} 的表达式已

在第 1 章给出，为：

$$i_{\text{SHC}} = -\frac{V_{\text{ac}}I_{\text{ac}}}{V_{\text{bus}}}\cos(2\omega_{\text{ac}}t - \theta) \tag{12.1}$$

式中，V_{ac} 和 I_{ac} 分别是交流端口电压和电流的有效值；$\omega_{\text{ac}} = 2\pi f_{\text{ac}}$ 是交流电压角频率，f_{ac} 是交流电压频率；θ 是 v_{ac} 和 i_{ac} 之间的相位差。因此，i_{SHCC} 可表示为：

$$i_{\text{SHCC}} = \text{Mod} \cdot i_{\text{SHC}} = \text{Mod}\left(-\frac{V_{\text{ac}}I_{\text{ac}}}{V_{\text{bus}}}\cos(2\omega_{\text{ac}}t - \theta)\right) \tag{12.2}$$

其中，对于两级式单相 DC – AC 逆变器，$\text{Mod} = -1$；对于两级式单相 PFC 变换器，$\text{Mod} = 1$。

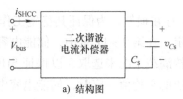

a) 结构图

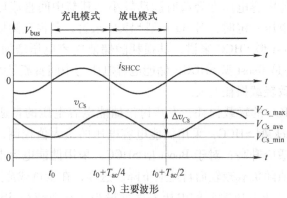

b) 主要波形

图 12.1 SHCC 的结构图及其关键波形

根据图 12.1b，在 $[t_0, t_0 + T_{\text{ac}}/4]$ 时段内，$i_{\text{SHCC}} > 0$，储能电容 C_{s} 充电，$v_{C_{\text{s}}}$ 升高，C_{s} 储能的能量为：

$$\Delta E_{C_{\text{s}}} = \int_{t_0}^{t_0 + \frac{T_{\text{ac}}}{4}} V_{\text{bus}} i_{\text{SHCC}} \mathrm{d}t = \int_{t_0}^{t_0 + \frac{T_{\text{ac}}}{4}} V_{\text{ac}}I_{\text{ac}}\sin2\omega_{\text{ac}}(t - t_0)\mathrm{d}t = \frac{V_{\text{ac}}I_{\text{ac}}}{\omega_{\text{ac}}} = \frac{S}{\omega_{\text{ac}}} \tag{12.3}$$

式中，$T_{\text{ac}} = 1/f_{\text{ac}}$，为交流电压周期；$S = V_{\text{ac}}I_{\text{ac}}$，是 DC – AC 逆变器或 PFC 变换器的视在功率。

$\Delta E_{C_{\text{s}}}$ 还可表示为：

$$\Delta E_{C_{\text{s}}} = \frac{1}{2}C_{\text{s}}V_{C_{\text{s\_max}}}^2 - \frac{1}{2}C_{\text{s}}V_{C_{\text{s\_min}}}^2 \tag{12.4}$$

式中，V_{Cs_max} 和 V_{Cs_min} 分别为储能电容电压的最大值和最小值。

由式（12.3）和式（12.4），可得：

$$\Delta V_{Cs} = \frac{2S}{\omega_{ac} C_s (V_{Cs\_max} + V_{Cs\_min})} \tag{12.5}$$

式中，$\Delta V_{Cs} = V_{Cs\_max} - V_{Cs\_min}$ 是储能电容电压的脉动量。

储能电容电压的平均值可近似表示为：

$$V_{Cs\_av} \approx \frac{V_{Cs\_max} + V_{Cs\_min}}{2} \tag{12.6}$$

将式（12.6）代入式（12.5），可得：

$$\Delta V_{Cs} = \frac{S}{\omega_{ac} C_s V_{Cs\_av}} \tag{12.7}$$

由式（12.7）可知，当取定 ω_{ac} 和 C_s 后，若储能电容电压的平均值一定，则储能电容电压的脉动量正比于 DC – AC 逆变器或 PFC 变换器的视在功率。因此，当控制储能电容电压平均值时，储能电容电压脉动量在满载工况下最大；相应的，V_{Cs_max} 在满载工况下最高，V_{Cs_min} 在满载工况下最低。

12.2 储能电容电压的自适应控制

由于没有电气隔离要求，SHCC 可选用 Buck 型、Boost 型和 Buck – Boost 型双向变换器，如图 12.2 所示。Buck 型 SHCC 一般应用于中间母线电压较高的场合，其开关管电压应力为 V_{bus}，v_{Cs} 需始终低于 V_{bus}。Boost 型 SHCC 一般应用于中间母线电压较低的场合，其开关管电压应力为 v_{Cs} 的最大值，v_{Cs} 需始终高于 V_{bus}。Buck – Boost 型 SHCC 中的 v_{Cs} 既可高于也可低于 V_{bus}。但是，其开关管电压应力最高，是 V_{bus} 和 v_{Cs} 之和。由于其输入输出间的能量始终非直接传递，其变换效率不高，导致实际工程中应用较少。因此，本章后面的讨论主要围绕 Buck 型 SHCC 和 Boost 型 SHCC 展开。

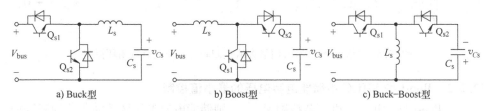

图 12.2 SHCC 的基本拓扑

12.2.1 Buck 型 SHCC 中储能电容电压的最大值控制

第 12.1 节已指出，当储能电容电压平均值 V_{Cs_av} 一定时，储能电容电压脉动

Δv_{Cs} 与视在功率 S 成正比。因此，若控制 V_{Cs_av}，则储能电容电压脉动将随负载的减轻而减小，如图 12.3a 所示。对 Buck 型 SHCC 而言，当母线端口电压 V_{bus} 一定时，其损耗随 v_{Cs} 的减小而增大。因此，控制 V_{Cs_av} 时，Buck 型 SHCC 在轻载时损耗较大。

事实上，为使 Buck 型 SHCC 正常工作，只需储能电容电压的最大值 V_{Cs_max} 始终低于 V_{bus} 即可。如果控制 V_{Cs_max}，则 v_{Cs} 会随着负载减轻而自适应升高，如图 12.3b 所示。这样，轻载时 V_{bus} 与 v_{Cs} 的电压差将减小，这可减小电感电流脉动，从而降低开关管的开关损耗和滤波电感的损耗（包括铁损和铜损），使 SHCC 的轻载损耗减小。

以 SHCC 的电压电流双闭环控制为例，图 12.4 给出了储能电容电压采用最大值控制时的控制框图。对比图 9.3 和图 12.4 可知，储能电容电压的最大值控制只需在储能电容电压的采样电路中加入最大值检测电路。

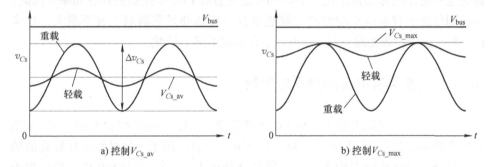

a) 控制 V_{Cs_av}　　　　　　　b) 控制 V_{Cs_max}

图 12.3　Buck 型 SHCC 中储能电容电压的控制

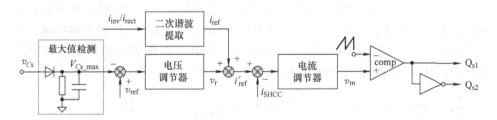

图 12.4　储能电容电压采用最大值控制时的电压电流双闭环控制

12.2.2　Boost 型 SHCC 中储能电容电压的最小值控制

对 Boost 型 SHCC 来讲，若控制 V_{Cs_av}，则储能电容电压脉动随负载的减轻而减小，而储能电容电压的最小值 V_{Cs_min} 却随负载的减轻而增大，如图 12.5a 所示。对 Boost 型 SHCC 而言，当母线端口电压 V_{bus} 一定时，其损耗随 v_{Cs} 的增加而增大。因此，控制 V_{Cs_av} 时，Boost 型 SHCC 在轻载时损耗较大。

实际上，为使 Boost 型 SHCC 正常工作，只需储能电容电压的最小值 V_{Cs_min} 始终高于 V_{bus} 即可。如果控制 V_{Cs_min}，则 v_{Cs} 会随着负载减轻而自适应下降，如图 12.5b 所示。这样，轻载工作时，SHCC 的开关管电压应力降低，可减小开关管的开关损耗。同时，v_{Cs} 与 V_{bus} 的电压差也减小，可减小滤波电感的铁损和铜损。因此，控制 V_{Cs_min} 可使 SHCC 的轻载损耗减小。

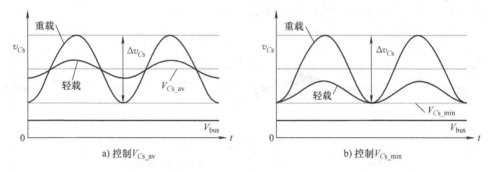

图 12.5　Boost 型 SHCC 中储能电容电压的控制

仍然以 SHCC 的电压电流双闭环控制为例，图 12.6 给出了储能电容电压采用最小值控制时的控制框图。对比图 9.3 和图 12.6 可知，储能电容电压的最小值控制只需在储能电容电压的采样电路中加入最小值检测电路。

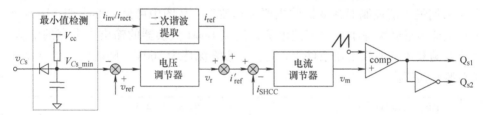

图 12.6　储能电容电压采用最小值控制时的电压电流双闭环控制

12.3　实验验证

为了验证储能电容电压自适应控制的有效性，本节基于第 10 章所研制的加入 Buck 型 SHCC 的两级式单相 DC – AC 逆变器来验证储能电容电压的最大值控制，并基于第 9 章所研制的加入 Boost SHCC 的 LED 驱动器验证储能电容电压的最小值控制。原理样机照片和主要参数已分别在第 10.3 节和第 9.5 节给出。

12.3.1　Buck 型 SHCC 的储能电容电压最大值控制

图 12.7a 和 b 分别给出了满载和半载工作条件下，Buck 型 SHCC 的储能电容

电压采用平均值控制时逆变器的主要工作波形。图中，i_{inv} 和 i_{d2d} 分别是滤除开关次谐波分量后后级逆变器的输入电流和前级 Boost 变换器的输出电流波形，i_{SHCC} 和 i_{SHCC_LPF} 分别是滤除开关次谐波分量前后 SHCC 的端口电流波形。从图中可见，Buck 型 SHCC 准确补偿了二次谐波电流，前级 Boost 变换器的输出电流基本为一个恒定的直流。无论是满载还是半载，储能电容电压平均值 V_{Cs_av} 始终保持为 310V，而储能电容电压脉动 Δv_{Cs} 分别是 102V 和 52V。

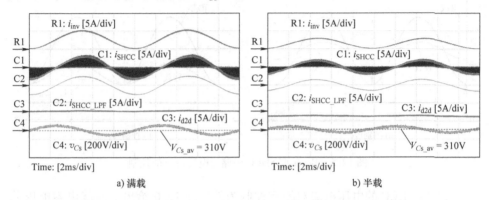

a) 满载   b) 半载

图 12.7　储能电容电压采用平均值控制时逆变器的主要工作波形

图 12.8a 和 b 分别给出了满载和半载工作条件下，Buck 型 SHCC 的储能电容电压采用最大值控制时逆变器的主要工作波形。从图中可见，Buck 型 SHCC 的端口电流也准确跟踪了二次谐波电流，前级 Boost 变换器的输出为平直的电流。无论是满载还是半载工作条件下，V_{Cs_max} 始终保持为 360V，储能电容电压随着负载减轻而提高。

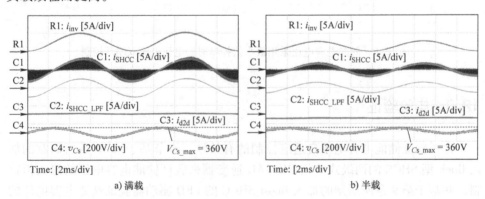

a) 满载   b) 半载

图 12.8　储能电容电压采用最大值控制时逆变器的主要工作波形

图 12.9 给出了储能电容电压采用最大值控制和平均值控制时逆变器的效率曲线，分别如虚线和点划线所示。可以看到，采用储能电容电压的最大值控制有

效降低了 SHCC 的轻载损耗，使逆变器的轻载效率提高约 0.8% 。

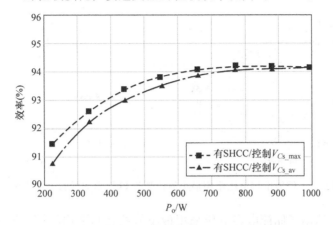

图 12.9　加入 Buck SHCC 的逆变器效率曲线

12.3.2　Boost 型 SHCC 的储能电容电压最小值控制

图 12.10a 和 b 分别给出了满载和半载工作条件下，Boost 型 SHCC 的储能电容电压采用平均值控制时 LED 驱动器的主要工作波形。图中，v_{ac} 是交流输入电压，v_{Cs} 是储能电容电压，i_o 是 LED 驱动电流。Boost 型 SHCC 准确补偿了二次谐波电流，使 LED 驱动电流基本平直。无论是满载还是半载，储能电容电压平均值 V_{Cs_av} 始终保持为 155V，而储能电容电压脉动 Δv_{Cs} 分别是 170V 和 72V。

图 12.11a 和 b 分别给出了满载和半载工作条件下，Boost 型 SHCC 的储能电容电压采用最小值控制时 LED 驱动器的主要工作波形。从图中可见，SHCC 的端口电流也准确跟踪了二次谐波电流，使 LED 驱动电流基本恒流。无论是满载还是半载工作条件下，V_{Cs_min} 始终保持为 70V，储能电容电压随着负载减轻而降低。

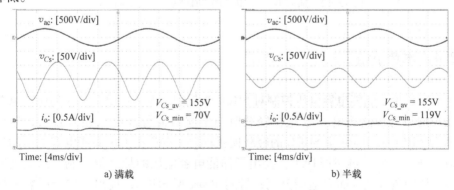

a) 满载　　　　　　　　　　　b) 半载

图 12.10　储能电容电压采用平均值控制时 LED 驱动器的主要工作波形

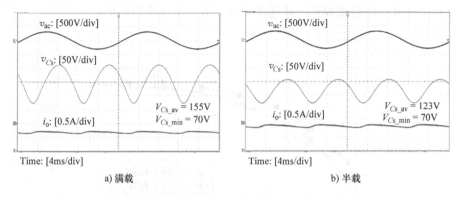

a) 满载　　　　　　　　　　　　　　　　b) 半载

图 12.11　储能电容电压采用最小值控制时 LED 驱动器的主要工作波形

图 12.12 给出了储能电容电压采用最小值控制和平均值控制时 LED 驱动器的效率曲线，分别如虚线和点划线所示。可以看到，采用储能电容电压的最小值控制有效降低了 SHCC 的轻载损耗，使 LED 的轻载效率提高约 3%。

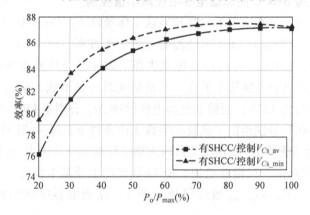

图 12.12　加入 Boost SHCC 的 LED 驱动器效率曲线

12.4　本章小结

本章讨论了储能电容电压控制对 SHCC 损耗的影响，指出，当控制储能电容电压平均值时，储能电容电压在轻载时与中间直流母线电压相差较大，导致 Buck 型 SHCC 和 Boost 型 SHCC 的轻载损耗较大。本章提出了储能电容电压的自适应控制。针对 Buck 型 SHCC，提出了储能电容电压的最大值控制，以使储能电容电压随负载减轻而自适应升高；针对 Boost 型 SHCC，提出了储能电容电压的最小值控制，以使储能电容电压随负载减轻而自适应下降。最后，分别基于第

10 章的加入 Buck 型 SHCC 的两级式单相逆变器和第 9 章的加入 Boost 型 SHCC 的 LED 照明驱动器，对储能电容电压的自适应控制进行了验证。实验结果表明，储能电容电压的最大值控制和最小值控制可分别减小 Buck 型 SHCC 和 Boost 型 SHCC 的轻载损耗。

参 考 文 献

[1] YANG Y, RUAN X, ZHANG L, et al. Feed－forward scheme for an electrolytic capacitor less ac－dc LED driver to reduce output current ripple ［J］. IEEE Transactions on Power Electronics, 2014, 29 （10）: 5508－5517.

[2] ZHANG L, RUAN X, REN X. One－cycle control for electrolytic capacitor－less second harmonic current compensator ［J］. IEEE Transactions on Power Electronics, 2018, 33 （2）: 1724－1739.

[3] HE J, RUAN X, ZHANG L. Adaptive voltage control for bidirectional converter in flicker－free electrolytic capacitor－less ac－dc LED driver ［J］. IEEE Transactions on Industrial Electronics, 2017, 64 （1）: 320－324.

第 13 章

带二次谐波电流补偿器的两级式单相变换器系统的稳定性分析

针对两级式单相变换器,包括两级式 DC – AC 逆变器和两级式单相 PFC 变换器,第 3~8 章提出了抑制 DC – DC 变换器中二次谐波电流的控制方法,此时二次谐波电流将主要由中间母线电容提供。为了优化设计 DC – DC 变换器,要求中间直流母线电压脉动较小,这就需要中间母线电容容量很大,一般采用电解电容。然而,电解电容寿命较短,制约了系统的寿命和可靠性。在中间直流母线上并联一个二次谐波电流补偿器(SHCC)以补偿二次谐波电流,可以大幅减小中间母线电容容量,由此可以采用长寿命的薄膜电容替代电解电容。与此同时,通过增大 SHCC 中储能电容的电压脉动,也可以大幅减小储能电容容量,因而储能电容也可以采用长寿命的薄膜电容。这样,就实现了两级式单相变换器的无电解电容化。第 9~12 章讨论了 SHCC 的控制策略。

加入 SHCC 后,两级式单相变换器成为一个多变换器系统,本章将研究其稳定性。本章首先根据不同的工作模式,对带 SHCC 的两级式单相变换器系统进行分类,指出其中的单相 PFC 变换器和 DC – AC 逆变器可分为 BVCC 和 BCCC 两类,而 SHCC 是 BCCC。随后,推导了 SHCC 的母线端口阻抗的表达式,指出其与系统中 PFC 变换器或 DC – AC 逆变器的工作模式相关。进一步,分析了不同工作模式下带 SHCC 的两级式单相变换器系统的稳定性特点[1]。结果表明,只有当 PFC 变换器工作在 BVCC 时系统不稳定,而其他工作模式的系统均恒稳定。为了改善系统稳定性,本章在 SHCC 母线端口并联一个虚拟阻抗,以使系统等效环路增益满足奈奎斯特稳定判据,并给出了虚拟并联阻抗的选取原则和设计方法。最后,在实验室设计了一台两级式单相 PFC 变换器样机进行实验验证,以验证所提出的稳定性分析特点和稳定性解决方法是有效的。

13.1 两级式单相变换器系统的分类

第 2 章中对两级式单相变换器系统中的 DC – DC 变换器进行了分类。这里,为了分析系统的稳定性,根据参考文献 [2] 提出的分类方法,对系统中所有的变换器进行分类。

　　根据应用场合不同，两级式单相 DC－AC 逆变器有两类工作模式。一类是前级 DC－DC 变换器控制中间直流母线电压 V_{bus}，而后级 DC－AC 逆变器控制输出交流电压 v_{ac}，如图 13.1a 所示。此时，前级 DC－DC 变换器为 BVCC，而后级 DC－AC 逆变器由于控制输出交流电压，实质上间接控制了其母线端口电流，故它是一个 BCCC。另一类是后级 DC－AC 变换器控制中间直流母线电压 V_{bus} 并控制交流并网电流，而前级 DC－DC 变换器通过控制其输入电压或输入电流来实现光伏电池等发电单元的 MPPT，如图 13.1b 所示。因此，后级 DC－AC 逆变器是一个 BVCC，而前级 DC－DC 变换器控制光伏电池的输出功率，实质上间接控制了其中间母线端口电流，因而它是一个 BCCC。

　　类似地，两级式单相 PFC 变换器也有两类工作模式。一类是前级 PFC 变换器控制中间直流母线电压 V_{bus} 并实现功率因数校正，而后级 DC－DC 变换器控制输出直流电压 V_{dc} 或输出直流电流 I_{dc}，如图 13.2a 所示。因此，前级 PFC 变换器是一个 BVCC，后级 DC－DC 变换器在控制其输出电压或电流的同时间接控制了其母线端口电流，它是一个 BCCC。另一类是后级 DC－DC 变换器控制中间直流母线电压 V_{bus}，而前级 PFC 变换器用来实现 MPPT，如图 13.2b 所示。此时，后级 DC－DC 变换器是一个 BVCC，而前级 PFC 变换器在控制风机输出功率的同时间接控制了其母线端口电流，因此它是一个 BCCC。

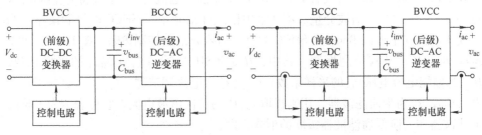

图 13.1 两级式单相 DC－AC 逆变器的工作模式

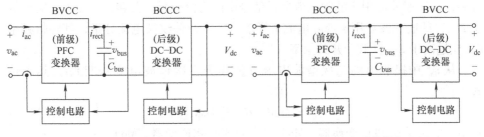

图 13.2 两级式单相 PFC 变换器的工作模式

综上所述，表 13.1 归纳了带 SHCC 的两级式单相变换器系统的类别。可以看出，PFC 变换器和 DC – AC 逆变器分为 BVCC 和 BCCC 两类，同样的，DC – DC 变换器也分为 BVCC 和 BCCC 两类。而 SHCC 应归类为 BCCC，其推导将在下一节中给出。

表 13.1　带 SHCC 的两级式单相变换器系统的分类

分类	控制中间直流母线电压的变换器	PFC 变换器或 DC – AC 逆变器	DC – DC 变换器	SHCC
单相 PFC 变换器系统	DC – DC 变换器	BCCC	BVCC	BCCC
	PFC 变换器	BVCC	BCCC	
单相 DC – AC 变换器系统	DC – DC 变换器	BCCC	BVCC	
	DC – AC 逆变器	BVCC	BCCC	

13.2　SHCC 的控制方法和母线端口阻抗特性

13.2.1　SHCC 的控制方法

为了吸收二次谐波电流，应控制 SHCC 的母线端口电流 i_{SHCC}，使其等于 PFC 变换器输出电流 i_{rect} 或者 DC – AC 逆变器输入电流 i_{inv}（下文将 i_{rect} 和 i_{inv} 统称为 i'_{ac}）中的二次谐波分量。第 9 章中已经详细介绍了 SHCC 的控制策略，为了便于阅读，下面以 Boost 型 SHCC 为例，简要介绍其控制策略。图 13.3 给出了 Boost 型 SHCC 及其控制框图，其中，$H_{\text{i\_S}}$ 为 SHCC 端口电流 i_{SHCC} 的采样系数，$H_{\text{v\_S}}$ 为储能电容电压 v_{Cs} 的采样系数，$G_{\text{c\_S}}(s)$ 为电流调节器，$G_{\text{v\_S}}(s)$ 为电压调节器；$G_{\text{BPF}}(s)$ 为带通滤波器，用来提取 i'_{ac} 中的二次谐波电流，它可表示为一阶高通滤波器和一阶低通滤波器级联的形式，即：

$$G_{\text{BPF}}(s) = \frac{s}{s + 2\pi f_{\text{HPF}}} \cdot \frac{2\pi f_{\text{LPF}}}{s + 2\pi f_{\text{LPF}}} \tag{13.1}$$

其中，高通滤波器用于滤除电流采样信号中的直流分量，其转折频率 f_{HPF} 应远低于 $2f_{\text{ac}}$；低通滤波器用于滤除电流采样信号中的开关纹波电流分量，其转折频率 f_{LPF} 应远高于 $2f_{\text{ac}}$ 且低于开关频率。

从 i'_{ac} 中提取出的二次谐波电流分量作为二次谐波电流基准 i_{ref}，其表达式为：

$$i_{\text{ref}} = \text{Mod} \cdot H_{\text{i\_S}} i'_{\text{ac}} G_{\text{BPF}}(s) \tag{13.2}$$

式中，对于单相 PFC 变换器，$\text{Mod} = 1$，对于单相逆变器，$\text{Mod} = -1$。

电流内环用于控制 SHCC 端口电流，使其跟踪二次谐波电流基准 i_{ref}。为了获得较好的跟踪精度，电流环控制带宽应远高于 $2f_{\text{ac}}$。电压外环用于控制 SHCC

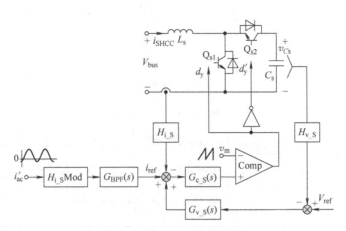

图 13.3　SHCC 及其控制框图

储能电容电压的平均值，电压调节器的输出叠加到电流基准中，作为电流基准的一部分，用来补偿 SHCC 的损耗。需要注意的是，电压环的控制带宽应远低于 $2f_{ac}$，以使其输出近似为恒定的直流电压，从而减小 SHCC 储能电容电压脉动造成的二次谐波电流基准畸变。

请注意，i'_{ac} 中的二次谐波分量仅取决于输出功率中的平均功率，与 SHCC 无关。由于 SHCC 直接控制其母线端口电流，因而应归类为 BCCC。

13.2.2　SHCC 的母线端口阻抗特性

为了减小 SHCC 中储能电容 C_s 的容量，C_s 的电压脉动量取值较大，因此在稳态工作时 SHCC 的直流工作点是周期性变化的，这与 Boost PFC 变换器的工作状态类似。参考文献 [3] 将 Boost PFC 变换器近似为一个线性时不变系统，推导并证明了 Boost PFC 变换器的小信号模型与传统 Boost 变换器是相同的。借鉴该思路，参考文献 [4] 证明了 Boost 型 SHCC 的小信号模型也与传统 Boost 变换器是相同的，且 SHCC 的直流工作点为对应状态变量的平均值。利用状态空间平均法，可以推导出 Boost 型 SHCC 的小信号等效电路，如图 13.4a 所示。图中，$D'_{y\_S} = 1 - D_{y\_S}$，D_{y_S} 为开关管 Q_{s1} 的占空比，V_{Cs_av} 为储能电容电压的平均值。

由于 i'_{ac} 为 PFC 变换器的输出电流或 DC – AC 逆变器的输入电流，因此 i'_{ac} 中的小信号扰动为：

$$\hat{i}'_{ac} = - \text{Mod} \frac{\hat{v}_{bus}}{Z_{bus}(s)} \tag{13.3}$$

式中，$Z_{bus}(s)$ 为 PFC 变换器或 DC – AC 逆变器不包含中间母线电容 C_{bus} 的母线端口阻抗。

根据图 13.3、图 13.4a 和式（13.3），图 13.4b 给出了 SHCC 的控制框图。

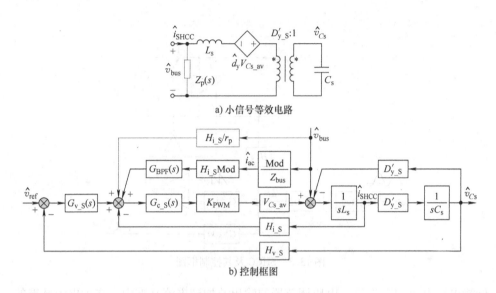

a) 小信号等效电路

b) 控制框图

图 13.4　SHCC 的小信号等效电路和控制框图

图中，$K_{PWM} = 1/V_M$，V_M 为三角载波幅值；r_p 为虚拟并联电阻，用来改善系统稳定性，将在第 13.4 节详细讨论。

根据图 13.4b，可以推导出 SHCC 的电流环和电压环的环路增益分别为：

$$T_{i\_S}(s) = H_{i\_S} G_{c\_S}(s) K_{PMM} V_{Cs\_av} \frac{sC_s}{s^2 L_s C_s + D'^2_{y\_S}} \tag{13.4}$$

$$T_{v\_S}(s) = H_{v\_S} G_{v\_S}(s) \frac{D'_{y\_S}}{sC_s} \frac{T_{i\_S}(s)}{1 + T_{i\_S}(s)} \frac{1}{H_{i\_S}} \tag{13.5}$$

令 $\hat{v}_{ref} = 0$，根据图 13.4b 可得：

$$\hat{i}_{SHCC} = \frac{1}{sL_s} \Big[\Big(-\frac{H_{i\_S} G_{BPF}(s) \hat{v}_{bus}}{Z_{bus}(s)} + \frac{H_{i\_S} \hat{v}_{bus}}{r_p} - H_{v\_S} G_{v\_S}(s) \hat{v}_{Cs} - H_{i\_S} \hat{i}_s \Big)$$

$$G_{c\_S}(s) K_{PMM} V_{Cs\_av} + \hat{v}_{bus} - D'_{y\_S} \hat{v}_{Cs} \Big] \tag{13.6}$$

根据图 13.4b，还可以得到：

$$\hat{v}_{Cs} = \frac{D'_{y\_S}}{sC_s} \hat{i}_{SHCC} \tag{13.7}$$

当未引入虚拟并联阻抗 r_p，即 $r_p = +\infty$ 时，根据式（13.4）~式(13.7)，可以推导出 SHCC 母线端口阻抗为：

$$Z_{in\_S}(s) = \frac{\hat{v}_{bus}}{\hat{i}_s} \triangleq Z_{in\_S1}(s) // Z_{in\_S2}(s) \tag{13.8}$$

式中，$Z_{\text{in\_S1}}(s)$ 和 $Z_{\text{in\_S2}}(s)$ 分别为：

$$Z_{\text{in\_S1}}(s) = (1 + T_{\text{i\_S}}(s))(1 + T_{\text{v\_S}}(s))\left(sL_s + \frac{D_{\text{y\_S}}'^2}{sC_s}\right) \tag{13.9}$$

$$Z_{\text{in\_S2}}(s) = -\frac{(1 + T_{\text{i\_S}}(s))(1 + T_{\text{v\_S}}(s))}{T_{\text{i\_S}}(s)G_{\text{BPF}}(s)}Z_{\text{bus}}(s) \tag{13.10}$$

由式（13.8）可知，SHCC 母线端口阻抗 $Z_{\text{in\_S}}(s)$ 由 $Z_{\text{in\_S1}}(s)$ 和 $Z_{\text{in\_S2}}(s)$ 并联而成，其中，$Z_{\text{in\_S1}}(s)$ 为 SHCC 的原始端口阻抗，仅与 SHCC 自身参数相关；$Z_{\text{in\_S2}}(s)$ 为 SHCC 受 PFC 变换器或 DC – AC 逆变器影响而产生的端口阻抗，与 PFC 变换器或 DC – AC 逆变器的母线端口阻抗相关。当 PFC 变换器或 DC – AC 逆变器分别工作在 BVCC 和 BCCC 时，SHCC 母线端口阻抗 $Z_{\text{in\_S2}}(s)$ 不同，进而会导致两级式单相变换器系统的稳定性不同。

一般而言，BVCC 和 BCCC 的阻抗交截出现在 BVCC 的截止频率附近[5]。当 PFC 变换器或 DC – AC 逆变器工作在 BVCC 时，为了减小交流侧电流畸变，PFC 变换器或 DC – AC 逆变器的电压环截止频率需低于 $2f_{\text{ac}}$。同样地，第 2 章中已提到，当 DC – DC 变换器工作在 BVCC 时，为了抑制流入它的二次谐波电流，其电压环控制带宽也低于 $2f_{\text{ac}}$。由上面的分析可知，在带 SHCC 的两级式单相变换器系统中，BVCC 和 BCCC 的阻抗交截频率一般发生在低于 $2f_{\text{ac}}$ 的频率处。

前面已经提到，为了保证二次谐波电流跟踪精度，SHCC 的电流环的控制带宽应远高于 $2f_{\text{ac}}$。同时，为了减小储能电容电压环输出造成的二次谐波电流基准畸变，储能电容电压环的控制带宽一般远低于 $2f_{\text{ac}}$，以使得电压调节器的输出近似为恒定的直流量。因此，在阻抗交截频率处，$T_{\text{i\_S}}(s)$ 的幅值远大于 1，而 $T_{\text{v\_S}}(s)$ 的幅值远小于 1。与此同时，由于 f_{HPF} 很低，而 f_{LPF} 足够高，因此在阻抗交截频率处，$G_{\text{BPF}}(s) \approx 1$。基于上述讨论，式（13.9）和式（13.10）可以近似为：

$$Z_{\text{in\_S1}}(s) \approx T_{\text{i\_S}}(s)\left(sL_s + \frac{D_{\text{y\_S}}'^2}{sC_s}\right) = H_{\text{i\_S}}G_{\text{c\_S}}(s)K_{\text{PWM}}V_{\text{Cs\_av}} \tag{13.11}$$

$$Z_{\text{in\_S2}}(s) = -Z_{\text{bus}}(s) \tag{13.12}$$

为了使得 SHCC 准确跟踪二次谐波电流基准，SHCC 电流环的控制带宽很高，这要求 SHCC 的电流调节器 $G_{\text{c\_S}}(s)$ 在 $2f_{\text{ac}}$ 处的幅值很高。那么，根据式（13.11）可知，$Z_{\text{in\_S1}}(s)$ 在 $2f_{\text{ac}}$ 处的阻抗幅值很大。以第 13.5 节中给出的相关样机参数为例，可得 $|Z_{\text{in\_S1}}(\text{j} \cdot 2\pi \cdot 2f_{\text{ac}})| = 1358\Omega \gg V_{\text{bus}}^2/P_o = 43.75\ \Omega$，故与 V_{bus}^2/P_o 相比，$Z_{\text{in\_S1}}(s)$ 可近似为开路。

13.3 带 SHCC 的两级式单相变换器系统的稳定性分析

根据基于阻抗的稳定性判据[2]，为了保证带 SHCC 的两级式单相变换器系

统稳定, 需满足以下两个条件:

1) 所有变换器单独工作时是稳定的;

2) 系统等效环路增益 $T_m(s)$ 满足奈奎斯特稳定判据。

这里, 系统的等效环路增益的表达式为:

$$T_m(s) = \frac{Z_{BVCC\_bus}(s)}{Z_{BCCC\_bus}(s)//Z_{in\_S}(s)} \approx \frac{Z_{BVCC\_bus}(s)}{Z_{BCCC\_bus}(s)//[-Z_{bus}(s)]} \quad (13.13)$$

式中, $Z_{BVCC\_bus}(s)$ 和 $Z_{BCCC\_bus}(s)$ 分别为 BVCC 和 BCCC 的母线端口阻抗。

一般来讲, 变换器单独工作时, 是设计稳定工作的。因此, 对于该多变换器系统来说, 仅需校核系统的等效环路增益 $T_m(s)$ 是否满足奈奎斯特稳定判据。

由式 (13.13) 可以看出, $Z_{bus}(s)$ 会直接影响等效环路增益。当 PFC 变换器或者 DC – AC 逆变器分别工作在 BVCC 和 BCCC 时, $Z_{bus}(s)$ 不同, 这就导致系统的稳定性也不同。

由于中间母线电容 C_{bus} 的电压直接受 BVCC 控制, 因此 C_{bus} 本质上是 BVCC 的一部分。这样, BVCC 的母线端口阻抗可以表示为:

$$Z_{BVCC\_bus}(s) = Z_{bus}(s)//\frac{1}{sC_{bus}} \quad (13.14)$$

参考文献 [5] 指出, $Z_{BVCC\_bus}(s)$ 的阻抗特性与 LC 滤波器的输出阻抗特性类似, 即: 在高于电压环截止频率 f_{cv_v} 处, $Z_{BVCC\_bus}(s)$ 表现为 C_{bus} 的特性; 而在低于 f_{cv_v} 处, $Z_{BVCC\_bus}(s)$ 表现为电感的特性, 记为 L_e。那么有 $Z_{bus}(s) = sL_e$。

在两级式单相变换器系统中, 当后级变换器被控制为 BCCC 时, 从母线端口看, 其表现为恒功率负载特性。因此, 在低于恒功率负载控制环路的截止频率处, 其母线端口阻抗表现为负阻特性[6]。而当前级变换器被控制为 BCCC 时, 从母线端口看, 其表现为恒功率源特性。需要注意的是, 由于恒功率源母线端口的电压和电流的参考方向相反, 因此在低于恒功率源控制环路截止频率处, 其母线端口阻抗呈现为正阻特性[7]。综上所述, 在低于恒功率负载或恒功率源控制环路的截止频率处, 其母线端口阻抗 $Z_{BCCC\_bus}(s)$ 可以表示为:

$$Z_{BCCC\_bus}(s) = \begin{cases} -V_{bus}^2/P_o & \text{恒功率负载} \\ V_{bus}^2/P_o & \text{恒功率源} \end{cases} \quad (13.15)$$

将 $Z_{BVCC\_bus}(s)$、$Z_{BCCC\_bus}(s)$ 和 $Z_{bus}(s)$ 的表达式代入式 (13.13) 中, 表 13.2 列出了两级式单相变换器系统中各变换器的母线端口阻抗表达式和等效环路增益 $T_m(s)$ 的表达式。

表 13.2　各个变换器的母线端口阻抗的表达式和系统的等效环路增益

分类	PFC 变换器或 DC–AC 逆变器 母线端口阻抗	DC–DC 变换器的 母线端口阻抗	SHCC 的 母线端口阻抗	等效环路增益 T_m	稳定性
PFC 变换器为 BVCC	$sL_e//(1/sC_{bus})$	$-\dfrac{V_{bus}^2}{P_o}$	$-sL_e$	$\dfrac{sL_e//(1/sC_{bus})}{(-V_{bus}^2/P_o)//(-sL_e)}$	不稳定
PFC 变换器 为 BCCC	$\dfrac{V_{bus}^2}{P_o}$	$sL_e//(1/sC_{bus})$	$-\dfrac{V_{bus}^2}{P_o}$	$\dfrac{sL_e//(1/sC_{bus})}{(V_{bus}^2/P_o)//(-V_{bus}^2/P_o)}$	稳定
DC–AC 逆变器 为 BCCC	$-\dfrac{V_{bus}^2}{P_o}$	$sL_e//(1/sC_{bus})$	$\dfrac{V_{bus}^2}{P_o}$	$\dfrac{sL_e//(1/sC_{bus})}{(-V_{bus}^2/P_o)//(V_{bus}^2/P_o)}$	稳定
DC–AC 逆变器 为 BVCC	$sL_e//(1/sC_{bus})$	$\dfrac{V_{bus}^2}{P_o}$	$-sL_e$	$\dfrac{sL_e//(1/sC_{bus})}{(V_{bus}^2/P_o)//(-sL_e)}$	稳定

根据表 13.2，可得到以下结论：

（1）当前级 PFC 变换器工作在 BVCC 时，可能存在两个阻抗交截点，一个高于 f_{cv_V}，一个低于 f_{cv_V}。在高于 f_{cv_V} 频率处，$sL_e//(1/sC_{bus}) \approx 1/sC_{bus}$。此时，$Z_{BVCC\_bus}(s)$ 和 $Z_{BCCC\_bus}(s)//Z_{in\_S}(s)$ 之间的相位差小于 180°，系统是稳定的。在低于 f_{cv_V} 频率处，$sL_e//(1/sC_{bus}) \approx sL_e$，且 $|(-V_{bus}^2/P_o)//(-sL_e)|$ 必定小于 $|sL_e|$。因此，$|(-V_{bus}^2/P_o)//(-sL_e)|$ 与 $|sL_e|$ 存在交截，且在交截频率处，二者的相位差大于 180°，故系统不稳定。

（2）当后级 DC–AC 逆变器工作在 BVCC 时，由于恒功率源的母线端口阻抗呈现正阻特性，那么 $Z_{BVCC\_bus}(s)$ 和 $Z_{BCCC\_bus}(s)//Z_{in\_S}(s)$ 之间的相位差 $|\varphi(Z_{BVCC\_bus}) - \varphi(Z_{BCCC\_bus}//Z_{in\_S})|$ 始终小于 180°。此时，即使出现阻抗交截，系统也是稳定的。

（3）当前级 PFC 变换器或后级 DC–AC 逆变器工作在 BCCC 时，SHCC 受 PFC 变换器或 DC–AC 逆变器影响而产生的端口阻抗 $Z_{in\_S2}(s)$ 与 PFC 变换器或 DC–AC 逆变器的母线端口阻抗 $Z_{BCCC\_bus}(s)$ 大小相等，符号相反。那么，所有 BCCC 的并联阻抗的幅值为无穷大。因此，BVCC 的阻抗和所有 BCCC 的并联阻抗之间不会发生交截，系统必定稳定。

上述分析表明，只有当 PFC 变换器工作在 BVCC 时系统不稳定，而其他工作模式的系统均恒稳定。

为了验证上面分析的正确性，这里以第 13.5 节中给出的两级式单相 PFC 变换器样机参数为例进行仿真验证。图 13.5a 和 b 分别给出了当 PFC 变换器工作在 BVCC 和 BCCC 时，系统在满载时的稳态工作波形，图中，v_{rect} 为整流桥输出电压，i_{Lb} 为 Boost PFC 变换器电感电流，v_{bus} 为中间直流母线电压，i_{Ls} 为 SHCC 的电感电流，v_{Cs} 为 SHCC 的储能电容电压。由图 13.5a 可以看出，当 PFC 变换器工作在 BVCC 时，中间直流母线电压上存在频率为 30Hz 左右的振荡，系统不稳定。而由图 13.4b 可知，当 PFC 变换器工作在 BCCC 时，系统是稳定的。因此，图 13.5 的仿真结果验证了前面的理论分析。

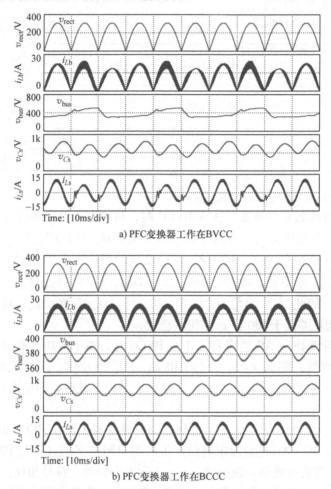

a) PFC变换器工作在BVCC

b) PFC变换器工作在BCCC

图 13.5 带 SHCC 的两级式单相 PFC 变换器的稳态仿真波形

对于两级式单相 DC – AC 逆变器，为了验证理论分析的正确性，这里以第 6 章所给出的额定功率为 3kW 的原理样机例进行仿真验证，其中前级采用 Boost 变换器，后级采用全桥逆变器。图 13.6a 和 b 分别给出了当 DC – AC 逆变器工作在 BVCC 和 BCCC 时，系统在满载时的稳态工作波形，图中，i_{Lb}、i_{Ls} 和 i_{ac} 分别为 Boost 变换器、SHCC 的电感电流和逆变器输出电流，v_{bus}、v_{Cs} 和 v_o 分别为中间直流母线电压、SHCC 储能电容电压和交流端口输出电压的波形。可以看出，在两种工作模式下，系统均是稳定的，验证了前面的分析。

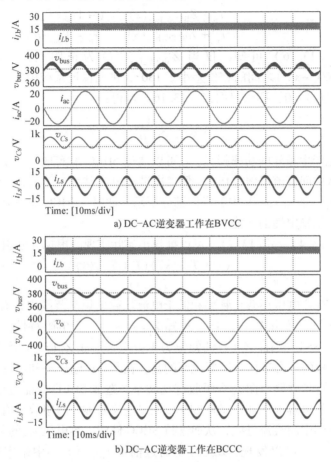

a) DC-AC逆变器工作在BVCC

b) DC-AC逆变器工作在BCCC

图13.6 带 SHCC 的两级式单相逆变器的稳态仿真波形

13.4 基于虚拟并联阻抗的稳定性改善方法

第 13.3 节指出，当两级式单相 PFC 变换器中的 PFC 变换器工作在 BVCC 时，系统存在不稳定问题。为了改善系统稳定性，可以在中间直流母线上并联一个虚拟阻抗 $Z_p(s)$ 来重构 BCCC 的母线端口阻抗，如图 13.4a 中的虚线部分所示。根据第 13.3.1 节和第 13.3.2 节的分析可知，若 $Z_p(s)$ 与恒功率负载的母线端口阻抗 $Z_{BCCC\_bus}(s) = -V_{bus}^2/P_o$ 的并联阻抗变为正阻特性，则系统将稳定。为了实现这一目标，$Z_p(s)$ 需具有正实部，其最简单的形式即为电阻，这里记为 r_p。

r_p 和与恒功率负载的母线端口阻抗 $Z_{BCCC\_bus}(s)$ 的并联阻抗可以表示为:

$$Z'_{BCCC\_bus}(s) = \frac{r_p \cdot Z_{BCCC\_bus}(s)}{r_p + Z_{BCCC\_bus}(s)} \approx \frac{(-V_{bus}^2/P_o)r_p}{r_p - V_{bus}^2/P_o} \qquad (13.16)$$

根据式(13.16)可知,仅当 $Z'_{BCCC\_bus}(s)$ 为正阻时,才能使 sL_e 和 $Z'_{BCCC\_bus}(s)//(-sL_e)$ 之间的相位差小于 $180°$,进而保证系统稳定。因此,需要满足 $Z'_{BCCC\_bus}(s) > 0$,那么根据式(13.16)可得:

$$0 < r_p < \frac{V_{bus}^2}{P_o} \qquad (13.17)$$

为了避免产生额外的功率损耗,r_p 可以通过 SHCC 来实现。为了实现 r_p,可以引入一条从中间直流母线电压 v_{bus} 到二次谐波电流基准 i_{s_ref} 的前馈通道,前馈系数为 H_{i_S}/r_p,如图 13.4b 中的虚线部分所示。此时,SHCC 兼有补偿二次谐波电流和改善系统稳定性的功能。

根据式(13.4)~式(13.7),可以推导出实际实现的虚拟并联阻抗为:

$$Z_p(s) = \frac{(1 + T_{i\_S}(s))(1 + T_{v\_S}(s))}{T_{i\_S}(s)} r_p \qquad (13.18)$$

在高于 SHCC 电压环截止频率和低于电流环截止频率范围内,有 $T_{i\_S}(s) \gg 1$ 和 $T_{v\_S}(s) \ll 1$,故由式(13.18)可知 $Z_p(s) \approx r_p$,为电阻特性。在直流工作点处,$T_{v\_S}(s) \gg 1$,因此 $Z_p(s)$ 的幅值为无穷大,因此 $Z_p(s)$ 不吸收直流电流,不会影响 SHCC 的正常工作。需要说明的是,在 SHCC 电压环和电流截止频率之间的频率处,虚拟并联电阻 r_p 会吸收有功功率,造成 SHCC 储能电容电压 v_{Cs} 上升。此时,储能电容电压环会微调 SHCC 端口电流基准,将吸收的有功功率以直流的形式回馈到中间直流母线,从而维持 SHCC 储能电容电压 v_{Cs} 的平均值恒定。

根据图 13.4b 可以发现,$Z_p(s)$ 是通过前馈 v_{bus} 至 i_{s_ref} 中来实现的,故对 SHCC 的电流环环路增益和电压环环路增益没有影响,不会影响 SHCC 端口电流的跟踪精度。r_p 取值越小,则前馈系数 H_{i_S}/r_p 越大。由于 v_{bus} 中的二次谐波分量会使 i_{ref} 出现畸变,因此 r_p 的取值不宜过小。结合式(13.17),考虑一定裕量,可选取 $r_p = 0.9V_{bus}^2/P_o$。

13.5 实验验证

为了验证上面的稳定性分析的正确性和所提出的稳定性解决方案的有效性,在实验室研制了一台 3.3kW 的两级式单相 PFC 变换器原理样机,其主电路结构图如图 13.7 所示,原理样机照片如图 13.8 所示。其中,前级 PFC 变换器为 Boost PFC 变换器,后级 DC-DC 变换器采用移相控制全桥变换器,SHCC 采用 Boost 型双向变换器。表 13.3 给出了样机的主要参数。

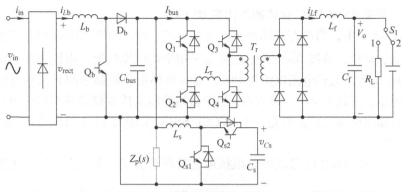

图 13.7　前级为 Boost PFC 变换器的两级式单相 PFC 变换器主电路图

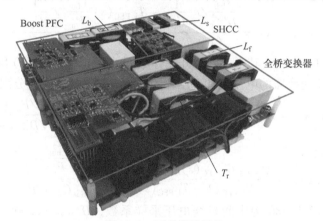

图 13.8　原理样机照片

表 13.3　两级式单相 PFC 变换器样机参数

	参数	值	参数	值
Boost PFC 变换器	v_{in}	220V	L_b	120μH
	f_{ac}	50Hz	C_{bus}	40μF
	V_{bus}	380V	f_s	100kHz
	P_o	3.3kW		
移相控制全桥变换器	$K(N_p/N_s)$	13/15	C_f	40μF
	L_r	10μF	L_f	180μH
Boost 型 SHCC	V_{Cs_av}	640V	L_s	800μH
	f_s	100kHz	H_{v_S}	2.5/640
	C_s	50μF	H_{i_S}	0.12
	$G_{BPF}(s)$	$G_{BPF}(s) = \dfrac{s/(2\pi \cdot 10)}{s/(2\pi \cdot 10)+1} \cdot \dfrac{1}{s/(2\pi \cdot 100)+1}$		

13.5.1 前级 Boost PFC 变换器工作在 BVCC

在图 13.7 中，当单刀双掷开关 S_1 连接至点 1 时，两级式单相 PFC 变换器带电阻负载，其中，前级 Boost PFC 变换器采用平均电流控制，电流内环用于控制 Boost PFC 变换器电感电流以实现 PFC，电压外环用于控制中间直流母线电压的平均值恒定，因此它是一个 BVCC；后级移相控制全桥变换器采用一个单电压环以控制其输出电压恒定，它是一个 BCCC；SHCC 采用第 13.2 节中给出的端口电流控制方法。

Boost PFC 变换器的母线端口阻抗可通过参考文献［3］给出的公式进行计算，即：

$$Z_{o\_PFC}(s) = \frac{\dfrac{sL_b}{D'^2_{y\_B}} \Big/\Big/ \dfrac{1}{sC_{bus}} + T_{i\_PFC}(s)\dfrac{V^2_{bus}}{P_o} \Big/\Big/ \dfrac{1}{sC_{bus}}}{(1 + T_{i\_PFC}(s))(1 + T_{v\_PFC}(s))} \tag{13.19}$$

式中，$D'_{y\_B} = 1 - D_{y\_B}$，其中 D_{y_B} 为开关管 Q_b 的占空比，$T_{i\_PFC}(s)$ 和 $T_{v\_PFC}(s)$ 分别为 Boost PFC 变换器的电流环和电压环的环路增益，其表达式分别为：

$$T_{i\_PFC}(s) = H_{i\_PFC}G_{c\_PFC}(s)K_{PWM}\frac{V_{bus}P_o}{D'^2_{y\_B}V^2_{bus}}\frac{V^2_{bus}C_{bus}s/P_o + 1}{L_bC_{bus}s^2/D'^2_{y\_B} + 1} \tag{13.20}$$

$$T_{v\_PFC}(s) = \frac{H_{v\_PFC}G_{v\_PFC}(s)g_mT_{i\_PFC}(s)}{H_{i\_PFC}(1 + T_{i\_PFC}(s))}\frac{D'_{y\_B}\left(\dfrac{V^2_{bus}}{P_o} - \dfrac{L_b}{D'^2_{y\_B}}s\right)}{V^2_{bus}C_{bus}s/P_o + 1} \tag{13.21}$$

式中，$H_{v\_PFC} = 2.5/380$ 为中间母线电压采样系数，$H_{i\_PFC} = 0.005$ 为 Boost PFC 变换器电感电流采样系数，$G_{v\_PFC}(s)$ 为电压调节器，$G_{c\_PFC}(s)$ 为电流调节器，g_m 为 Boost PFC 变换器乘法器线性化的系数，本章中 $g_m = 0.046$。

为了获得高的功率因数，Boost PFC 变换器的电流环的截止频率应尽可能高。本章采用 PI 调节器作为电流环调节器，其表达式为 $G_{c\_PFC}(s) = 25 + 5.4 \times 10^5/s$，此时电流环的截止频率和相位裕度分别为 10kHz 和 50°。电压调节器采用单零点双极点调节器，其表达式为 $G_{v\_PFC}(s) = \left(18 + \dfrac{1775}{s}\right)\dfrac{1}{20s + 1}$，在保证中间母线脉动经电压调节器引起的交流输入电流畸变小于 0.75% 的情况下[8]，电压环的截止频率和相角裕度分别设计为 60Hz 和 45°。

移相控制全桥变换器的母线端口阻抗可以表示为：

$$Z_{in\_FB}(s) = \left[\frac{1}{1 + T_{v\_FB}(s)}\frac{\dfrac{D^2_{y\_FB}}{K^2R_L}(sR_LC_f + 1)}{s^2L_fC_f + s\left(\dfrac{L_f}{R_L} + r_dC_f\right) + \dfrac{r_d}{R_L} + 1} - \frac{T_{v\_FB}(s)}{1 + T_{v\_FB}(s)}\frac{P_o}{V^2_{bus}}\right]^{-1}$$

$$\tag{13.22}$$

式中，D_{y_FB} 是移相控制全桥变换器的有效占空比，R_L 为负载电阻，$r_d = 4L_r f_s/K^2$ 为由漏感引起的占空比丢失而引入的阻尼电阻，$T_{v\_FB}(s)$ 为电压环环路增益，其表达式为：

$$T_{v\_FB}(s) = H_{v\_FB} G_{v\_FB} K_{PWM} \frac{V_{bus}/K}{s^2 L_f C_f + s\left(\dfrac{L_f}{R_L} + r_d C_f\right) + \dfrac{r_d}{R_L} + 1} \quad (13.23)$$

式中，$H_{v\_FB} = 2.5/330$ 为全桥变换器输出电压采样系数，$G_{v\_FB}(s)$ 为电压调节器。这里，本章采用比例 – 积分 – 微分（Proportional – Integral – Derivative，PID）调节器作为移相控制全桥变换器的电压调节器，其表达式为 $G_{v\_FB}(s) = 4 + 5 \times 10^4/s + 1.7 \times 10^4 s$，电压环的截止频率和相角裕度分别设置为 12kHz 和 45°。显然，电压环的截止频率远高于 $2f_{ac}$。

SHCC 的电压调节器和电流调节器均采用 PI 调节器。为了获得较好的二次谐波电流补偿效果，电流环的截止频率设计为 13kHz，远高于 $2f_{ac}$。电压环的截止频率和相位裕度设置为 1.3Hz 和 60°，以减小 SHCC 储能电容电压脉动造成的二次谐波电流基准畸变。

根据表 13.3 给出的样机参数和式（13.19）~式（13.23），可以画出满载情况下 $Z_{o\_PFC}(s)$ 和 $Z_{in\_FB}(s)//Z_{in\_S}(s)$ 的伯德图，如图 13.9 所示。可以看出，$|Z_{o\_PFC}(s)|$ 与 $|Z_{in\_FB}(s)//Z_{in\_S}(s)|$ 在 101Hz 和 30Hz 附近发生交截。在 101Hz 频率处，$|Z_{o\_PFC}(s)|$ 与 $|Z_{in\_FB}(s)//Z_{in\_S}(s)|$ 之间的相位差小于 180°；而在 30Hz 频率处，系统的相位差大于 180°。因此该系统是不稳定的，且系统的振荡频率约为 30Hz。需要说明的是，受 Boost PFC 变换器右半平面零点的影响，当负载减轻时，$Z_{o\_PFC}(s)$ 的阻抗峰值会随之变高，因此在较宽的负载范围内该系统都会出现不稳定的现象。

图 13.10 给出了上述两级式单相 PFC 变换器在半载和满载条件下的实验波形。图中，v_{rect} 是整流桥后的电压，i_{Lb} 和 i_{Ls} 分别是 Boost PFC 变换器电感电流和 SHCC 电感电流，Δv_{bus} 是中间直流母线电压脉动量，v_{Cs} 是 SHCC 储能电容电压。可以看出，中间直流母线电压上存在频率为 30Hz 的电压振荡，两级式单相 PFC 变换器是不稳定的，这与第 13.3 节中的分析以及图 13.5a 所给的仿真结果是吻合的。

为了改善系统稳定性，引入虚拟并联电阻 $r_p = 0.9V_{bus}^2/P_o$。将表 13.3 给出样机参数及 $r_p = 0.9V_{bus}^2/P_o$ 代入式（13.18），可以画出 $Z_p(s)$ 的伯德图，如图 13.9 所示。可以看出，虚拟并联阻抗在较宽的频率范围内表现为电阻特性，满足设计要求。图 13.9 中还给出了引入虚拟并联电阻 r_p 之后，所有 BCCC 的并联阻抗 $Z_{in\_FB}(s)//Z_{in\_S}(s)//Z_p(s)$ 的伯德图。可以看出，引入 r_p 后 $|Z_{o\_PFC}(s)|$ 和 $|Z_{in\_FB}(s)//Z_{in\_S}(s)//Z_p(s)|$ 未出现交截，表明系统是稳定的。

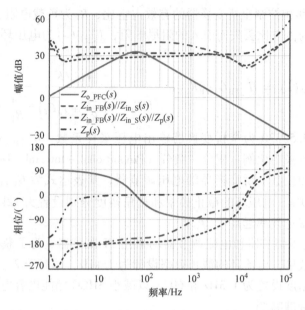

图 13.9 $Z_{\mathrm{o\_PFC}}(s)$、$Z_{\mathrm{in\_FB}}(s)//Z_{\mathrm{in\_S}}(s)$、$Z_{\mathrm{in\_FB}}(s)//Z_{\mathrm{in\_S}}(s)//Z_{\mathrm{p}}(s)$ 和 $Z_{\mathrm{p}}(s)$ 的伯德图

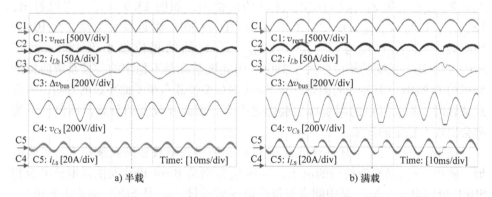

a) 半载   b) 满载

图 13.10 未加入虚拟并联电阻时，两级式单相 PFC 变换器的工作波形

图 13.11 给出了加入虚拟并联电阻 r_{p} 后，两级式单相 PFC 变换器在半载和满载条件下的实验波形。可以看出，中间直流母线电压上的振荡消除，这说明加入 r_{p} 使系统变稳定了，与理论分析一致。此外，在半载和满载下，中间直流母线电压脉动分别为 6.5V 和 9V，脉动量很小，这表明 SHCC 很好地补偿了二次谐波电流。

13.5.2 前级 Boost PFC 变换器为 BCCC

在图 13.7 中，当单刀双掷开关 S_1 连接至点 2 时，负载为直流电压源。前级 Boost PFC 变换器采用单电流环来控制其电感电流跟踪由 v_{rec} 采样得到的基准，以

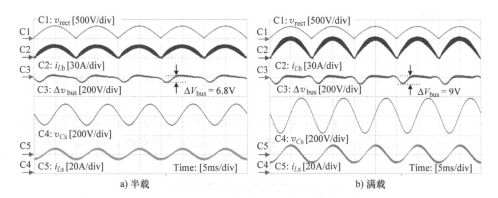

图 13.11　$r_\mathrm{p} = 0.9 V_\mathrm{bus}^2 / P_\mathrm{o}$ 时，两级式单相 PFC 变换器的工作波形

实现 MPPT，因此 Boost PFC 变换器是 BCCC；后级移相控制全桥变换器工作在并网模式，采用单电压环控制中间直流母线电压，同时在滤波电感中引入虚拟串联电阻 r_s 以抑制其中的二次谐波电流，它是一个 BVCC。

此时，Boost PFC 变换器的母线端口阻抗可通过下式进行计算[9]：

$$Z'_\mathrm{o\_PFC}(s) = \left[\frac{1}{1 + T'_\mathrm{i\_PFC}(s)} \frac{D'^2_\mathrm{y\_B}}{sL_\mathrm{s}} + \frac{T'_\mathrm{i\_PFC}(s)}{1 + T'_\mathrm{i\_PFC}(s)} \frac{P_\mathrm{o}}{V_\mathrm{bus}^2} \right]^{-1} \quad (13.24)$$

式中，$T'_\mathrm{i\_PFC}(s)$ 为电流环环路增益，其表达式为：

$$T'_\mathrm{i\_PFC}(s) = H_\mathrm{i\_PFC} G'_\mathrm{i\_PFC}(s) K_\mathrm{PWM} \frac{V_\mathrm{bus}}{sL_\mathrm{b}} \quad (13.25)$$

Boost PFC 变换器的电流环带宽应尽可能高，这里采用 PI 调节器作为电流环调节器，其表达式为 $G_\mathrm{i\_PFC}(s) = 25 + 5.4 \times 10^5/s$，那么电流环的截止频率和相位裕度分别为 10kHz 和 50°。需要说明的是，由于电流环截止频率很高，故在截止频率处式（13.20）可近似为式（13.25），因此在两种工作模式下，电流调节器的参数相同，电流环的截止频率和相位裕度也相同。

当移相控制全桥变换器控制中间直流母线电压时，其母线端口阻抗可以表示为：

$$Z'_\mathrm{in\_FB}(s) = \frac{1}{1 + T'_\mathrm{v\_FB}(s)} \left(\frac{K^2 (sL_\mathrm{f} + r_\mathrm{s} + r_\mathrm{d})}{D^2_\mathrm{y\_FB}} // \frac{1}{sC_\mathrm{bus}} \right) \quad (13.26)$$

式中，$r_\mathrm{s} = 37\Omega$ 为虚拟串联电阻，其设计方法已经在第 2 章中给出；$T'_\mathrm{v\_FB}(s)$ 为电压环环路增益，其表达式为：

$$T'_\mathrm{v\_FB}(s) = H'_\mathrm{v\_FB} G'_\mathrm{v\_FB} K_\mathrm{PWM} \frac{sI_\mathrm{Lf} L_\mathrm{f}/K + [V_\mathrm{bus} + I_\mathrm{Lf}(r_\mathrm{d} + r_\mathrm{s})]/K}{s^2 L_\mathrm{f} C_\mathrm{bus} + s(r_\mathrm{d} + r_\mathrm{s}) C_\mathrm{f} + D^2_\mathrm{y\_F}/K^2} \quad (13.27)$$

式中，$H'_\mathrm{v\_FB} = 2.5/380$ 为中间直流母线电压采样系数。本章电压调节器选用 PI 调节器，其表达式为 $G'_\mathrm{v\_PFC}(s) = 0.13 + 30/s$，对应的截止频率和相角裕度分别为 34Hz 和 60°。

根据表 13.3 给出的样机参数和式 (13.24) ~ 式 (13.27)，可以画出满载情况下，$Z'_{\mathrm{inFB}}(s)$、$Z'_{\mathrm{o\_PFC}}(s)$ 和 $Z'_{\mathrm{o\_PFC}}(s)//Z_{\mathrm{in\_S}}(s)$ 的伯德图，如图 13.12 所示。可以看出，$|Z'_{\mathrm{o\_PFC}}(s)|$ 和 $|Z'_{\mathrm{in\_FB}}(s)//Z_{\mathrm{in\_S}}(s)|$ 不存在阻抗交截，因此系统是稳定的。

图 13.13 给出了上述系统在半载和满载条件下的实验波形。可以看出，系统是稳定的，这与理论分析以及图 13.5b 所给的仿真结果是相吻合的，证明了本章理论分析的正确性。

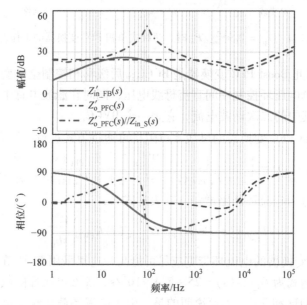

图 13.12　$Z'_{\mathrm{in\_FB}}(s)$、$Z'_{\mathrm{o\_PFC}}(s)$ 和 $Z'_{\mathrm{o\_PFC}}(s)//Z_{\mathrm{in\_S}}(s)$ 的伯德图

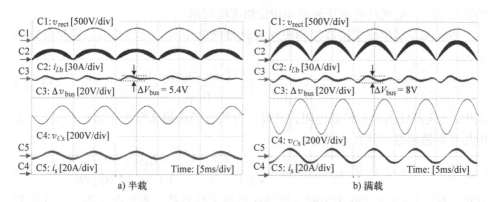

图 13.13　当 Boost PFC 变换器为 BCCC 时，系统的稳态工作波形

13.6　本章小结

加入 SHCC 后，两级式单相变换器系统变成了一个多变换器系统，本章分析了该系统在不同工作模式下的稳定性特点，给出了基于虚拟并联电阻的稳定性改善方法。具体工作如下：

1. 对带 SHCC 的两级式单相变换器系统进行了分类，指出，根据工作模式不同，单相 PFC 变换器或 DC‑AC 逆变器工作在 BVCC 或 BCCC；

2. 推导了 SHCC 的母线端口阻抗的表达式，发现其与系统中 PFC 变换器和 DC‑AC 逆变器的工作模式相关；

3. 分析了不同工作模式的带 SHCC 的两级式单相变换器系统的稳定性特点，指出，只有当 PFC 变换器工作在 BVCC 时，系统不稳定，其他工作模式的系统均恒稳定；

4. 针对 PFC 变换器工作在 BVCC 时的两级式单相 PFC 变换器系统，提出了一种基于虚拟并联电阻的稳定性解决方法，保证了系统稳定。该虚拟并联电阻可通过 SHCC 来实现，因此 SHCC 兼顾二次谐波电流补偿和改善系统稳定性的功能；

最后，在实验室研制了一台功率为 3.3kW 的两级式单相 PFC 变换器样机，验证了本章稳定性分析方法的正确性和稳定性改善方法的有效性。

参 考 文 献

[1] HUANG X, RUAN X. Stability analysis of single‑phase two‑stage converter system adopting electrolytic capacitor‑less second harmonic current compensator [J]. IEEE Open Journal of Industrial Electronics Society, 2021, 2: 142 – 152.

[2] ZHANG X, RUAN X, TSE C K. Impedance‑based local stability criterion for dc distributed power systems [J]. IEEE Transactions on Circuits and Systems I: Regular Papers, 2015, 62 (3): 916 – 925.

[3] HULIEHEL F A, LEE F C, CHO B H. Small‑signal modeling of the single‑phase boost high power factor converter with constant frequency control [C]. Proc. IEEE Power Electronics Specialists Conference, 1992: 475 – 482.

[4] 何婕秀. 无频闪无电解电容 AC‑DC LED 驱动电源中双向变换器的优化控制 [D]. 南京: 南京航空航天大学, 2016.

[5] ZHANG X, RUAN X, KIM H, et al. Adaptive active capacitor converter for improving stability of cascaded dc power supply system [J]. IEEE Transactions on Power Electronics, 2013, 28, (4): 1807 – 1816.

[6] LIU X, FORSYTH A, CROSS A. Negative input‑resistance compensator for a constant power

load ［J］. IEEE Transactions on Industrial Electronics, 2007, 54 (6): 3188 – 3196.

［7］ TIAN Y, LOH P, CHEN Z, et al. Impedance interactions in bidirectional cascaded converter ［J］. IET Power Electronics, 2016, 9 (13): 2482 – 2491.

［8］ TODD P. UC3854 controlled power factor correction circuit design ［Z］. U – 134, TI Application Note.

［9］ ERICKSON R, MAKSIMOVIC D. Fundamentals of Power Electronics ［M］. 3rd. ed. Switzerland Cham: Springer International Publishing, 2020.